高职高专机电类专业系列教材

U0169894

# 可编程控制器

主　编　邓建南　王建春　李文华

副主编　王红梅　李小龙　冯玉洁

　　　　陈　佳　陈　辉

参　编　谢　莉　朱华西　肖　鹏

　　　　刘建国

西安电子科技大学出版社

# 内 容 简 介

本书以德国西门子公司的 S7 系列产品为主,系统地阐述了可编程控制器(PLC)的产生和定义、特点、组成、工作原理、指令系统及程序设计、应用指令、组态软件 MCGS 基础等。书中还介绍了使用广泛的 THSMS-B 型和 THPFSM-2 型可编程控制器实验装置的特点和使用方法,给出了这两套实验装置的典型实验项目,并结合湖南省电气自动化技术专业技能抽查和机电一体化技术专业技能抽查,编写了可编程控制器题库。

本书内容新颖、深入浅出,语言通俗易懂,应用性和实践性都很强。

本书适合三年制高职院校电气自动化技术专业和机电一体化技术专业学生使用,也可作为相关从业人员的参考书。

**图书在版编目(CIP)数据**

可编程控制器 / 邓建南,王建春,李文华主编. —西安:西安电子科技大学出版社,2021.2(2022.7 重印)
ISBN 978–7–5606–5995–4

Ⅰ.①可⋯  Ⅱ.①邓⋯  ②王⋯  ③李⋯  Ⅲ.①可编程序控制器—高等职业教育—教材 Ⅳ.①TM571.6

中国版本图书馆 CIP 数据核字(2021)第 024017 号

| | | |
|---|---|---|
| 策 划 | 杨丕勇 | |
| 责任编辑 | 杨丕勇 | |
| 出版发行 | 西安电子科技大学出版社(西安市太白南路 2 号) | |
| 电 话 | (029)88202421  88201467 | 邮 编 710071 |
| 网 址 | www.xduph.com | 电子邮箱 xdupfxb001@163.com |
| 经 销 | 新华书店 | |
| 印刷单位 | 咸阳华盛印务有限责任公司 | |
| 版 次 | 2021 年 2 月第 1 版  2022 年 7 月第 2 次印刷 | |
| 开 本 | 787 毫米×1092 毫米  1/16  印张 20 | |
| 字 数 | 475 千字 | |
| 印 数 | 3001～6000 册 | |
| 定 价 | 49.00 元 | |

ISBN  978–7–5606–5995–4 / TM

XDUP 6297001–2

***如有印装问题可调换

# 前　　言

可编程控制器(Programmable Logic Controller，PLC)是一种以计算机为核心的工业控制装置。PLC 采用可编程序的存储器，在其内部执行具有控制作用的程序，以替代电气控制设备中的硬件逻辑控制单元，达到控制各种工业设备或生产过程的目的。

全书共分为 7 章。第 1 章主要介绍了可编程控制器的产生、定义、特点、用途、技术指标、组成、工作原理、发展趋势等基本知识。第 2 章主要介绍了 S7-200 PLC 的基本指令系统及程序设计。第 3 章介绍了 S7-200 PLC 的应用指令。第 4 章介绍了 THSMS-B 型和 THPFSM-2 型可编程控制器实验装置的结构和使用方法，并介绍了几个典型实验。第 5 章介绍了组态软件 MCGS 的综合应用。第 6 章给出了湖南省电气自动化技术专业技能抽查题库(可编程控制器)。第 7 章给出了湖南省机电一体化技术专业技能抽查题库(可编程控制器)。

本书主编邓建南和李文华是张家界航空工业职业技术学院资深副教授，从事 PLC 教学工作十几年，有着非常丰富的 PLC 教学和实践经验；主编王建春是湖南理工职业学院新能源学院教学副院长、副教授，曾主编多门专业教材。

由于编者水平有限，书中欠妥之处在所难免，敬请广大读者批评指正。

编　者

2020 年 11 月

# 目　录

3

# 第 1 章　可编程控制器基本知识

可编程逻辑控制器(Programmable Logic Controller，PLC)简称可编程控制器，是随着现代社会生产的发展和技术进步、现代工业生产自动化水平的日益提高及微电子技术的飞速发展，在继电-接触器控制方式的基础上产生的一种新型工业控制装置，是将微型计算机技术、控制技术和通信技术融为一体的高可靠性控制器，逐渐成为当代工业生产自动化的主要装置之一。

本章主要介绍 PLC 的产生和定义、特点、应用领域、分类和技术指标、组成，PLC和继电-接触器控制系统的区别，以及 PLC 的工作原理和发展趋势。

## 1.1　PLC 的产生和定义

### 一、PLC 的产生

PLC 是继电-接触器控制系统的更新换代产品。继电-接触器控制方式历史悠久，但存在较多缺点，如接线复杂，可靠性不高(结点太多)，响应速度慢，维修和改进困难等。安装这种控制系统，需要大量的电气控制柜，占据大量的空间，而且在保证系统的正常运行时，需要大量的电气技术人员进行日常维护，当局部继电器的元件损坏，甚至某个继电器的触点接触不良时，都会导致整个控制系统无法正常运行。一旦系统出现故障，要进行检查和故障排除会非常困难，有时只能靠现场电气技术人员长期积累的工作经验。尤其当生产工艺发生变化，需要增加更多的电气控制器件和连接导线时，重新接线的工作量非常大。另外，这种控制系统的功能非常有限，只能完成简单的定时和顺序逻辑控制。因此，人们亟须一种新型的工业控制装置来取代传统的继电-接触器控制系统，使电气控制系统工作更稳定可靠，维护更容易，更能适应不断变化的生产工艺要求。

1968 年，美国最大的汽车制造企业——通用汽车公司(GM)为满足市场需求，适应汽车生产工艺不断更新的需要，将汽车的生产方式由大批量、少品种转变为小批量、多品种，为此就要解决因汽车型号不断改变而需重新设计汽车装配线上各种继电器的控制线路的问题，即要寻求一种比继电器更可靠、响应速度更快、功能更强大的通用工业控制装置。为此 GM 公司提出了著名的十条技术指标在社会上招标，要求控制设备制造商为其装配线提供一种新型的通用工业控制器，它应具有以下十个特点：

(1) 编程简单，可在现场方便地编辑及修改程序。

(2) 价格便宜，其性价比要高于传统的继电-接触器控制系统。

(3) 体积要明显小于传统的继电器控制柜。

(4) 可靠性要明显高于传统的继电-接触器控制系统。

(5) 具有数据通信功能。

(6) 输入电压可以是 AC 115 V。

(7) 输出在 AC 115 V，2 A 以上。

(8) 硬件维护方便，最好是插件式结构。

(9) 扩展时，原有系统只需做很小的改动。

(10) 用户程序存储器容量至少可以扩展至 4 KB。

基于以上要求，可编程控制器应运而生。1969 年，美国数字设备公司(DEC)根据上述要求研制出了世界上第一台可编程控制器，型号为 PDP-14，并在 GM 公司的汽车生产线上首次运行成功，取得了非常好的经济效益，得到了极高的评价。

可编程控制器这一新技术的出现，受到了世界各国工程技术人员的极大关注，各国纷纷投入力量进行研制。第一个把可编程控制器商品化的是美国的哥德公司(GOULD)，时间是 1969 年。1971 年，日本从美国引进了这项技术，研制出日本第一台可编程控制器。1973—1974 年，德国和法国也相继研制出了自己的可编程控制器，德国西门子公司(SIEMENS)于 1973 年研制出了欧洲第一台可编程控制器。我国从 1974 年开始研制，于 1977 年开始实现工业应用。

早期的 PLC 主要由分立式电子元件和小规模集成电路组成，采用了计算机技术，指令系统比较简单，一般只具有逻辑运算功能。但是它简化了计算机内部结构，使之能更好地适应恶劣的工业现场环境。随着微电子技术的飞速发展，20 世纪 70 年代中期以来，大规模集成电路(LSI)和微处理器在可编程控制器中广泛应用，使可编程控制器的功能不断增强，不仅能执行逻辑控制、顺序控制、计时及计数控制，还增加了算术运算、数据处理及通信等功能，具有处理分支、中断、自诊断的能力，使 PLC 更多地具有了计算机的功能。目前世界上著名的电气设备制造企业几乎都在生产可编程控制器系列产品，并且使可编程控制器成为一个以独立的工业设备为主导的通用工业控制器。

可编程控制器从最初研制到现在，尽管只有短短的五十多年时间，但由于其具有编程简单、可靠性高、使用方便、维护简单、价格适中等优点，因而发展迅猛，在运输、电力、轻工、冶金、机械、石油、纺织等行业得到了广泛的应用。

## 二、PLC 的定义

最初的 PLC 只具备逻辑控制、定时、计数等功能。随着电子技术、计算机技术、通信技术和控制技术的迅速发展，PLC 的功能已远远超出了顺序控制的范围，有一段时间被称为 Programmable Controller，缩写为 PC。为区别于个人计算机(Personal Computer，PC)，目前，仍沿用 PLC 这个缩写。

1980 年，美国电气制造协会(National Electronic Manufacture Association，NEMA)将可编程控制器定义为："可编程控制器是一种带有指令存储器和数字或模拟输入/输出接口，以位运算为主，能完成逻辑、顺序、定时、计数和算术运算等功能，用于控制机器或生产过程的自动控制装置。"

1985 年，国际电工协会(International Electro-technical Commission，IEC)在颁布可编程控制器标准草案第二稿时，又对 PLC 作了明确定义："可编程控制器是一种数字运算操作的电子系统，专为在工业环境下应用而设计。它采用可编程序的存储器，用来在其内部存储执行逻辑运算、顺序控制、定时、计数和算术运算等指令，并通过数字的或模拟的输入和输出接口，控制各种类型的机器设备或生产过程。可编程控制器及其有关设备的设计原则是易于与工业控制系统连成一个整体，易于扩充功能。"

该定义强调了可编程控制器是"数字运算操作的电子系统"，它是一种计算机，是"专为在工业环境下应用而设计"的工业控制计算机。

从结构上看，可编程控制器除了具有计算机的相应部分(如中央处理器 CPU、存储器、外部设备等)外，还配置有许多适用于工业控制的器件，是一种经过二次开发的通用型计算机，在工业控制中得到了极为广泛的应用。

## 1.2　PLC 的 特 点

PLC 具有如下特点：

(1) 抗干扰能力强，可靠性极高。

工业生产对电气控制设备的可靠性要求是非常高的，而可编程控制器具备很强的抗干扰能力，能在很恶劣的环境(如高温，湿度大，距离高压设备近，高频电磁干扰强等)下长期、连续、可靠地工作，平均无故障时间(MTBF)长，故障修复时间短。

为了提高 PLC 的可靠性，生产上采取了很多措施，如精选元器件，采用大规模集成电路，输入/输出采用光电隔离电路，内部采用电磁屏蔽措施等，使 PLC 的平均无故障时间通常可达 10 万小时以上。很多 PLC 的平均无故障时间达几十万小时，如三菱公司的 F1、F2 系列，其平均无故障时间可达 30 万小时以上，有些高档 PLC 的平均无故障时间还要长很多，这对其他电气设备来说几乎是不可能做到的。

大多数用户都将设备的可靠性作为选择控制装置的首要条件，因此 PLC 在硬件和软件方面均采取了一系列抗干扰措施。

在硬件方面，首先是选用优质器件，采用合理的系统结构，加固、简化安装，使它能抗振动冲击。对印刷电路板的设计、加工及焊接都采取了极为严格的工艺措施。对于工业生产过程中最常见的瞬间强干扰，采取的措施主要是隔离和滤波技术。PLC 的输入和输出电路一般都用光电耦合器传递信号，做到电浮空，使 CPU 与外部电路完全切断了电的联系，有效地抑制了外部干扰对 PLC 的影响。在 PLC 的电源电路和输入/输出(I/O)接口中还设置了多种滤波电路，除了采用常规的模拟滤波器外，还加上数字滤波器，以消除和抑制高频干扰信号，同时也削弱了各种模板之间的相互干扰。用集成电压调整器对微处理器的 +5 V 电源进行调整，以适应交流电网的波动和过电压、欠电压的影响。在 PLC 内部还采用了电磁屏蔽措施，对电源变压器、CPU、存储器、编程器等主要部件采用导电、导磁良好的材料进行屏蔽，以防外界干扰。

在软件方面，PLC 也采取了很多特殊措施，设置了警戒时钟(Watching Dog Timer，WDT)，系统运行时对 WDT 进行定时刷新，一旦程序出现死循环，便能立即跳出，重新启动并发出报警信号。PLC还设置了故障检测及诊断程序，用来检测系统硬件是否正常，用户程序是否正确，便于自动作出相应处理，如报警、封锁输出、保护数据等。当外界环境恢复正常后，PLC便会恢复到故障发生前的状态，继续原来的程序工作。

另外，由于PLC用程序代替了硬件接线，使电气接线及结点数目大幅度减少，因此使其故障率大为降低。

PLC采用的是循环扫描的工作方式，也可有效地屏蔽大多数干扰信号。

所有这些有效的措施共同保证了PLC的高可靠性。

(2) 功能强大，使用方便。

随着先进技术的不断发展，PLC的功能越来越强大，可用于各种工业控制场合，能完成绝大多数控制任务，所以其应用也已扩展到了各个领域。

尽管PLC型号非常多，但由于其产品逐渐系列化和模块化，并且配有品种齐全的软件，因此用户可灵活组合成各种规模和要求不同的控制系统，在硬件设计方面，用户只需确定PLC的硬件配置和I/O通道的外部接线即可。在PLC构成的控制系统中，只需在PLC的端子上接入相应的输入、输出信号即可，不需要使用继电器之类的固体电子器件和大量繁杂的硬接线电路。在生产工艺流程改变或生产设备更新、系统控制要求改变时，一般只需要改变I/O通道的少量外部接线和改变存储器中的控制程序即可，这在使用传统继电器控制时很难想象。另外，PLC的输入、输出端子可直接与AC 220 V、DC 24 V等电源连接，并有很强的带负载能力。

在PLC运行过程中，面板(显示屏)上可以显示生产过程中用户感兴趣的各种状态和数据，使操作人员做到心中有数，即使在出现故障甚至发生事故时也能及时处理。

(3) 编程方便，易学易用。

PLC通常采用两种编程方式：梯形图编程方式和语句表编程方式。梯形图编程方式是面向工业企业中一般电气工程技术人员的，它继承了传统继电-接触器控制线路的形式(如线圈、触点、常开、常闭等)。又考虑到工业企业中电气技术人员的看图习惯和计算机应用水平，这种编程方式设计得直观、形象、简单、易学。尤其是小型PLC，几乎不需要专门的计算机知识，只要经过短时间的培训，就能基本掌握其编程方法，这样不熟悉计算机编程的人员学习和使用PLC也很方便。

(4) 设计、施工、调试的周期短。

PLC用存储逻辑代替接线逻辑，其外部接线实际上是非常少的，使整个PLC系统的安装和施工变得非常容易。同时由于程序大都可以在实验室先进行模拟调试，调试好后再将PLC控制系统在生产现场进行联机统调，使得现场调试过程方便、快捷、安全，因而大大缩短了设计和投运周期。

(5) 维护方便。

PLC的控制程序可通过编程器输入PLC的用户程序存储器中。编程器(计算机)不仅能对控制程序进行写入、读出、检测、修改，还能对PLC的工作过程进行监控，这使得PLC的操作和维护都非常方便。PLC还具有非常强的自诊断能力，能随时检查出自身的故障，并给操作人员发出警告，使操作人员能迅速检查、判断故障原因，确定故障位置，迅速采取有效的应对措施。如果是PLC本身的故障，在维修时只需更换插入式模板或其他易损件即可完成，既方便，又减少了因故障而使生产受到影响的时间。

(6) 易于实现机电一体化。

因为 PLC 结构紧凑，体积小，重量轻，可靠性高，防振，防潮，耐热性强，所以易于安装在机械设备内部，制造出机电一体化产品。随着集成电路制造水平的不断提高，PLC 的体积将进一步缩小，而功能进一步增强，与机械设备有机地结合起来，在数控机床(CNC)和机器人装置中的应用必将更加普遍，以 PLC 作为控制器的 CNC 设备和机器人装置将成为典型的机电一体化产品。

## 1.3　PLC 的应用领域

PLC 是采用计算机技术来完成各种控制功能的自动化设备，可以在现场的输入信号作用下，按照预先输入的程序，控制现场的执行机构按一定的规律进行动作。其应用领域主要有以下几个方面：

(1) 顺序逻辑控制。这是 PLC 最基本、最广泛的应用领域。PLC 具有"与""或""非"等逻辑指令，可以实现触点和电路的串联、并联，用来取代继电-接触器控制系统，实现逻辑控制和顺序控制。这种控制方式可用于单台设备，也可用于自动生产线，其应用领域已遍及各行各业。

(2) 模拟量的控制。模拟量是指连续变化的物理量，如温度、速度等。在 PLC 中，一般要用数/模转换装置(ADC)先将模拟量转换成数字量，经 PLC 处理后再转换成模拟量进行控制。

(3) 运动的控制。PLC 使用专用的指令或运动控制模块对直线运动或圆周运动进行控制，可实现单轴、双轴、三轴或多轴位置控制，使运动控制功能与顺序控制功能有机地结合在一起。PLC 的运动控制功能广泛地应用于各种机械加工设备中，如金属切削机床、金属成型机械、装配机械、机器人、电梯等。

(4) 数据处理。现代 PLC 具有数学运算与数据的传送、转换、排序等功能，并能完成查表及位操作等，还可以完成数据的采集、分析和处理。这些数据可以与存储器中的参考值进行比较，也可以用通信功能传送到其他智能装置，或者将它们打印制表。

(5) 通信及联网。PLC 的通信包括主机与远程 I/O 之间的通信、多台 PLC 之间的通信、PLC 与其他智能控制设备之间的通信。PLC 和其他智能控制设备一起，可以组成"分散控制、集中管理"的分布式控制系统，以满足工业自动化系统发展的需要。

## 1.4　PLC 的分类和技术指标

### 一、PLC 的分类方式

#### 1. 按控制规模分类

PLC 的控制规模是以所配置的输入/输出(I/O)点数来衡量的。PLC 的 I/O 点数表明了 PLC 可从外部接收多少个输入信号和向外部发出多少个输出信号，实际上也就是 PLC 的输入、输出端子数量。根据 I/O 点的数量可将 PLC 分为小型机、中型机和大型机。通常点数越多的 PLC，功能也越强。

1) 小型机

I/O 点数在 256 点以下的，称为小型机。小型 PLC 一般只具有逻辑运算、定时、计数和移位等功能，适用于小规模开关量的控制，可用它实现条件控制、顺序控制等。有些小型机，如立石公司的 C 系列、三菱公司的 FX 系列、西门子公司的 S 系列等，增加了一些算术运算和模拟量处理等功能，可以适应更广泛的需要。目前的小型 PLC 一般还具有数据通信功能。

小型机的特点是价格低，体积小，适用于控制自动化单机设备，开发机电一体化产品。

2) 中型机

I/O 点数在 256～1024 点之间的，称为中型机。中型 PLC 除了具备逻辑运算功能外，还增加了模拟量输入/输出、算术运算、数据传送、数据通信等功能，可完成既有开关量又有模拟量的复杂控制。中型机的软件比小型机的丰富，在已固化的程序内，一般还有 PID(比例、积分、微分)调节、整数/浮点运算等功能模板。

中型机的特点是功能强，配置灵活，适用于具有诸如温度、压力、流量、速度、角度、位置等模拟量控制和大量开关量控制的复杂机械，以及连续生产过程的控制等场合。

3) 大型机

I/O 点数在 1024 点以上的，称为大型机。大型 PLC 的功能更加完善，具有数据运算、模拟调节、联网通信、监视记录、打印等功能。大型机的内存容量超过 640 KB，监控系统采用 CRT 显示，能够显示生产过程的工艺流程、各种记录曲线、PID 调节参数选择图等，能进行中断控制、智能控制、远程控制等。

大型机的特点是 I/O 点数特别多，控制规模宏大，组网能力强，可用于大规模的过程控制，构成分布式控制系统，或者整个工厂的集散控制系统。

**2. 按结构形式分类**

1) 整体式

通常小型机多为整体式结构。这种结构的 PLC 中，电源、CPU、I/O 接口部件都集中配置在一个箱体中，有些甚至全部封装到一块印刷电路板上。例如，SIEMENS 公司的 S7-200 系列 PLC 采用的就是整体式结构。

整体式 PLC 的优点是结构紧凑，体积小，重量轻，价格低，容易装配在工业控制设备的内部，比较适合于生产机械的单机控制；缺点是主机 I/O 点数固定，扩展困难，使用不够灵活，维修也比较麻烦。图 1-1 所示的 S7-200 PLC 即采用了整体式结构。

图 1-1　S7-200 PLC 外观结构图

2) 模板式

模板式 PLC 各部分以单独的模板分开设置，如电源模板 PS、CPU 模板、输入/输出模板 SM、功能模板 FM 及通信模板 CP 等。这种形式的 PLC 一般设有机架底板，在底板上有若干插座，使用时，各种模板直接插入机架底板即可。例如，图 1-2 所示的 SIEMENS 公司的 S7-300 PLC 即为模板式结构。

图 1-2　S7-300 PLC 外观结构图

模板式 PLC 的优点是配置灵活，装备方便，维修简单，易于扩展，可根据控制要求灵活配置所需模板，构成功能不同的各种控制系统。一般大中型 PLC 均采用这种结构。它的缺点是结构复杂，各种插件多，稳定性下降，且价格较高。

3) 分散式

所谓分散式结构，就是将可编程控制器的 CPU、电源、存储器等集中放置在控制室，而将各输入/输出模板分散放在各个工作站，由通信接口进行通信连接，由 CPU 集中指挥。

**3. 按用途分类**

1) 用于顺序逻辑控制的 PLC

早期的 PLC 主要用于取代继电器控制电路，完成顺序、联锁、计时和计数等开关量的控制，因此顺序逻辑控制是 PLC 最基本的控制功能，也是应用最多的场合。比较典型的应用如自动电梯的控制、自动化仓库的自动存取、各种管道上电磁阀的自动开启和关闭、皮带运输机的顺序启动、自动化生产线的多机控制等，这些都是顺序逻辑控制。要完成这类控制，不要求 PLC 有太多的功能，只要有足够的点数即可，因此选用低档 PLC。

2) 用于闭环过程控制的 PLC

对于闭环控制系统，除了要用开关量 I/O 点实现顺序逻辑控制外，还要有模拟量 I/O 回路用于采样输入和调节输出，实现过程控制中的 PID 调节，形成闭环过程控制系统。而中期的 PLC 由于具有数值运算和处理模拟量信号的功能，因此可以设计出各种 PID 控制器。现在随着 PLC 规模的增大，可控制的回路数已从几个增加到几十个甚至几百个，因此可实现比较复杂的闭环控制，实现对温度、压力、流量、位置、速度等物理量的连续控制。要完成这类控制，不仅要求 PLC 有足够的 I/O 数量，还要有模拟量处理能力，因此对 PLC 的功能要求更高，根据处理的模拟量的多少，应选用中档 PLC。

3) 用于多级分布式和集散控制系统的 PLC

在多级分布式和集散控制系统中，除了要求所选用的 PLC 具有上述功能外，还要求具有较强的通信功能,以实现各工作站之间的通信、上位机与下位机的通信,最终形成通信网络,实现全厂自动化。目前的 PLC 都具有很强的通信和联网功能,建立一个自动化工厂完全有可能实现,显然,完成这种工作的 PLC 是高档 PLC。

4) 用于机械加工的数字控制和机器人控制的 PLC

机械加工行业是 PLC 广泛应用的领域,PLC 与 CNC 技术有机地结合起来,可以进行数值控制。由于 PLC 的处理速度不断提高,存储容量不断扩大,因此 CNC 软件不断丰富,用户对机械加工程序的编制越来越方便。随着人工视觉等高新技术的不断完善,各种性能的机器人相继问世,很多机器人制造公司也选用 PLC 作为机器人的控制器,因此 PLC 在这个领域的应用也越来越多。在这类应用中,除了要有足够的开关量 I/O、模拟量 I/O 外,还要有一些特殊功能的模板,实现如速度控制、运动控制、位置控制、步进控制、伺服电机控制、单轴控制、多轴控制等功能,以适应特殊工作的需要。

## 二、PLC 的主要技术指标

### 1. 编程语言

PLC 的编程语言很多,有梯形图、指令表、逻辑功能图、顺序功能图(SFC)、结构文本等几种。

1) 梯形图

梯形图是一种图形语言,是面向控制过程的一种"自然语言",沿用继电器控制中的触点、线圈、串并联等术语和图形符号,同时也增加了一些继电-接触器控制系统中没有的特殊符号。梯形图比较形象、直观,对于熟悉继电器控制线路的电气技术人员来说,很容易接受,且不需要学习专门的计算机知识,因此,梯形图是 PLC 应用中使用最普遍的一种编程语言。

PLC 梯形图虽然是从继电器控制线路图发展而来的,但二者又有一些本质的区别。

(1) PLC 梯形图中的某些编程元件沿用了继电器这一名称,如输入继电器、输出继电器、中间继电器等。但是这些继电器并不是真正的物理继电器,而是"软继电器",这些继电器都与 PLC 中元件映像寄存器的具体存储单元一一对应。如果某个存储单元为"1"状态,则表示与该存储单元相对应的继电器"线圈得电";反之,如果某个存储单元为"0"状态,则表示与该存储单元相对应的继电器"线圈断电"。因此,我们就能根据数据存储区中某个存储单元的状态是"1"还是"0",判断与之对应的继电器的线圈是否得电。

(2) PLC 梯形图中仍然保留了常开触点和常闭触点的名称,这些触点的接通或断开取决于其线圈是否得电。在梯形图中,当程序扫描到某个继电器时,就去检查其线圈是否"得电",即去检查与之对应的存储单元的状态是"1"还是"0"。如果该触点是常开触点,就取它的原状态;如果该触点是常闭触点,就取它的相反状态。例如,如果对应输出继电器 Q0.0 的存储单元中的状态是"1",则当程序扫描到 Q0.0 的常闭触点时,就取它的相反状态"0"。

(3) PLC 梯形图中的各种继电器触点的串、并联连接,实质上是对应将这些基本单元的状态依次取出来进行"逻辑与""逻辑或"等逻辑运算。而计算机对进行这些逻辑运算的次数是没有限制的，所以，可在编制程序时无限次使用各种继电器的触点，而且可以根据需要采用常开或常闭触点。当然有一点要注意，在梯形图中，线圈一般只能使用一次，如果同一线圈(如 Q0.0)使用多次的话，只有最后一次的使用是有效的。

(4) 在继电器控制线路图中，左、右两侧的母线为电源线，在电源线中间的各个支路上都加有电压，当某个或某些支路满足接通条件时，就会有电流流过触点或线圈。而在 PLC 梯形图中，左侧的垂线为逻辑母线，每一条支路均从逻辑母线开始，到线圈或其他输出功能元件结束。在梯形图中，逻辑母线上不加电源，元件和连线之间也不存在电流，但它确实在传递信息。为了形象地说明这个问题，假设在梯形图中有信息或假想电流在流动，即在梯形图中流过的是"能流"，是用户通过程序来满足输出时执行相关条件的形象表达方式，且"能流"只能从左向右流动。

(5) 在继电器控制线路图中，各个并联电路是同时加电压、并行工作的。由于实际元件动作具有机械惯性，因此可能会发生触点竞争的现象。在梯形图中，各个编程元件的动作顺序是按扫描顺序依次执行的，或者说是按串行的方式工作的，在执行梯形图程序时，自上而下、从左到右串行扫描，不会发生触点竞争的现象。

(6) PLC 梯形图中的输出线圈只对应存储器的输出映像区的相应位，不能用该编程元件(如中间继电器线圈、定时器、计数器)直接驱动现场机构，必须通过指定的输出继电器，经 I/O 接口上对应的输出单元才能驱动现场执行机构。

2) 指令表(语句表)

指令表用助记符来表达 PLC 的各种功能。它类似于计算机中的汇编语言，但比汇编语言通俗易懂，因此也是应用很广泛的一种编程语言。这种编程语言可使用简易编程器编程，尤其是在未能配置图形编程器时，只能将已编好的梯形图转换为语句表的形式，再通过简易编程器将用户程序逐条输入 PLC 的存储器中。每条指令通常由地址、操作码(指令)和操作数(数据或器件编号) 三部分组成。指令编程设备简单，逻辑紧凑，系统化，输入速度快，但语句含义比较抽象，不好理解。所以指令表编程方式一般和梯形图编程方式配合使用，互为补充。当然，大多数 PLC 的编程设备能将这两种编程方式直接转换。

3) 逻辑功能图

逻辑功能图是一种由逻辑功能符号组成的功能图来表达命令的图形语言，这种编程语言基本上沿用了半导体逻辑电路的逻辑方块图，对每一种功能都使用一个运算方块，其运算功能由方块内的符号确定。常用"与""或""非"等逻辑功能表达控制逻辑。将与功能方块有关的输入画在方块的左边，输出画在方块的右边。采用这种编程语言，不仅能简单明确地表现逻辑功能，还能通过对各种功能块的组合，实现加法、乘法、比较等高级功能，所以，这也是一种功能较强的图形编程语言。对于熟悉电路和具有逻辑代数基础的人来说，逻辑功能图是非常方便的。

4) 顺序功能图

顺序功能图编程方式是采用画工艺流程图的方法编程，只要在每一个工艺方框的输入和输出端标上特定的符号即可。对于在工厂中制作工艺设计的人员来说，采用这种方式编程不需要很多电气知识，非常方便。

不少 PLC 的新产品采用了顺序功能图，有的公司已生产出系列的、可供不同 PLC 使用的 SFC 编程器，原来十几页的梯形图，采用顺序功能图只需一页就可完成。另外，由于这种编程语言最适合从事工艺设计的工程技术人员，因此，它是一种效果显著、深受欢迎、发展前景良好的编程语言。

### 5) 结构文本(高级语言)

在一些大型 PLC 中，为了完成一些较为复杂的控制，采用功能很强的微处理器和大容量存储器，将逻辑控制、模拟控制、数值计算与通信功能结合在一起，配备 BASIC、Pascal、C 等计算机语言，从而可像使用通用计算机那样进行结构化编程，使 PLC 具有更强的功能。

总之，各种类型的 PLC 基本上都同时具备两种以上编程语言。其中，以同时使用梯形图和指令表的占大多数。不同厂家、不同型号的 PLC，其梯形图及指令表都有些差异，使用符号也不尽相同，配置功能各有千秋。因此，各个厂家不同系列、不同型号的 PLC 是互不兼容的，但编程的思想、方法和原理是一致的。

### 2. 输入/输出点数

输入/输出点数是 PLC 可以接受的输入和输出开关信号的最大数量，输入点数一般比输出点数多，两者绝不可混用。例如，某 PLC 实验设备是输入 14 点，输出 10 点，表示该 PLC 可同时连接输入设备(开关、按钮、传感器等)的数量最多为 14 个，可同时连接输出设备(灯泡、接触器线圈、电磁阀线圈等)的数量最多为 10 个。

### 3. 扫描速度

PLC 是以扫描的方式执行程序的，这和微型计算机不同。扫描速度指的是 PLC 扫描 1 KB 程序所用的时间，单位是 ms/KB。例如，某 PLC 的扫描速度为 3 ms/KB，表示扫描 1 KB 程序所用的时间是 3 ms。扫描速度越快，说明系统的性能越好。

### 4. 存储容量

PLC 的存储容量指的是用户程序存储器的容量，单位是 KB。例如，某 PLC 的存储容量为 100 KB，表示该 PLC 的用户程序存储器的容量是 100 KB。

### 5. 可扩展性

PLC 的可扩展性指的是 PLC 的主机配置扩展模板的能力，它主要体现在三个方面：第一，I/O 的扩展能力，用于扩展系统的输入/输出点数；第二，CPU 模板的扩展能力，用于扩展各种智能模板，如温度控制模板、高速计数模板、闭环控制模板等，以实现多个 CPU 的协调控制和信息交换；第三，存储容量的扩展和联网功能的扩展。

## 1.5　PLC 的组成

### 一、PLC 的硬件

如图 1-3 所示，PLC 主要由中央处理器(CPU)、存储器、输入/输出(I/O)接口、电源、外部设备组成。

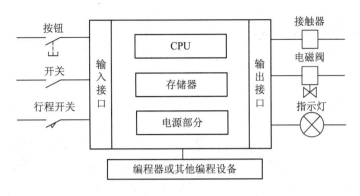

图 1-3　PLC 的硬件组成示意图

### 1. 中央处理器 CPU

CPU 是计算机的核心，因此它也是 PLC 的核心，其功能主要有以下几个方面：

(1) 接收与存储由编程器输入的用户程序和数据。

(2) 检查编程过程中的语法错误，诊断电源及 PLC 内部的工作故障。

(3) 用扫描的方式工作，接收来自外部的输入信号，并存储到输入映像寄存器和数据存储器中。

(4) 在开始运行后，从存储器中逐条读取并执行用户程序，完成用户程序所规定的逻辑运算、算术运算及数据处理等操作。

(5) 根据运算结果，更新有关标志位的状态，刷新输出映像寄存器的内容，再经输出接口实现输出控制。

在模板式 PLC 中，CPU 是一个专用模板。一般 PLC 的 CPU 模板上还有存放系统程序的 ROM 或 EPROM(只读存储器)、存放用户程序或少量数据的 RAM，以及译码电路、通信接口和编程器接口等。

在整体式 PLC 中，CPU 是一块集成电路芯片，通常是通用的 8 位或 16 位微处理器，如 8085、8086 等。采用通用的微处理器作 CPU，其好处是这些微处理器及配套的芯片普及、通用、价格低，有独立的 I/O 指令，且指令短，有利于译码及缩短扫描周期。

随着大规模集成电路的发展，采用单片机作 CPU 的 PLC 越来越多，尤其是小型 PLC(如采用 Intel 公司的 MCS-51、MCS-61 系列作 CPU 的 PLC)，它以高集成度、高可靠性、高性能、高速度及低价格的优势，正在占领小型 PLC 的市场。

目前，小型 PLC 均采用单 CPU 系统，而大、中型 PLC 通常采用双 CPU 或多 CPU 系统。双 CPU 系统是指在 CPU 模板上安装两个 CPU 芯片，一个作为字处理器，另一个作为位处理器。字处理器是主处理器，它执行所有编程器接口的功能，监视内部定时器(WDT)及扫描时间，完成字节指令的处理，并对系统总线和微处理器进行控制。位处理器是从处理器，它主要完成对位指令的处理，以减轻字处理器的负担，提高位指令的处理速度，并将面向控制过程的编程语言(如梯形图、流程图)转换成机器语言。

在高档 PLC 中，常采用位片式微处理器(如 AM2900、AM2901、AM2903)作 CPU。由于位片式微处理器采用双极型工艺，所以比一般的 MOS 微处理器在速度上快一个数量级。位片的宽度有 2 位、4 位、8 位等，用几个位片进行"级联"，可以组成任意字长的微机。

另外，在位片式微处理器中都采用微程序设计，只要改变微程序存储器中的内容，就可以改变机器的指令系统，因此，其灵活性非常高。位片式微处理器易于实现"流水线"操作，即重叠操作，能更有效地发挥其快速的特点。

## 2. 存储器

PLC 中配有两种存储系统，即存放系统程序的系统程序存储器和存放用户程序的用户程序存储器。

系统程序存储器主要用来存储 PLC 内部的各种程序。在大型 PLC 中，系统程序存储器又可分为寄存存储器、内部存储器和高速缓存存储器。在中、小型 PLC 中，常把这 3 种功能的存储器混合在一起，统称为功能存储器，简称存储器。

一般系统程序是由 PLC 生产厂家编写的系统监控程序，不能由用户直接存取。系统监控程序主要由有关系统管理、解释指令、标准程序及系统调用等的程序组成。系统存储器一般由 ROM 或 EPROM 构成。

由用户编写的程序称为用户程序。用户程序存放在用户程序存储器中，用户程序存储器的容量不大，主要存储 PLC 内部的输入/输出信息，以及内部继电器、移位寄存器、累加寄存器、数据寄存器、定时器和计数器的动作状态。小型 PLC 的存储容量一般只有几 KB(不超过 8 KB)，中型 PLC 的存储容量为 2～64 KB，大型 PLC 的存储容量可达到几百 KB 以上。我们一般讲 PLC 的内存大小，是指用户程序存储器的容量。用户程序存储器常由 RAM 构成。为防止电源掉电时 RAM 中的信息丢失，常采用锂电池作为后备保护。若用户程序已完全调试好，且在一段时间内不需要改变功能，则可将其固化到 EPROM 中。但是用户程序存储器中必须有部分 RAM，用来存放一些必要的动态数据。

用户程序存储器一般分为两个区：程序存储区和数据存储区。程序存储区用来存储由用户编写的、通过编程器输入的程序；而数据存储区用来存储通过输入端子读取的输入信号状态、准备通过输出端子输出的输出信号状态、PLC 中各个内部器件的状态，以及特殊功能要求的有关数据。PLC 的存储结构如表 1-1 所示。

表 1-1　PLC 的存储结构

| 存储器 | 存储内容 |
| --- | --- |
| 系统程序存储器 | 系统监控程序 |
| 用户程序存储器 | 程序存储区：用户程序(梯形图、指令表等) |
| | 数据存储区：I/O 及内部器件的状态 |

当用户程序很长或需存储的数据较多时，PLC 基本组成中的存储器的容量可能不够用，这时可考虑选用较大容量的存储器或进行存储器扩展。很多 PLC 都提供了存储器扩展功能，用户可将新增加的存储器扩展模板直接插入 CPU 模板中，也可将存储器扩展模板插在中央基板上。在存储器扩展模板上通常装有可充电的锂电池，如果在系统运行过程中突然停电，则 RAM 立即改由锂电池供电，使 RAM 中的信息不因停电而丢失，从而保证了复电后系统可从掉电状态下直接开始恢复工作。

目前，常用的存储器有可读写存储器(CMOS-SRAM)、只读存储器(EPROM)和电可擦除可编程的只读存储器(EEPROM)。

1) 可读写存储器(CMOS-SRAM)

CMOS-SRAM 是以 CMOS 技术制造的静态可读写存储器,用来存放数据。读写时间小于 200 ns,几乎不消耗电量,用锂电池作后备电源,停电后可保存数据 3~5 年不变。静态存储器的可靠性比动态存储器(DRAM)的高,因为 SRAM 不必周而复始地刷新,只有在片选信号(脉冲)有效、写操作有效时,从数据总线进入的干扰信号才能破坏其存储的内容,而这种概率是非常小的。

2) 只读存储器(EPROM)

EPROM 是一种可用紫外光擦除、在电压为 25V 的供电状态下写入的只读存储器。使用时,写入脚悬空或接 +5 V 电源(窗口盖上不透光的薄箔),其内容可长期保存。这类存储器可根据不同的需要与各种微处理器兼容,并且可以和 MCS-51 系列单片机直接兼容。EPROM 的一个突出优点是把输出元件控制(OE)和片选控制(CE)分开,保证了良好的接口特性,使其在微机应用系统中的存储器部分改变,增删设计工作量减少。由于 EPROM 具有采用单一+5 V 电源,可在静态维持方式下工作,快速编程等特点,因此 EPROM 在存储系统设计中具有快速、方便和经济等优点。

在使用 EPROM 芯片时,要注意器件的擦除特性,当把芯片放在波长约为 4000 埃的光线下曝光时,就开始擦除。阳光和某些荧光灯含有 3000~4000 埃的波长,EPROM 器件暴露在照明日光灯下约三年才能擦除,而在直射日光下约一周就可擦除,这些特性在使用中要特别注意。为延长 EOROM 芯片的使用寿命,必须用不透明的薄箔贴在其窗口上,以避免无意识的擦除。如果真正需要对 EPROM 芯片进行擦除操作,则必须将芯片放在波长为 2537 埃的短波紫外线下曝光,擦除的总光量(紫外光 × 曝光时间)必须大于 15 (W·s)/cm$^2$。若用紫外线辐射照度为 12 000 μW/cm$^2$ 的紫外线灯,则擦除时间约为 15~20 分钟,进行擦除操作时,需把芯片靠近灯管约 1 英寸(注:1 英寸 = 2.54 厘米)处。有些灯在管内放有滤色片,擦除前需把滤色片取出,才能进行擦除。

EPROM 用来固化完善的程序,写入速度为毫秒级。固化是通过与 PLC 配套的专用写入器进行的,不宜多次反复擦写。

3) 电可擦除可编程的只读存储器(EEPROM)

EEPROM 是近年来被广泛应用的一种只读存储器,它的主要优点是能在 PLC 工作时"在线改写",既可以按字节进行擦除,进行全新编程,也可整片擦除,且不需要专门的写入设备,写入速度也比 EPROM 快,写入的内容能在断电情况下保持不变,不需要保护电源。它具有与 RAM 相似的高度适应性,又保留了 ROM 不易丢失的特点。一些 PLC 在出厂时就配有 EEPROM 芯片,供用户编写、调试程序时使用,内容可多次反复修改。EEPROM 的擦写电压约为 20 V,此电压可由 PLC 提供,也可由 EEPROM 芯片自身提供,使用很方便。但从保存数据的长期性和可靠性来说,EEPROM 不如 EPROM。

3. 输入/输出接口

1) 输入接口

来自现场的主令元件、检测元件的信号经输入接口进入 PLC。主令元件的信号是指由用户在控制键盘(控制台、操作台)上发出的控制信号(如启动、停止、开机、关机、转换、急停等)。检测元件的信号是指用检测元件(如各种传感器、继电器、限位开关、行程开关等元件)的触点对生产过程中的参数(压力、温度、速度、位置等)进行检测时产生的信号。这些信号有的是开关量，有的是模拟量，有的是直流量，有的是交流量，要根据输入信号的类型选择合适的输入接口。

为了提高系统的抗干扰能力，各种输入接口均采取了抗干扰措施，如在输入接口内设有光电耦合电路，使 PLC 与外部信号进行隔离。为了消除信号噪声，在输入接口内还设置了多种滤波电路。为了便于 PLC 的信号处理，输入接口内设有电平转换及信号锁存电路。为了便于与现场信号连接，在输入接口的外部设有接线端子排。

2) 输出接口

由 PLC 产生的各种输出控制信号经输出接口去控制和驱动负载(如指示灯的亮和灭、电动机的启动和停止、电动机的正转和反转、阀门的开启和关闭等)。因为 PLC 的直接输出带负载能力有限，所以 PLC 输出接口所带的负载通常是接触器的线圈、电磁阀的线圈、信号指示灯等。

同输入接口一样，输出接口的负载有的是直流量，有的是交流量，要根据负载性质选择合理的输出接口。为了抗干扰，提高 PLC 的可靠性，也为了得到标准信号，输出接口通常要采用滤波及光电耦合电路。

4. 电源

PLC 的外部工作电源一般为单相 85～260 V，50/60 Hz 交流电源，也有采用 24～26 V 直流电源的。使用单相交流电源的 PLC 不能同时提供 24 V 直流电源，供直流输入使用。PLC 对其外部工作电源的稳定度要求不高，一般允许±15%左右的误差。

对于在 PLC 输出端子上接的负载所需的电源，必须由用户提供。

PLC 的内部电源系统一般有三类：第一类电源是供 PLC 中的 TTL 芯片和集成运算放大器使用的基本电源(+5 V 和±15 V DC 电源)；第二类电源是供输出接口使用的高压大电流的功率电源；第三类电源是锂电池及其充电电源。考虑到系统的可靠性及光电耦合器的使用，不同类型的电源有不同的地线。此外，根据 PLC 的规模及所允许扩展的接口模板数，各种 PLC 的电源种类和容量往往是不同的。

5. 外部设备

PLC 控制系统的设计者可根据需要配置一些外部设备。

1) 编程器

编程器是最常用的外部设备，用于用户程序的输入、编辑、调试和监视，还可以通过编程器去调用和显示 PLC 的一些内部继电器的状态和系统参数。用户可经过编程器接口与 CPU 联系，完成人-机对话。PLC 的编程器一般由生产厂家提供，只能用于某一生产厂家的某些 PLC 产品，可分为简易编程器和智能编程器。

(1) 简易编程器。

简易编程器(见图 1-4)一般由简易键盘、发光二极管阵列或液晶显示器(LCD)等组成。它的体积小，价格便宜，可以直接插在 PLC 的编程器插座上，或者用电缆与 PLC 相连。

图 1-4　简易编程器

它不能直接输入和编辑梯形图程序，只能通过联机编程的方式，将用户的梯形图程序转化为机器语言的助记符(语句表)形式，再用键盘将语句表程序逐条写入 PLC 的存储器中。当用户程序正确输入 PLC 后，可将编程器的工作方式选择为运行状态(RUN)或者监控状态(MONTOR)，也可将简易编程器从主机上取下来，这样在 PLC 送电后即直接进入运行状态。

(2) 智能编程器。

智能编程器又称图形编程器，一般由微处理器、键盘、显示器及总线接口组成，它可以直接生成和编辑梯形图程序。智能编程器可分为液晶显示的智能编程器和利用 CRT 作显示器的智能编程器。

液晶显示的智能编程器一般是手持式的，它有一个大型的点阵式液晶显示屏，可以显示梯形图或语句表程序，它还能提供盒式磁带录音机接口和打印机接口。

用 CRT 作显示器的智能编程器既可联机在线编程，也可离线编程，并将用户程序存储在自己的存储器中。这种智能编程器既可以用梯形图编程，也可以用助记符编程，有的还可以用高级语言编程，并可通过屏幕进行人-机对话。这种编程器中，程序可以很方便地与 PLC 的 CPU 模板互传，也可以将程序写入 EPROM，并提供给磁带录音机接口和磁盘驱动器接口(有的编程器本身就带有磁盘驱动器)。它还有打印机接口，能快速、清楚地打印梯形图，包括图中的英文注释，也可以打印出语句表程序清单和编程元件表等。这些文件对程序的调试和维修是非常有用的。

智能编程器体积大，成本高，适用于在实验室或大型 PLC 控制系统中对应用程序进行开发。

(3) 用 PC 作编程器。

PLC 生产厂家生产的专用编程器的使用范围有限，价格一般也较高。在个人计算机不断更新换代的今天，出现了以个人计算机为基础的编程系统。PLC 生产厂家可以把工业标准的个人计算机作为程序开发系统的硬件提供给用户，大多数厂家只向用户提供编程软件，而个人计算机则由用户自己选择。由 PLC 生产厂家提供的个人计算机作了改装，以适应工业现场恶劣的外部环境，如对键盘和机箱加以密封，并采用密封型磁盘驱动器，以防止外部脏物进入计算机中，使敏感的电子元件失效。这样被改装的 PC 就可以在类似于 PLC 的运行环境中长期可靠地工作。

这种方法的主要优点是使用了价格较便宜的、功能很强的通用个人计算机，以最少的投资获取高性能的 PLC 程序开发系统。对于不同厂家和型号的 PLC，只需要更换编程软件即可。这种系统的另一个优点是可以使用一台个人计算机为所有的工业智能控制设备编程，还可以作为 CNC、机器人、工业电视系统和各种智能分析仪器的软件开发工具。

个人计算机的 PLC 程序开发系统一般包括以下几个部分。

① 编程软件。这是最基本的软件，允许用户生成、编辑、存储和打印梯形图程序及其他形式的程序。

② 文件编制软件。它是程序生成软件，可以对梯形图中的每一个触点和线圈加上文字注释，指出它们在程序中的作用，并能在梯形图中提供附加注释，解释某一段程序的功

能，使程序容易阅读和理解。

③ 数据采集和分析软件。在工业控制计算机中，这一部分的使用已相当普遍。个人计算机可以从 PLC 控制系统中采集数据，并可用各种方法分析这些数据，然后将结果以条形统计图或扇形统计图的形式显示在 CRT 上，这种分析处理过程非常快，几乎是实时的。

④ 实时操作员接口软件。这类软件对个人计算机提供实时操作的人-机接口，使个人计算机用作系统的监视装置，通过 CRT 告诉操作人员系统的状况和可能发生的各种报警信息。操作员可以通过操作员接口键盘(有时可能直接用个人计算机的键盘)输入各种控制指令，处理系统中出现的各种问题。

⑤ 仿真软件。该软件允许工业控制计算机对工厂的生产过程做系统仿真。过去这一部分只有大型计算机系统才有。它可以对现有系统进行有效的检测、分析和调试，也允许系统的设计者在实际系统建立之前反复地对系统进行仿真运行，从而及时发现系统中存在的问题，并加以修复。仿真软件还可以缩短系统设计、安装和调试的总周期，避免因设计不周而造成浪费和损失。

2) 人-机接口(HMI)

人-机接口又叫操作员接口，用于实现操作人员与 PLC 控制系统的对话和交互作用。

人-机接口最简单、最基本和最普遍的形式是由安装在控制台上的按钮、转换开关、拨码开关、指示灯、LED 数字显示器和声光报警等元件组成的，它们用来指示 PLC 的 I/O 系统状态及各种信息。通过合理的程序设计，PLC 控制系统可以接收并执行操作员的命令。小型 PLC 一般采用这种最简单的人-机接口。

在大型 PLC 控制系统中，常用智能型人-机接口，可将其长期安装在操作台和控制柜的面板上，也可将其放在主控制室里，使用彩色的或单色的 CRT 显示器，有自己的微处理器和存储器。智能型人-机接口通过通信接口与 PLC 相连，以接收和显示外部的信息，并能与操作人员快速地交换信息。

3) 外存储器

PLC 的 CPU 模板内的存储器称为内存，可用来存放系统程序和用户程序。有时将用户程序存储在磁带或磁盘中，作为程序备份或用于改变生产工艺流程时调用。磁带和磁盘称为外存。如果 PLC 内存中的用户程序被破坏或丢失，则可再次将存储在外存中的程序重新装入。在可以离线开发用户程序的编程器中，外存特别有用，被开发的用户程序一般存储在磁带或磁盘中。

4) EPROM 写入器

EPROM 写入器用于将用户程序写入 EPROM 中。它提供了一个非易失性用户程序的保存方法。同一 PLC 系统的不同应用场合的用户程序可以分别写入几片 EPROM 中，在改变系统的工作方式时，只需要更换 EPROM 芯片即可，这是非常方便和快捷的。

5) 打印机

打印机在用户程序编制阶段用来打印带注释的梯形图程序或语句表程序，这些程序对系统的维修、改造或扩展是非常有价值的。同时，在系统实际运行过程中，打印机还可以提供系统运行过程中发生事件的硬记录，例如可记录系统运行时的报警时间和报警类型等。这对于分析系统故障或事故原因及对系统进行改进是相当重要的。在日常管理中，打印机还可以打印各种生产报表。

6)　扩展接口

PLC 的扩展接口有两方面的含义：一方面，作为单纯的 I/O 扩展接口，它是为弥补原系统中 I/O 接口有限而设置的，用于扩展输入、输出点数，当用户的 PLC 控制系统所需的输入、输出超过主机的输入、输出点数时，就要通过 I/O 扩展接口将主机与扩展单元连接起来；另一方面，作为 CPU 模板的扩充，它在原系统中只有一块 CPU 模板而无法满足系统工作要求时使用，即用于增加 CPU 模板。

7)　通信接口

通信接口是专用于数据通信的一种智能模板，它主要用于人-机对话或机-机对话。PLC通过通信接口可以与打印机、监视器相连，也可与其他 PLC 或上位计算机相连，构成多机局部网络系统或多级分布式控制系统，实现管理与控制相结合的综合系统。

## 二、PLC 的软件

### 1. 软件分类

系统软件：用于 PLC 系统管理的软件，包括管理软件、监控软件、编译软件。

用户软件：用户编制的以工业控制为目的的软件。

### 2. 编程语言

(1)　梯形图：是一种从继电-接触器控制电路演变而来的图形语言。其编程中的单元符号和继电-接触器的很相似，只是继电-接触器中是实物；而梯形图中的器件实际上只是PLC 中相应的一些存储位而已。所谓接通，只是相应的位置为 1，而断开则指相应的位置为 0。

(2)　指令表：实际上是一种用指令助记符来编制的 PLC 程序，每条指令语句都是由步序、指令语(操作助记符)、作用器件(操作数)组成的。

(3)　功能块图：用数字电路中的逻辑门来代替程序指令的编程方式。

(4)　顺序功能图：常用来编制顺序控制类程序。它包含步、动作、转换 3 个要素。顺序功能编程法可将一个复杂的控制过程分解为一些小的工作状态，对这些小状态的功能分别处理后，再把这些小状态依一定的顺序控制要求连接组合成整体的控制程序。顺序功能图是一种编程思路的体现，在编程中有很重要的意义。

(5)　结构文本：用高级语言(如 PASCAL 语言、BASIC 语言、C 语言等)编写的 PLC 程序。其优点是：能实现复杂的数学运算，程序非常简洁、紧凑。

## 1.6　PLC 与继电-接触器控制系统的区别

本节介绍 PLC 与继电-接触器控制系统的区别。

### 1. 控制逻辑

继电-接触器控制线路的控制方式在各种继电器之间是以硬接线实现的，属于接线逻辑，这种控制逻辑存在接线复杂、结点多、故障率高等缺点；而 PLC 采用存储逻辑，用程序控制，是一种软件逻辑，所以灵活多变，且接线相对简单，故障率大大下降。

### 2. 工作方式

在继电-接触器控制线路中，采用并行的工作方式，即当接通电源时，线路中各继电器处于受制约的状态，该动作的就动作，不该动作的就不动作；而在 PLC 中采用的是循环扫描工作方式，周期性地循环扫描各软继电器的接通状态，以控制输出线圈的动作，是一种串行的工作方式。

### 3. 可靠性和可维护性

继电-接触器控制系统的可靠性差，维修、改造困难。复杂的系统使用成百上千个各种各样的继电器，成千上万根导线连接在控制线路中。只要其中一个继电器或一根导线出现故障，系统就不能正常工作，这就大大降低了系统的可靠性。系统的维护及改造也非常困难，特别是技术改造，当试图改变工作设备的过程以改善设备的功能时，可能重新布设控制线路比将原来的控制线路重接还要容易一些。而 PLC 用程序逻辑代替了硬件接线逻辑，不同控制线路的硬件连接方法是一样的，没有逻辑含义，更改控制方案时，硬件无须更改或只更改很少的接线，改动程序即可，而且结点非常少，系统可靠性高，调试和维护非常方便。

### 4. 控制速度

继电-接触器控制系统靠触点的机械动作进行逻辑控制，触点的接通和断开需要几百ms，所以控制速度慢。PLC 执行控制程序，指令执行速度快，程序扫描一个周期通常只需要几十 ms，所以 PLC 的控制速度非常快。

### 5. 定时控制

继电-接触器控制系统采用时间继电器来完成定时控制，定时长度非常有限，通常只有几分钟，定时精度非常低，只能达到 100 ms 级别。随着需要定时的设备数量的增加，定时成本也将大幅增加。PLC 采用程序的软件定时器(软件定时器的数量多达 256 个)，若和计数器相配合，时长是无限的，时间精度可达到 ms 级别。

### 6. 设计和施工

继电-接触器控制系统由于系统庞大，因此设计施工时间长，修改方案更困难。PLC 设计、调试和施工可同时进行，效率高，速度快，修改方案时只需要修改程序即可，简单、方便。

## 1.7　PLC 的工作原理

### 一、PLC 的工作原理

图 1-5 所示为 PLC 的简单工作过程示意图。

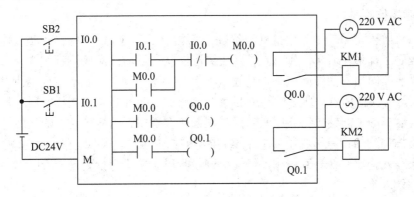

图 1-5　PLC 的工作过程示意图

　　PLC 和微型电脑的工作方式有所不同：微型电脑由于存在操作系统，应用程序采用的是"顺序执行，一次完成"的工作方式；而 PLC 采用的则是"顺序扫描，不断循环"的工作方式。PLC 是对存储器中的程序按其步序作周期性的扫描，在每次扫描过程中，都要完成公共处理、输入信号采样及输出设备的刷新等工作，即整个 PLC 的扫描周期由公共处理阶段、输入采样阶段、程序执行阶段和输出刷新阶段四个部分组成。

### 1. 公共处理阶段

　　在公共处理阶段，主要完成 PLC 自检、检查来自外设的请求、对警戒时钟(也称监视定时器或看门狗定时器 WDT)清零等工作。

　　PLC 自检就是 CPU 检测 PLC 各器件的状态，如出现异常再进行诊断，并给出故障信号，或自行进行相应的处理，这有助于及时发现或提前预报系统的故障，提高系统运行的可靠性。

　　在 CPU 对 PLC 的自检结束后，再检查是否有外部设备请求，如是否需要进入编程状态，是否需要通信服务，是否需要启动一些外部设备(如打印机、磁带机)等。

　　采用监视定时器或 WDT 也是提高系统可靠性的一个有效措施，这是一个硬件时钟，是为了监视 PLC 的每次扫描时间而设置的。首先对它预先设定好规定时间，每个扫描周期都要监视扫描时间是否超过规定值。如果程序运行正常，则在每次扫描周期的公共处理阶段对 WDT 进行清零(复位)，避免由于 PLC 在执行程序的过程中进入死循环，避免由于 PLC 执行非预定的程序而造成系统故障，从而导致系统瘫痪。如果程序运行失常，进入死循环，则 WDT 不能按时清零，从而造成超时溢出，给出报警信号或停止 PLC 的工作。

### 2. 输入采样阶段

　　输入采样阶段是第一个集中批处理阶段。在这个阶段，PLC 按顺序逐个采集所有输入端子上的信号，不论输入端子上是否有接线，CPU 顺序读取全部输入端，将所有采集到的输入信号写到输入映像寄存器中。在当前的扫描周期内，用户程序依据的输入信号的状态(ON 或 OFF)均从输入映像寄存器中去读取，而不管此时外部输入信号状态是否发生变化。即使此时外部输入信号的状态发生了变化，也只能在下一个扫描周期的输入采样阶段去读取。对于这种采集输入信号的批处理，虽然严格上说每个信号被采集的时间是有先后的，但由于 PLC 的扫描周期非常短，这个差异对一般工程应用是可以忽略的，所以可认为这些采集到的输入信号是同时的。

### 3. 程序执行阶段

程序执行阶段是第二个集中批处理阶段。在这一阶段，CPU 对用户程序按顺序进行扫描，如果程序用梯形图表示，则总是按从上到下、从左到右的顺序进行扫描。每扫描到一条指令，所需要的输入信息的状态均从输入映像寄存器中读取，而不是直接使用现场的立即输入信号。对其他信息，则是从 PLC 的元件映像寄存器中读取。在执行用户程序的过程中，每一次运算的中间结果都立即写入元件映像寄存器中，这样该元件的状态马上就可以被后面将要扫描到的指令所利用。对输出继电器的扫描结果，也不是马上去驱动外部负载，而是将结果写入输出映像寄存器中，待输出刷新阶段集中进行批处理，所以程序执行阶段也是集中批处理阶段。

在这个阶段，除了输入映像寄存器外，各个元件映像寄存器的内容是随着程序的执行而不断变化的。

### 4. 输出刷新阶段

输出刷新阶段是第三个集中批处理阶段。当 CPU 对全部用户程序扫描结束后，将元件映像寄存器中各输出继电器的状态同时送到输出锁存器中，再由输出锁存器经输出端子去驱动各输出继电器所带的负载。

当输出刷新阶段结束后，CPU 进入下一个扫描周期。

## 二、PLC 的扫描周期及响应时间

PLC 的扫描周期与 PLC 的时钟频率、用户程序的长短及系统配置有关。一般 PLC 的扫描时间为几十 ms，在输入采样和输出刷新阶段只需 1～2 ms，公共处理阶段的时间只需几 ms，所以扫描时间的长短主要由用户程序来决定。

PLC 的响应时间指的是 PLC 的外部输入信号发生变化的时刻到它所控制的外部输出信号发生变化的时刻之间的时间间隔，也称滞后时间。这种输出对输入在时间上滞后的现象，严格地说会影响控制的实时性，但对于一般的工业控制，这种滞后是允许的。如果需要快速响应，则可选用快速响应模板、高速计数器模板或采用中断处理功能来缩短滞后时间。

响应时间的快慢与以下因素有关。

### 1. 输入滤波器的时间常数(输入延迟)

因为 PLC 的输入滤波器是一个积分环节，因此，输入滤波器的输出电压(即 CPU 模板的输入信号)相对于现场输入元件的变化信号有一个时间延迟，这就导致实际输入信号在进入输入映像寄存器前有一个滞后时间。另外，如果输入导线很长，则由于分布参数的影响，也会产生一个"隐形"滤波器的效果。在对实时性要求很高的情况下，可考虑采用快速响应输入模板。

### 2. 输出继电器的机械滞后(输出延迟)

PLC 的数字量输出经常采用继电器触点的形式，由于继电器具有固有的动作时间，因此继电器的实际动作相对于线圈的输入电压存在滞后效应。如果采用双向可控硅(双向晶闸管)或晶体管的输出方式，则可减少滞后时间。

### 3. PLC 的循环扫描工作方式

PLC 的循环扫描工作方式是由 PLC 的工作方式决定的。要想减少程序扫描时间，必须优化程序结构。在可能的情况下，应采用跳转指令。

### 4. PLC 对输入采样、输出刷新的集中批处理方式

PLC 对输入采样、输出刷新的集中批处理方式也是由 PLC 的工作方式决定的。为加快响应，目前有的 PLC 的工作方式采取直接控制方式，这种工作方式的特点是：遇到输入便立即读取进行处理，遇到输出则把结果予以输出。还有的 PLC 采取混合工作方式，这种工作方式的特点是：只在输入采样阶段进行集中读取(批处理)，而在执行程序的过程中遇到输出时便直接输出。由于这种方式对输入集中读取，所以在一个扫描周期内，即使在程序中多处出现同一个输入，也不会像直接控制方式那样可能出现不同的值；又由于这种方式的程序执行与输出采用直接控制方式，所以又具有直接控制方式输出响应快的优点。

### 5. 用户程序语句顺序安排不当

如图 1-6 所示，从输入信号产生到通过滤波后有一定的延时，输入信号表示经滤波后的外部信号输入。输入信号是在第一个扫描周期的输入刷新阶段之后出现的，故在第一个扫描周期中，各寄存器的内容都是 0。在第二个扫描周期的输入处理阶段，I0.0 从 0 变为 1。当程序执行到第二条指令时，使 Q0.1 变为 1。继而使 Q0.2 也变为 1，在第三个扫描周期的程序执行阶段，才使 Q0.0 变为 1。由此可见，从输入信号发生到 Q0.0 的输出之间有两个多周期的延时。上述延时的改进方法是将第一条和第二条指令交换位置。

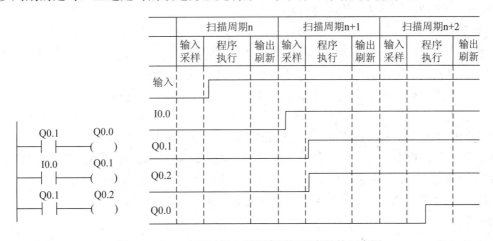

图 1-6　PLC 响应时间由于程序原因而变长的示意图

## 三、PLC 的编程元件

PLC 的编程元件指的是 PLC 程序的组成元素，有以下几种：

### 1. 输入继电器 I

输入继电器是 PLC 存储系统中的输入映像寄存器。它的作用是接收来自现场的控制按钮、行程开关及各种传感器等的输入信号。通过输入继电器，可将 PLC 的存储系统与外部输入端子(输入点)建立起明确对应的连接关系，它的每 1 位对应 1 个数字量输入点。输入

继电器的状态是在每个扫描周期的输入采样阶段收到的由现场送来的输入信号的状态("1"或"0")。S7-200 的输入映像寄存器是以字节为单位的寄存器,CPU 一般按"字节.位"的编址方式来读取一个继电器的状态,也可以按字节(8 位)或者按字(2 个字节,16 位)来读取相邻一组继电器的状态。前面在介绍 PLC 的工作过程时已说过,我们不能通过编程的方式改变输入继电器的状态,但可以在编程时通过使用继电器的触点无限制地使用输入继电器的状态。在端子上未接输入器件的输入继电器只能空着,不能挪作他用。以 CPU22X 为例,输入继电器的地址范围为从 I0.0 到 I1.5,共 14 个点,用来接收外部输入信号。

### 2. 输出继电器 Q

输出继电器就是 PLC 存储系统中的输出映像寄存器。通过输出继电器,可将 PLC 的存储系统与外部输出端子(输出点)建立起明确对应的连接关系。S7-200 的输出继电器也是以字节为单位的寄存器,它的每 1 位对应 1 个数字输出点,一般采用"字节.位"的编址方法。输出继电器的状态可以由输入继电器的触点、其他内部器件的触点以及它自己的触点来驱动,即它完全由编程方式决定其状态。我们也可以像使用输入继电器的触点一样,通过使用输出继电器的触点,无限制地使用输出继电器的状态。输出继电器与其他内部器件的一个显著不同在于它有且仅有一个实实在在的物理常开触点,用来接通负载。这个常开触点可以是有触点的(继电器输出型),也可以是无触点的(晶体管输出型或双向晶闸管输出型)。没有使用的输出继电器,可当作内部继电器使用,但一般不推荐这种用法,因为这种用法可能会引起不必要的误解。以 CPU22X 为例,地址范围为从 Q0.0 到 Q1.1,共 10 个点,用来输出程序的执行结果并驱动外部设备工作。

### 3. 辅助继电器 M

在逻辑运算中,经常会需要一些辅助继电器,它的功能与传统的继电器控制线路中的中间继电器相同。辅助继电器与外部设备没有任何联系,不能直接驱动任何负载。每个辅助继电器对应数据存储区中的一个基本存储单元,它可以由所有编程元件的触点(当然也包括它自己的触点)来驱动。它的状态同样可以无限制地使用。借助辅助继电器的编程,可使输入之间建立起非常复杂的逻辑关系和连锁关系,以满足不同的控制要求。在 S7-200 中,有时也称辅助继电器为位存储区的内部标志位。辅助继电器一般以位为单位使用,采用"字节.位"的编址方式,每 1 位相当于 1 个中间继电器。以 CPU22X 为例,地址范围为从 M0.0 到 M31.7,有 32 个字节,256 点。辅助继电器也可以采用字节、字、双字为单位,用于存储数据。

### 4. 定时器 T

定时器是 PLC 的重要编程元件,它的作用与继电器控制线路中的时间继电器基本相似。定时器的设定值通过程序预先输入,当满足定时器的工作条件时,定时器开始计时,定时器的当前值以 0 开始按照一定的时间单位(定时精度)增加。例如,精度为 100ms 的定时器,当前值每 100 ms 加 1,而精度为 10 ms 的定时器,当前值每 10 ms 加 1。当定时器的当前值等于设定值时,定时器动作,触点翻转。

以 CPU22X 为例,定时器的地址范围为从 T0 到 T255,共 256 个。定时器的时间精度有 3 种,分别为 100 ms、10 ms 和 1 ms。其中,1 ms 的定时器有 4 个,10 ms 的定时器有 16 个,100 ms 的定时器有 236 个。由此可看出,100 ms 的定时器其应用频率最高。定时器可分为两大类，即 ON/OFF 定时器和保持型定时器 TONR。ON/OFF 定时器又分为通电延时定时器 TON 和继电延时定时器 TOF。具体精度和地址如表 1-2 所示。

表 1-2　CPU22X 定时器的精度和地址

| 定时器类型 | 定时精度/ms | 最大当前值/s | 定时器地址 |
| --- | --- | --- | --- |
| TON TOF | 1 | 32.767 | T32，T96 |
| | 10 | 327.67 | T33～T36，T97～T100 |
| | 100 | 3276.7 | T37～T63，T101～T255 |
| TONR | 1 | 32.767 | T0，T64 |
| | 10 | 327.67 | T1～T4，T65～T68 |
| | 100 | 3276.7 | T5～T31，T69～T95 |

在使用定时器时要注意，不能把一个定时器地址同时用作 TON 和 TOF。例如，在一个程序中，如果有了 TON T32，则 TOF T32 是不允许的。

定时器地址包含两方面的信息，即定时器当前值和定时器状态位，每个定时器都有一个 16 位的当前值寄存器以及一个状态位 T-bit。定时器的状态位在定时器的当前值没达到设定值以前是"0"，而当定时器的当前值达到设定值时则为"1"。

定时器指令中所存取的是定时器当前值还是定时器状态位，取决于所用的指令，带位操作的指令存取定时器的状态位，带字操作的指令存取定时器的当前值。

## 5. 计数器 C

计数器也是应用广泛的重要编程元件，用来对输入脉冲的个数进行累计，实现计数操作。使用计数器时要事先在程序中给出计数的设定值(也叫预置值，即要进行计数的脉冲数)。当满足计数器的触发输入条件时，计数器开始累计输入端的脉冲前沿的次数，当累计结果达到设定值时，计数器动作，触点翻转。以 CPU22X 为例，计数器的地址范围为 C0～C255，共 256 个，每个计数器都有一个 16 位的当前值寄存器和 1 个状态位 C-bit。

所以计数器地址也包含两方面的信息，即计数器的当前值和计数器的状态位。当计数器的当前值未达到设定值时，C-bit 为"0"；而当计数值达到设定值时，C-bit 为"1"。计数器的当前值指的是计数器当前值寄存器中存储的当前所累计的脉冲个数，用 16 位符号整数表示。

计数器指令中所存取的是计数器的当前值还是计数器的状态位，取决于所用的指令，带位操作的指令存取的是计数器的状态位，而带字操作的指令存取的是计数器的当前值。

计数器的计数方式有三种：加计数、减计数、加减计数。加计数初值为 0，输入条件成立时，每来一个脉冲，计数值加 1，加到设定值时，计数器动作。减计数初值为设定值，输入条件成立时，每来一个脉冲，计数值减 1，减到 0 时，计数器动作。加减计数初值也为 0，加输入端来一个脉冲，计数值加 1，减输入端来一个脉冲，计数值减 1，计数值等于设定值时，计数器动作，而一旦计数值小于设定值，计数器马上复位。

PLC 计数器的设定值一般不仅可以用程序设定，也可以通过 PLC 的内部模拟电位器或 PLC 外接的拨码开关进行修改，操作方便、直观。

### 6. 高速计数器 HSC

普通计数器的计数频率受扫描周期的制约，不能太高，当需要进行高频计数时，可使用高速计数器。高速计数器的当前值是一个带符号的 32 位双字型数据。

高速计数器的编程比较复杂，具体见后面的程序设计。

### 7. 累加器 AC

累加器是可以像存储器那样使用的读/写设备，是用来暂存数据的寄存器，它可以向子程序传递参数，或从子程序返回参数，也可以用来存放运算数据、中间数据及结果数据。S7-200 PLC 一般有 4 个 32 位的累加器，地址范围为 AC0～AC3，使用时只表示出它的地址编号(如 AC0)即可，它所存取的数据长度取决于所用的指令，它支持字节、字、双字的存取，以字节或字为单位存取累加器时，访问累加器的低 8 位和低 16 位。

### 8. 特殊继电器 SM

特殊继电器用来存储系统的状态变量及有关的控制参数和信息。它是用户程序与系统程序之间的界面，用户可以通过特殊继电器来沟通 PLC 与被控对象之间的信息，PLC 通过特殊继电器为用户提供一些特殊的控制功能和系统信息，用户也可以将操作的特殊要求通过特殊继电器通知 PLC。例如，可以读取程序运行过程中的设备状态和运算结果信息，利用这些信息实现一定的控制动作。用户也可以通过对某些特殊继电器的位进行直接设置，使设备实现某种功能。

S7-200 的 CPU22X 系列 PLC 的特殊继电器的地址范围为 SM0.0～SM299.7。

(1) SMB0 是很重要的只读型 SM，共 8 个状态位。在每个扫描周期的末尾，由 S7-200 的 CPU 更新这 8 个状态位。这些特殊继电器的功能和状态是由系统软件决定的，与输入继电器一样，不能通过编程的方式改变其状态，只能通过使用这些特殊继电器的触点来使用它的状态。

下面介绍 SMB0 的功能。

① SM0.0：RUN 监控，只要 PLC 处于运行状态，SM0.0 就总是 1，也叫恒通触点。

② SM0.1：初始脉冲，PLC 由 STOP 转为 RUN 时，SM0.1 将接通一个扫描周期。SM0.1 通常可以用来对控制系统进行初始化设置，如提前完成一些设备的接通等。

③ SM0.2：当 RAM 中保存的数据丢失时，SM0.2 将会接通一个扫描周期。

④ SM0.3：当 PLC 上电进入 RUN 状态时，SM0.3 将接通一个扫描周期。

⑤ SM0.4：分时钟脉冲，占空比为 50%，周期为 1 min 的脉冲串。

⑥ SM0.5：秒时钟脉冲，占空比为 50%，周期为 1 s 的脉冲串。

⑦ SM0.6：扫描时钟，一个扫描周期为 ON，下一个扫描周期为 OFF，交替循环。

⑧ SM0.7：指示 CPU 上 MODE 开关的位置，0 = TERM，1 = RUN，通常用在 RUN 状态下启动自由口通信方式。

(2) SMB1：用于存放潜在错误提示的 8 个状态位，这些位可由指令在执行时进行置位或复位。

(3) SMB2：为自由口通信接收字符缓冲区，在自由口通信方式下，接收到的每个字符都放在这里，便于梯形图存取。

(4) SMB3：用于自由口通信的奇偶校验，当出现奇偶校验错误时，将 SM3 置"1"。

(5) SMB4：用于表示中断是否允许和发送口是否空闲。

(6) SMB5：用于表示 I/O 系统发生的错误状态。

(7) SMB6：用于识别 CPU 的类型。

(8) SMB7：功能预留。

(9) SMB8～SMB21：用于 I/O 口扩展模板的类型识别及错误状态寄存。

(10) SMB22～SMB26：用于提供扫描时间信息、以毫秒计的上次扫描时间、最短扫描时间及最长扫描时间。

(11) SMB28 和 SMB29：分别对应模拟电位器 0 和 1 的当前值，数值范围为 0～255。

(12) SMB30 和 SMB130：分别为自由口 0 和 1 的通信控制寄存器。

(13) SMB31 和 SMB32：用于永久存储器(EEPROM)写控制。

(14) SMB34 和 SMB35：用于存储定时中断间隔时间。

(15) SMB36～SMB65：用于监视和控制高速计数器 HSC0、HSC1、HSC2 的操作。

(16) SMB66～SMB85：用于监视和控制脉冲输出(PTO)和脉冲宽度调制(PWM)功能。

(17) SMB98～SMB99：用于表示有关扩展模板总线的错误。

(18) SMB131～SMB165：用于监视和控制高速计数器 HSC3、HSC4、HSC5 的操作。

(19) SMB166～SMB194：用于显示包络表的数量、包络表的地址和变量存储器在表中的首地址。

(20) SMB200～SMB299：用于表示智能模板的状态信息。

### 9. 变量存储器 V

S-200 PLC 中有大量变量寄存器，用于模拟量控制、数据运算、参数设置及存放程序执行过程中控制逻辑操作的中间结果。变量寄存器可以采用位作为单位，也可采用字节、字、双字作为单位。变量寄存器的数量与 CPU 的型号有关，如 CPU222 为 V0.0～V2047.7，CPU224 为 V0.0～V5119.7，CPU226 为 V0.0～V5119.7。变量存储器的应用非常广泛。

### 10. 状态继电器 S

状态继电器 S 是使用步进控制指令编程时用到的重要编程元件。用状态继电器和相应的步进控制指令可以在小型 PLC 上编制较复杂的控制程序。

### 11. 局部变量存储器 L

局部变量存储器用于存储局部变量。S7-200 中有 64 个局部变量存储器，其中 60 个可以用作暂时存储器或者给子程序传递参数。如果用梯形图或功能块图编程，则 STEP 7-Micro/WIN32 保留这些局部变量存储器的最后 4 字节。如果用语句表编程，则可以寻址到全部 64 字节，但不使用最后 4 字节。

局部变量存储器与存储全局变量的变量寄存器很相似，主要区别是变量寄存器是全局有效的，而局部变量存储器是局部有效的。全局有效指同一个存储器可以被任何一个程序(主程序、子程序、中断程序)读取，局部有效是指存储区只和特定的程序相关联。S7-200 PLC 给主程序分配 64 个局部变量存储器，给每级嵌套子程序分配 64 字节局部变量存储器，给中断程序分配 64 个局部变量存储器。每个程序只能访问分配给自己的变量存储器。子程序不能访问分配给主程序、中断程序和其他子程序的局部变量存储器，子程序和中断程序不能访问主程序的局部变量存储器，中断程序也不能访问主程序和子程序的局部变量存储器。

S7-200 根据需要自动分配局部变量存储器。当执行主程序时，不给子程序和中断程序分配局部变量存储器，当出现中断或调用子程序时，才给子程序和中断程序分配局部变量存储器。新的局部变量存储器在分配时可以重新使用，分配给不同子程序或中断程序相同编号的局部变量存储器。

# 1.8　PLC 的发展趋势

随着 PLC 技术的推广和应用，PLC 将进一步向以下几个方向发展。

### 1. 系列化、模板化

所有 PLC 生产厂家几乎都有自己的系列化产品，同一系列的产品指令向上兼容，可以扩展设备容量，以满足新机型的推广和使用。要形成自己的系列化产品，以便与其他 PLC 生产厂家竞争，就必然要开发各种模板，使系统的构成更加灵活、方便。一般的 PLC 模板可分为主机模板、扩展模板、I/O 模板以及各种智能模板，每种模板的体积都较小，相互连接方便，使用简单，通用性强。

### 2. 功能高度集成

(1) PLC 与 PC 的集成。

随着 PLC 网络的普及和应用，PLC 与 PC 集成型产品的市场增长率很快。PLC/PC 集成型 PLC 一般不直接控制工艺设备，而是作为沟通 PLC 局域网与工厂级网络的桥梁。

(2) PLC 与 DCS 的集成。

PLC/DCS 集成型 PLC 将断电器控制与仪表控制结合起来，将 PLC 的逻辑控制功能与多回路控制功能融合在一起，使 PLC 具有模拟量 I/O 和 PID 运算功能。

(3) PLC 与 CNC 的集成。

PLC 与 CNC 集成型 PLC 除了要有足够的开关量 I/O、模拟量 I/O 外，还要有一些特殊功能的模板，如速度控制、运动控制、位置控制、步进电机控制、伺服电机控制、单轴控制、多轴控制等特殊功能模板，可以完成铣削、车削、磨削、冲压及激光加工。

### 3. 小型机功能强化

自 PLC 诞生以来，小型机的发展速度大大高于中、大型 PLC。随着微电子技术的进一步发展，PLC 的结构必将更为紧凑，体积更小，而安装和使用更为方便。有的小型机只有手掌大小，很容易用其制成机电一体化产品。有些小型机的 I/O 可以以点为单位由用户配置、更换或维修。很多小型机不仅有开关量 I/O，还有模拟量 I/O，可实现高速计数、高速脉冲输出、PWM 输出、中断控制、PID 控制等功能，而且一般都有通信功能，可联网运行。

### 4. 中、大型机高速度、高功能、大容量

随着自动化水平的不断提高，对中、大型机处理数据的速度要求也越来越高。例如，三菱公司 AnA 系列的 32 位微处理器 M887788 中，在一块芯片上实现了 PLC 的全部功能，它将扫描时间缩短为每条基本指令 0.5 µs，OMRON 公司的 CV 系列 PLC，每条基本指令

的扫描时间为 0.125 μs；而 SIEMENS 公司的 T1555PLC 采用了多微处理器，每条基本指令的扫描时间为 0.068 μs。

在存储器的容量上，OMRON 公司的 CV 系列 PLC 的用户存储器容量为 64 KB，数据存储器容量为 24 KB，文件存储器容量为 1 MB。

所谓高功能，是指 PLC 具有函数运算和浮点运算，数据处理和文字处理，队列与矩阵运算，PID 运算及超前、滞后补偿，多段斜坡曲线生成，处方、配方、批处理，菜单组合的报警模板，故障搜索、自诊断等功能。例如，美国公司的 Controlview 软件支持 Windows NT，能以彩色图形动态模拟工厂的运行情况，允许用户用 C 语言开发程序。

### 5. 分散型 I/O、智能型 I/O、现场总线 I/O

PLC 通信技术的发展使得分散型 I/O(分散式 PLC)和智能型 I/O 由过去一台大型处理器才能完成的工作交给较小的 PLC 网络或者分散到 I/O 设备中就能完成。

(1) 分散型 I/O。

分散型 I/O 的特点是：CPU 与远程 I/O 通过一对双绞线实现高速通信，且具有自诊断功能。

(2) 智能型 I/O。

智能型 I/O 的功能主要有 PID 回路控制、运动控制、中断控制、热电偶/热电阻控制、条码控制、光电码盘控制、模糊控制、冗余控制等。智能型 I/O 可以安装在远程 I/O 机架内，可连接自己的操作员接口。即使 CPU 出现故障，智能型 I/O 仍能继续工作。

在这类应用中，除了要有足够的开关量 I/O、模拟量 I/O 外，还要有一些特殊功能的模板，如速度控制模板、运动控制模板、位置控制模板、步进电机控制模板、伺服电机控制模板、单轴控制模板、多轴控制模板等特殊功能模板，以适应特殊工作的需要。

(3) 现场总线 I/O。

现场总线 I/O 集检测、数据处理、通信等功能于一体，可以和 PLC 构成非常廉价的 DCS 系统，可以替代如变送器、调节阀、记录仪等 4～20 mA 的单变量单向传输的模拟量仪表。

### 6. 低成本、多功能

随着新型器件的不断出现，主要部件的成本不断降低，在大幅度提高 PLC 功能的同时，也大幅度降低了 PLC 的成本。同时，价格的不断降低也使 PLC 真正成为继电器的替代品。

PLC 的功能进一步加强，可以适应各种控制需要。同时，计算、处理功能进一步完善，使 PLC 可以代替计算机进行管理、监控。智能型 I/O 也将进一步发展，用来完成各种专门的任务，如位置控制、温度控制、中断控制、PID 调节、远程通信、音响输出等。

# 小　　结

可编程控制器是专为在工业环境下应用而设计的工业控制计算机，是标准的工业控制器，它集 3C(Control，控制；Computer，计算机；Commnuication，通信)技术于一体，功能强大，可靠性高，编程简单，使用方便，维护简单，应用广泛，是当代工业生产自动化的重要装置之一。

(1) PLC 的产生是计算机技术与继电器控制技术相结合的产物，是社会发展和技术进步的必然结果。

(2) 从结构上看，PLC 可分为整体式、模板式和分散式三种；从控制规模上看，PLC 可分为大型、中型和小型三种，并有向微型和巨型 PLC 发展之势。

(3) 可用多种形式的编程语言编写PLC 的控制程序。梯形图是PLC 最常用的编程语言。要注意梯形图与继电器控制线路最根本的区别：梯形图是编程语言，是存储器中编程元件各种逻辑关系的组合，属于软件，是存储逻辑；继电器控制线路是各种物理继电器与导线的连接，属于硬件，是接线逻辑。

(4) 4 种通用控制器(PLC、DCS、PID、工业 PC)中的任何一种控制设备都有它最适合的应用领域。用户要了解每种控制器的特点，根据控制任务和应用环境来恰当选用最合适的控制设备，以便最好地发挥其效用。

(5) PLC 产品的优劣用性能指标来衡量。性能指标是 PLC 选型的重要依据，要根据控制任务的要求，综合评价各项性能指标。

(6) PLC 总的发展趋势是：高功能、高速度、高集成度、大容量、小体积、低成本及强大的通信组网能力。

# 习　题　一

1. PLC 有什么特点？
2. PLC 与继电-接触器控制系统相比有哪些异同？
3. PLC 是如何产生的？
4. PLC 是如何分类的？
5. PLC 的硬件系统由哪几部分组成？各部分的作用及功能是什么？
6. PLC 按什么方式工作？其工作过程分为哪几个阶段？每个阶段主要完成哪些控制任务？
7. 什么叫 PLC 的响应时间？响应时间主要由哪些因素决定？

# 第 2 章　S7-200 基本指令系统及程序设计

随着 PLC 的不断发展，PLC 的生产厂家为用户提供了多种编程语言，但常用的编程语言还是梯形图(LAD)、指令表(STL)、功能块图(FDB)和结构文体(高级语言)等。不论是从 PLC 的产生原因(替代继电-接触器控制系统)还是广大电气工程技术人员的使用习惯来讲，梯形图和语句表是最基本也是最常用的编程方式。本章以 S7-200 CPU22X 系列 PLC 的指令系统为对象，介绍 PLC 的基本指令系统及常用典型电路及环节的编程，最后深入浅出地介绍 PLC 程序的简单设计方法。

## 2.1　常用逻辑指令

### 一、基本逻辑指令

编程时有以下三种基本接点：

(1) 常开接点：常开触点，动合触点，用 ┤├ 表示。

(2) 常闭接点：常闭触点，动断触点，用 ┤／├ 表示。

(3) 输出线圈：─( )。

**1. 装载指令 LD、LDN 和输出线圈指令 =**

LD(Load)：初始装载，开始的常开触点，指网络的开始触点或程序块的开始触点。

LDN(Load　Not)：初始装载非，开始的常闭触点。

= (Out)：输出线圈指令。

LD、LDN、= 指令使用说明：

(1) LD、LDN 指令指的是第一个触点。

(2) = 指令不能用于输入继电器。

(3) = 指令不能重复使用，在一个程序中，对同一个线圈，= 指令只能出现一个，否则只有最后一个有效，因为扫描过程中会反复更新输出继电器的内容，前面指令产生的输出结果在扫描过程中均被覆盖。

(4) 并联输出可以直接连续使用 = 指令。

(5) LD、LDN、= 指令的操作数如表 2-1 所示。

表 2-1　LD、LDN、＝指令的操作数

| 指　令 | 操　作　数 |
|---|---|
| LD | I，Q，M，SM，T，C，V，S |
| LDN | I，Q，M，SM，T，C，V，S |
| ＝ | Q，M，SM，T，C，V，S |

LD、LDN、＝指令的梯形图及指令表如图 2-1 所示。

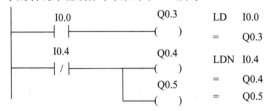

图 2-1　LD、LDN、＝指令的梯形图及指令表

## 2. 触点串联指令 A、AN

A(And)：与，串联的常开触点。

AN(And Not)：取反后与，串联的常闭触点。

A、AN 指令的梯形图及指令表如图 2-2 所示。

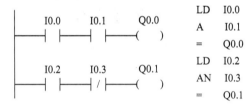

图 2-2　A、AN 指令的梯形图及指令表

A、AN 指令使用说明：

(1) A、AN 指令应用于单个触点的串联。

(2) A、AN 指令可连续使用，用于连续地串联触点。

(3) A、AN 指令的操作数为 I，Q，M，SM，T，C，V，S。

## 3. 触点并联指令 O、ON

O(Or)：或，并联的常开触点。

ON(Or Not)：取反后或，并联的常闭触点。

O、ON 指令的梯形图及指令表如图 2-3 所示。

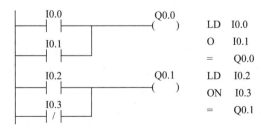

图 2-3　O、ON 指令梯形图及指令表

O、ON 指令使用说明：

(1) O、ON 指令应用于单个触点的并联。

(2) O、ON 指令可连续使用，用于连续地并联触点。

(3) O、ON 指令的操作数为 I，Q，M，SM，T，C，V，S。

### 4. 置位指令 S 和复位指令 R

S(Set)：置位指令，当输入点从 0 到 1 变化时，使连续的若干个输出置位(置"1")，并保持。

R(Reset)：复位指令，当输入点从 0 到 1 变化时，使连续的若干个输出复位(清"0")，并保持。

S、R 指令的梯形图及指令表如图 2-4 所示，时序图如图 2-5 所示。

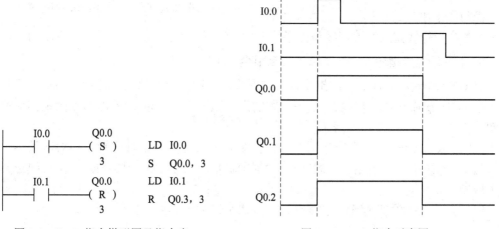

图 2-4　S、R 指令梯形图及指令表　　　　　　图 2-5　S、R 指令时序图

S、R 指令使用说明：

(1) S、R 指令的功能比 = 指令强大，可同时带多个输出，只需指出第一个输出(开始位)和输出的数量 N 即可。

(2) 与 = 指令不同，S、R 指令可多次使用同一个操作数，即允许重名输出。

(3) 操作数被 S 指令置"1"后，必须通过 R 指令清"0"。

(4) 如果输入点一直是 1，将导致输出被锁死。如图 2-6 所示，由于输入点 I0.0 一直是 1，导致输出被锁死，从而使 I0.1 驱动的 R 指令失效。同样的情况，如果输入信号一直是 1，R 指令导致输出被清"0"锁死，这个时候置"1"指令也会失效。

(5) 只有使用下面所讲的上升沿指令 EU 和下降沿指令 ED，才能防止输出被锁死的情况出现。

(6) S、R 指令中第一个输出(开始位)的操作数为 Q，M，SM，T，C，V，S，而输出数量 N 的操作数为常数、VB，IB，QB，MB，SMB，LB，SB，AC 等。

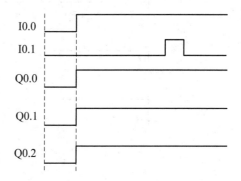

图 2-6　S、R 指令输出被锁死的情况

**例 2-1**　在基本指令实验区选择两个按钮 SB1 和 SB2，选择四个灯 L0、L1、L2、L3，当按钮 SB1 按下时，四个灯全部亮，当按下按钮 SB2 时，四个灯全部灭。

**解**　简单端口分配：

输入：

　　SB1-I0.0

　　SB2-I0.1

输出：

　　L0-Q0.0

　　L1-Q0.1

　　L2-Q0.2

　　L3-Q0.3

控制程序如图 2-7 所示。

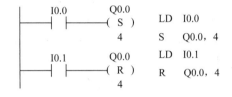

图 2-7　例 2-1 的梯形图和指令表

在基本指令区完成实验接线和程序的下载、运行、调试。

### 5. 上升沿检测指令 EU 和下降沿检测指令 ED

EU(Edge Up)：上升沿检测指令，检测到输入脉冲的上升沿后，使对应的输出线圈接通一个 CPU 扫描周期，一般在这个扫描周期中，应该用 S 指令或 R 指令锁定其他输出线圈。

ED(Edge Down)：下降沿检测指令，检测到输入脉冲的下降沿后，使对应的输出线圈接通一个 CPU 扫描周期，一般在这个扫描周期中，应该用 S 指令或 R 指令锁定其他输出线圈。

EU 与 ED 指令的时序图、梯形图及指令表分别如图 2-8、图 2-9 所示。

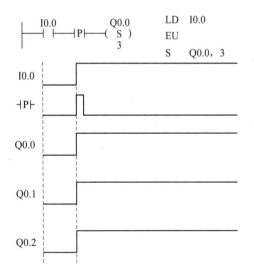

图 2-8　上升沿检测指令的时序图、
　　　　梯形图和指令表

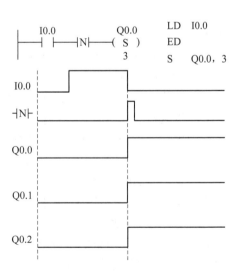

图 2-9　下降沿检测指令的时序图、
　　　　梯形图和指令表

EU、ED 指令使用说明：

(1) EU、ED 指令后面没有操作数。

(2) EU、ED 指令通常要配合 S、R 指令使用，能防止 S、R 指令由于输入点恒为 1 而引起的输出锁死。

(3) EU 和 ED 之间的区别在于作用的时间点不一样，EU 在输入正跳变时输出脉冲，而 ED 则在输入负跳变时输出脉冲。

(4) EU、ED 指令之所以能够防止 S、R 指令在输入点恒为 1 时发生锁死，是由于 EU 和 ED 指令在产生脉冲驱动 S、R 指令后，对输入点和 S、R 指令之间形成了隔离。

**例2-2**　将图 2-10 所示梯形图程序转换成指令表。

**解**　指令表如下：

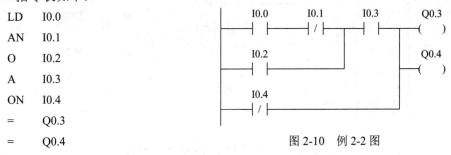

```
LD    I0.0
AN    I0.1
O     I0.2
A     I0.3
ON    I0.4
=     Q0.3
=     Q0.4
```

图 2-10　例 2-2 图

### 6. 逻辑取反指令 NOT

逻辑取反指令 NOT 用于将该指令前面的逻辑运算结果取反。NOT 指令无操作数。NOT 指令的梯形图及指令表如图 2-11 所示。

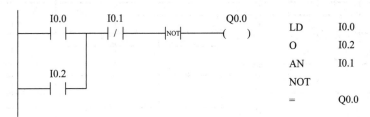

```
LD    I0.0
O     I0.2
AN    I0.1
NOT
=     Q0.0
```

图 2-11　NOT 指令的梯形图和指令表

### 7. 立即存取指令 I：LDI，LDNI，AI，ANI，OI，ONI，=I，SI，RI

S7-200 通过立即存取指令 I(Immediate)来加快系统的响应速度。立即存取指令允许系统对输入和输出(I 和 Q)在程序执行阶段立即进行存取。立即存取指令有以下四种方式：

1) 立即读入指令 LDI，LDNI，AI，ANI，OI，ONI

当程序执行立即读入指令时，只是立即读取物理输入点的值，并不改变输入映像寄存器的值。

2) 立即输出指令 =I

执行立即输出指令时，是将输出的当前值立即复制到指令所指定的物理输出点，同时刷新输出映像寄存器的内容。

3) 立即置位指令 SI

执行立即置位指令，将指令所指定的输出点立即置"1"，并且刷新输出映像寄存器的内容。

4) 立即复位指令 RI

执行立即复位指令，将指令所指定的输出点立即清"0"，并且刷新输出映像寄存器的内容。

立即存取指令的梯形图和指令表如图 2-12 所示，时序图如图 2-13 所示。

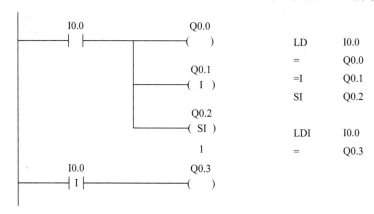

图 2-12　立即存取指令的梯形图和指令表

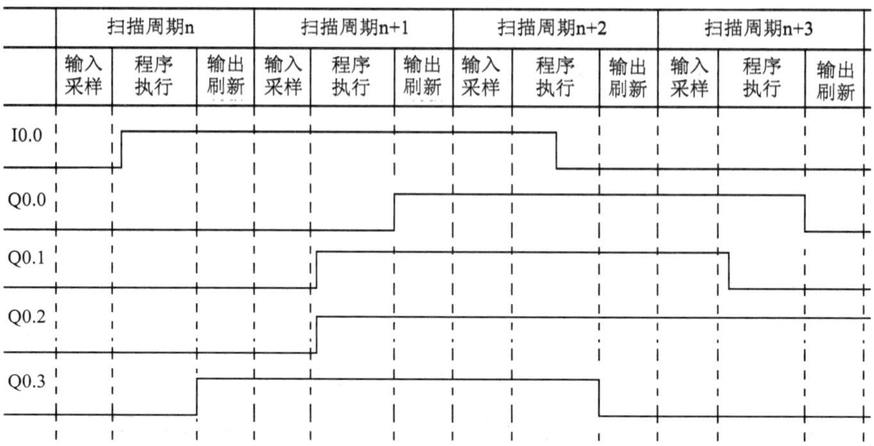

图 2-13　立即存取指令的时序图

## 二、堆栈操作指令

在梯形图中，如果所有触点的连接是简单的串联、并联关系，就可以使用前面讲的基本逻辑指令。如果梯形图中触点的连接关系非常复杂，用前面所讲的基本逻辑指令难以胜任，这时就要用到堆栈指令。为了使读者能更好更快地理解堆栈指令，这里不过多涉及计算机方面的专业语言。

### 1. 程序块串联指令 ALD

对于图 2-14 中左图所示的梯形图，用前面的基本逻辑指令无法写出指令表，这就要用到程序块的串联思路，将程序分别看成块，每一块都可以当成一个网络，分别写完两个程序块后，再使用程序块的串联指令 ALD(And　Load)将两个程序块连接起来即可，指令表如图

2-14 中右图所示。

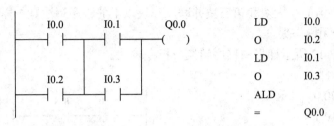

图 2-14　ALD 指令的梯形图和指令表

ALD 指令使用说明：

(1) ALD 指令完成程序块的串联，每一块的写法和一个网络一样，用 LD 或 LDN 开始。

(2) 若是三个程序块串联，先用 ALD 指令将前面两块连接成一大块，再写第三块，再用一个 ALD 指令将前面一大块和第三块串联。三块以上的程序写法是一样的。

(3) ALD 指令无操作数。

**例 2-3**　将图 2-15 所示梯形图程序转换成指令表。

**解**　指令表如下：

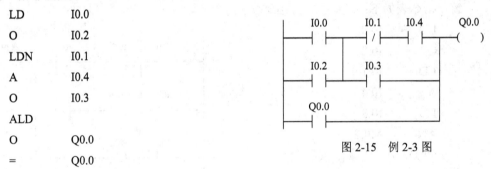

```
LD    I0.0
O     I0.2
LDN   I0.1
A     I0.4
O     I0.3
ALD
O     Q0.0
=     Q0.0
```

图 2-15　例 2-3 图

### 2. 程序块并联指令 OLD

对于图 2-16 中右图所示的梯形图，用基本逻辑指令和块串联指令都无法写出指令表，这时可以把程序看成上下两个程序块，两个程序之间的连接关系是并联，使用程序块的并联指令 OLD(Or Load) 可以写出指令表。将两个程序块都当成网络一样写指令表，写完后，用块的并联指令 OLD 将两个程序块进行连接，指令表如图 2-16 中右图所示。

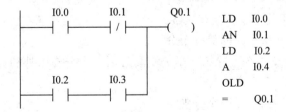

图 2-16　OLD 指令的梯形图和指令表

OLD 指令使用说明：

(1) OLD 指令完成程序块的并联，每一块的写法和一个网络一样，用 LD 或 LDN 开始。

(2) 若是三个程序块并联，先用 OLD 指令将前面两块连接成一大块，再写第三块，再用一个 OLD 指令将前面一大块和第三块并联。三块以上的程序写法是一样的。

(3) OLD 指令无操作数。

**例 2-4**　将图 2-17 所示梯形图程序转换成指令表。

**解**　指令表如下：

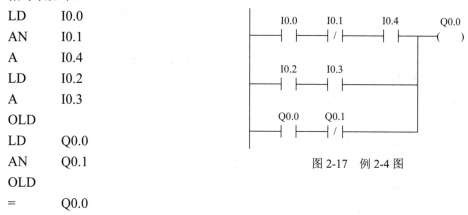

图 2-17　例 2-4 图

| | |
|---|---|
| LD | I0.0 |
| AN | I0.1 |
| A | I0.4 |
| LD | I0.2 |
| A | I0.3 |
| OLD | |
| LD | Q0.0 |
| AN | Q0.1 |
| OLD | |
| = | Q0.0 |

**例 2-5**　将图 2-18 所示梯形图程序转换成指令表。

**解**　指令表如下：

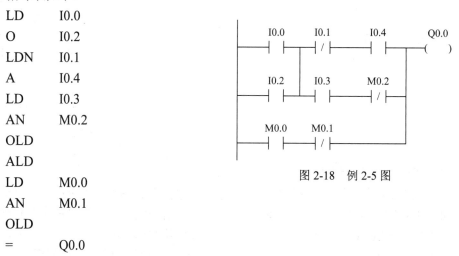

图 2-18　例 2-5 图

| | |
|---|---|
| LD | I0.0 |
| O | I0.2 |
| LDN | I0.1 |
| A | I0.4 |
| LD | I0.3 |
| AN | M0.2 |
| OLD | |
| ALD | |
| LD | M0.0 |
| AN | M0.1 |
| OLD | |
| = | Q0.0 |

### 3. 分支程序指令 LPS、LPP 和 LRD

分支结构的程序相关指令一共有三条：

(1) LPS：分支开始指令，即第一个分支。

(2) LRD：中间分支指令，除第一个分支和最后一个分支以外的分支开始语句，表示一个中间的分支。

(3) LPP：分支程序的最后一个分支。

分支指令使用说明：

(1) 三个分支指令都没有操作数。指令用在分支程序前面。

(2) 把分支分成两种，只有一行梯形图的是简单分支，两行以上的是复杂分支，简单分支用 A 或 AN 开始写指令表,复杂分支用 LD 或 LDN 开始写指令表。

(3) 复杂分支的第一个程序块写完后,要加一个 ALD 指令,以连接分支程序和开关点。

**例 2-6**　写出图 2-19 所示梯形图的指令表。

**解**　指令表如下:

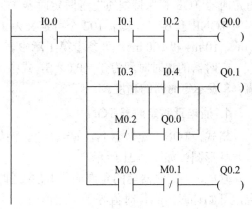

图 2-19　例 2-6 图

| | |
|---|---|
| LD | I0.0 |
| LPS | |
| A | I0.1 |
| A | I0.2 |
| = | Q0.0 |
| LRD | |
| LD | I0.3 |
| ON | M0.2 |
| LD | I0.4 |
| O | Q0.0 |
| ALD | |
| ALD | |
| = | Q0.1 |
| LPP | |
| A | M0.0 |
| AN | M0.1 |
| = | Q0.2 |

**例 2-7**　写出图 2-20 所示梯形图的指令表。

**解**　指令表如下:

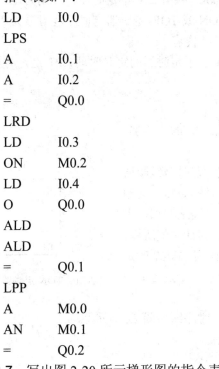

图 2-20　例 2-7 图

| | | | | |
|---|---|---|---|---|
| LD | I0.0 | LD | M0.0 | |
| O | I0.2 | LPS | | |
| LDN | I0.1 | LD | I1.0 | |
| A | I0.5 | O | I1.2 | |
| LD | I0.3 | ALD | | |
| AN | I0.4 | AN | I1.1 | |
| OLD | | = | Q0.0 | |
| ALD | | LRD | | |
| = | M0.0 | LD | I1.3 | |
| | | O | I1.4 | |
| | | ALD | | |
| | | = | Q0.1 | |
| | | LPP | | |
| | | A | I1.5 | |
| | | AN | I1.6 | |
| | | = | Q0.2 | |

## 三、定时器指令

S7-200 的 CPU22X 系列的 PLC 有三种类型的定时器：通电延时定时器 TON、断电延时定时器 TOF 和保持型通电延时定时器 TONR。共有 256 个定时器，分别为 T0~T255，其中 TONR 有 64 个，其余 192 个可定义为 TON 或 TOF。定时器定时精度可分为 3 个等级：1 ms、10 ms 和 100 ms，可参看第 1 章中表 1-2 内容。

定时器的定时时间为 T = PT × S，式中 T 表示定时器的定时时间，PT 是定时器的设定值，S 表示定时器的精度。

### 1. 通电延时定时器 TON

格式：TON　定时器名，+定时值。例如，TON　　T37，+10。

梯形图：如图 2-21 所示。

功能：当定时器前的允许输入 IN 接通时，定时器线圈通电，开始计时，当计时值等于指定值时，定时器翻转，其触点发生动作，即常开闭合，常闭断开，计时值继续增加。当输入点断开，定时器线圈断电，定时器复位，即计时值清零，触点复位。定时器的最大定时值是 32 767，计到 32 767 时定时器会自动翻转。例如，TON　　T37，+10 表示一个定时值为 1 s 的通电延时定时器。

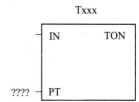

图 2-21　TON 定时器的梯形图

TON 的梯形图和指令表如图 2-22 所示，时序图如图 2-23 所示。

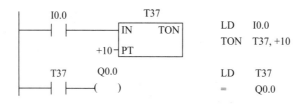

图 2-22　TON 定时器的梯形图和指令表

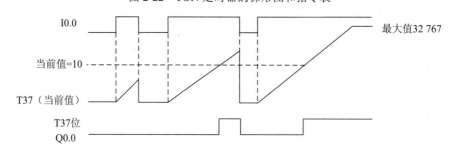

图 2-23　TON 定时器的时序图

TON 的使用说明：

(1) 输入端为 1，定时器开始计时，输入端断开，定时器马上复位。

(2) 计时的最大值为 32 767。

**例 2-8**　利用定时器设计一个电路，当按下启动按钮 SB1 时，程序启动，两个灯 L0 和 L1 交替闪烁，闪烁方式为亮 1 s，灭 1 s。按停止按钮 SB2，程序马上停止。

**解**　端口简单分配：

输入：启动按钮 SB1-I0.0，停止按钮 SB2-I0.1。

输出：灯 L0-Q0.0，灯 L1-Q0.1。

在基本指令实验区完成输入输出的接线。

梯形图和指令表如图 2-24 所示。

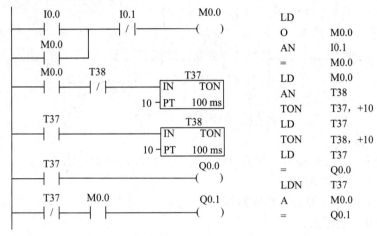

图 2-24　例 2-8 的梯形图和指令表

## 2. 断电延时定时器 TOF

格式：TOF　定时器名，+定时值。例如，　TOF　　T33，+100。

梯形图：如图 2-25 所示。

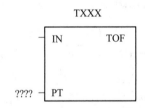

图 2-25　TOF 定时器的梯形图

功能：当定时器的输入点接通，线圈通电，其触点会马上动作，常开闭合，常闭断开，计时值清零，做好延时的准备。当输入点断开，线圈断电，开始计时，当计时值等于指定值时，其触点恢复原状，如果输入端 OFF 的时间小于设定值，则定时器的位会一直处于 ON 的状态。例如，TOF　T33，+100 表示一个定时值为 1 s 的断电延时定时器。

TOF 的梯形图和指令表如图 2-26 所示，时序图如图 2-27 所示。

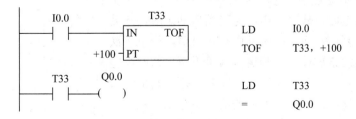

图 2-26　TOF 定时器的梯形图和指令表

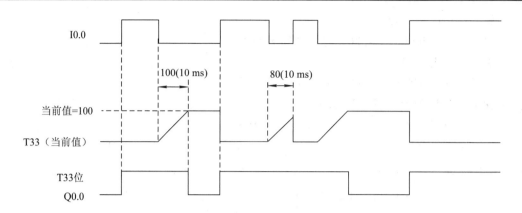

图 2-27　TOF 定时器的时序图

TOF 的使用说明：

(1) 输入端为 1，定时器马上翻转，输入端断开时，定时器开始计时。

(2) 计时的最大值为 32 767。

**例 2-9**　设计一个模拟的楼梯间路灯控制电路，当按钮 SB1 按下时，路灯 L0 亮，过 20 s 后，路灯 L0 自动熄灭。

**解**　端口简单分配：

输入：启动按钮 SB1-I0.0。

输出：灯 L0-Q0.0。

在基本指令实验区完成输入输出的接线。

梯形图和指令表如图 2-28 所示。

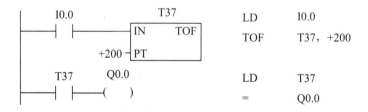

图 2-28　例 2-9 的梯形图及指令表

### 3. 保持型通电延时定时器 TONR

格式：TONR　定时器名，+定时值。例如，TONR　T69，+100。

梯形图：如图 2-29 所示。

功能：保持型通电延时定时器 TONR 和 TON 的区别是当输入信号为 1 时，线圈通电，定时器启动定时，线圈断电，定时器不复位，而是保持其原有定时值，等下一次线圈通电时，继续累加计时。当定时值等于设定值时，定时器触点发生动作，常开闭合，常闭断开，但计时值不清零。TONR 定时器的复位要用专用的清零指令 R。例如，

LD　I0.5　　R　T69,1 表示按钮 I0.5 就是完成定时器 T69

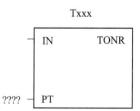

图 2-29　TONR 定时器的梯形图

复位的。

TONR 的使用说明：

(1) 输入端为 1，定时器计时，输入端断开时，定时器不清零，有累计功能。

(2) 计时的最大值为 32 767。

(3) 清零需要使用 R 指令才能完成。

TONR 的梯形图和指令表如图 2-30 所示。

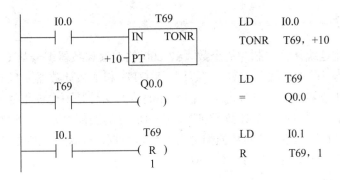

图 2-30　TONR 定时器的梯形图和指令表

### 4. S7-200 系列 PLC 定时器的刷新方式

S7-200 系列 PLC 的定时器有 3 种不同的定时精度，即每种定时器对应不同的时基脉冲。定时器计时的过程就是数时基脉冲的过程。然而，这 3 种不同定时精度的定时器的刷新方式是不一样的，要正确使用定时器，首先要知道它的刷新方式，保证定时器在每个扫描周期都能刷新 1 次，并能执行 1 次定时器指令。

1) 1 ms 定时器的刷新方式

1 ms 定时器采用中断刷新方式，系统每隔 1 ms 刷新 1 次，与扫描周期即程序处理无关。当扫描周期较长时，1 ms 的定时器在 1 个扫描周期内将多次被刷新，其当前值在每个扫描周期内可能不一致。

2) 10 ms 定时器的刷新方式

10 ms 的定时器由系统在每个扫描周期开始时自动刷新，在每个扫描周期内，其状态位及当前值不变。

3) 100 ms 定时器的刷新方式

100 ms 的定时器是在该定时器指令执行时被刷新的。如果该定时器线圈被激励后，不能保证在每个扫描周期都能执行 1 次定时器指令，则该定时器不能得到及时刷新，会丢失时基脉冲，造成计时失准。反之，如果在一个扫描周期内多次执行该定时器指令，则定时器就会多计时基脉冲，使定时器提前动作。

4) 正确使用定时器

在 PLC 的应用中，经常会用到具有自复位功能的定时器，即利用定时器自己的常开触点去控制自己的线圈。那么在使用时，一定要考虑定时器的刷新方式，否则会出现一些难以预料的结果。

5) 定时器定时值的增加

因为定时器的定时值是有限的，最大为 32 767 × 100 ms，若所需的定时值大于这个值，就要串级使用定时器，以扩大延时范围。使用两个定时器时，可将定时值扩大 1 倍，使用 n 个定时器时，可将定时范围扩大 n 倍，如果设计 1 小时或 2 小时的定时电路，用定时器的串级是很容易实现的，但当定时值太大时，就要将计数器和定时器一起使用了，后面内容会详细讲解。

# 四、计数器指令

计数器的功能是统计输入脉冲的个数。S7-200 的普通计数器编号从 C0～C255，共计 256 个，分三种类型：加计数器 CTU、减计数器 CTD 和加减计数器 CTUD，可根据实际编程需要对某个计数器的类型进行定义。但是计数器的编号是不允许重复的，即每个计数器的编号只能使用一次。每一个计数器包含一个 16 位的当前值和一个状态位，最大计数值为 32 767。计数的设定值 PV 的数据类型为整数型数据，可以为：常数，VW，IW，QW，MW，SW，SMW，LW，AIW，T，C，AC 等。

## 1. 加计数器 CTU

格式：CTU 计数器名，+计数次数。例如，CTU C2，+3。

梯形图：如图 2-31 所示。

功能：加计数器有三个端口，CU 端为加计数脉冲输入端，每输入一个脉冲，则计数值加 1；PV 端为计数设定值；R 端为计数器复位端。R 端的脉冲将计数器复位(触点复位，计数值清零)，当计数值累计达到计数设定值时，计数器翻转，触点发生动作，常开闭合，常闭断开。

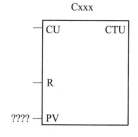

图 2-31　CTU 计数器的梯形图

CTU 使用说明：

(1) CU 端来一个脉冲，计数器加 1，加到设定值时，计数器翻转。

(2) R 端的输入脉冲将对计数器进行复位清零的操作。

(3) 计数的最大值为 32 767。

CTU 的梯形图和指令表如图 2-32 所示，时序图如图 2-33 所示。

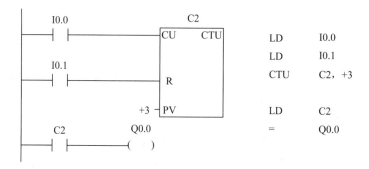

图 2-32　CTU 计数器的梯形图和指令表

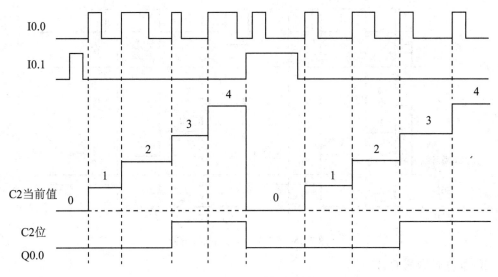

图 2-33　CTU 计数器的时序图

### 2. 减计数器 CTD

格式：CTD　计数器名，+计数次数。例如，CTD　C6，+3。

梯形图：如图 2-34 所示。

功能：减计数器有三个端口，PV 端为计数初值端，指定
计数初值的大小；LD 端为初始载入端，在 LD 端输入脉冲将
使计数器重置(触点复位，计数值置初值)；CD 端即为减计数
脉冲输入端，每输入一个脉冲，则计数值减 1，当计数值减
到零时，计数器触点将发生动作，再在 CD 端输入脉冲时，
计数值维持零。

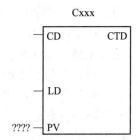

CTD 使用说明：

(1) CD 端来一个脉冲，计数器减 1，减到 0 时，计数器
翻转。

图 2-34　CTD 计数器的梯形图

(2) LD 端的输入脉冲将对计数器进行初值重置，触点复位的操作。

(3) 计数的最大值为 32 767。

CTU 的梯形图和指令表如图 2-35 所示，时序图如图 2-36 所示。

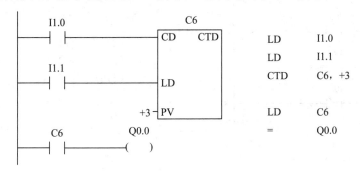

图 2-35　CTD 计数器的梯形图和指令表

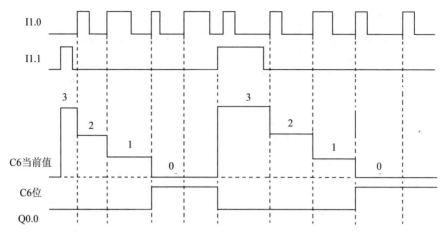

图 2-36　CTD 计数器的时序图

### 3. 加减计数器 CTUD

格式：CTUD　计数器名，+计数次数。例如，CTUD　C11，+4。

梯形图：如图 2-37 所示。

功能：加减计数器有四个端口，CU 端为加计数脉冲输入端口，每输入一个脉冲，计数当前值加 1；CD 端为减计数脉冲输入端，每输入一个脉冲，计数当前值减 1；R 端的脉冲将使计数器复位(触点复位，计数当前值清零)；PV 端为计数设定值，当计数值到达设定值时，计数器触点将发生动作，当计数值小于设定值时，计数器触点又会立即复位，计数值到零时，若 CU 端再有脉冲输入，计数器当前值会继续减小到负数。

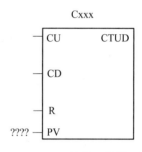

图 2-37　CTUD 计数器的梯形图

CTUD 使用说明：

(1) UD 端来一个脉冲，计数值加 1，CD 端来一个脉冲，计数器减 1，加减的总和等于设定值时，计数器翻转。

(2) R 端的输入脉冲将对计数器进行计数值清 0，触点复位的操作。

(3) 计数的最大值为 32 767。

CTU 的梯形图和指令表如图 2-38 所示，时序图如图 2-39 所示。

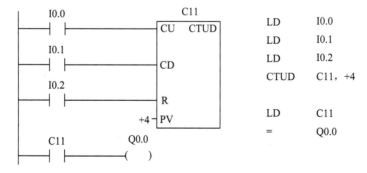

图 2-38　CTUD 计数器的梯形图和指令表

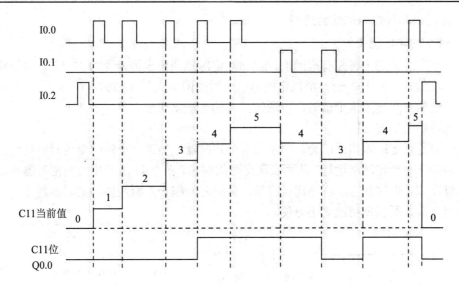

图 2-39　CTUD 计数器的时序图

**例 2-10**　设计一个程序，对按钮 SB1 计数 3000 × 1000 次后，灯 L0 亮。

**解**　端口分配：

输入：SB1-I0.0。

输出：L0-Q0.0。

说明：本题实际上学习计数器的扩展使用，一个计数器只能计 32 767 次，超过这个次数后，只能用计数的串级组合来实现计数功能。

在基本指令实验区完成接线。

梯形图和指令表如图 2-40 所示。

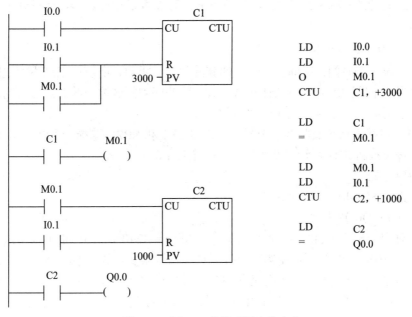

图 2-40　例 2-10 的梯形图和指令表

### 4. 定时器和计数器的综合应用

#### 1) PLC 的定时范围

每一个定时器的定时是有范围的，S7-200 定时器的设定值最大为 32 767，由于精度最低的定时器的时基为 100 ms，所以定时器的定时范围最大为 32 767 × 0.1 s，即 3276.7 s，当需要设定的时间超过这个值时，可通过扩展的方法来实现。

有两种扩展的方法：

第一种是用定时器串级组合。即使用多个定时器，当第一个定时器定时时间到后，用其触点启动下一个定时器运行，从而实现定时的增加，图 2-41 就是用两个定时器实现两小时的延时控制。但这种方法程序比较复杂，定的时间越长，所需要的定时器越多，程序就越长、越复杂，所以使用起来不方便。

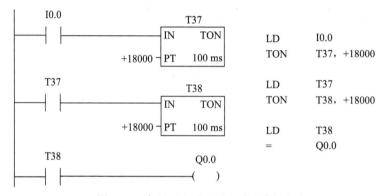

图 2-41　实现两小时延时定时器串级组合

第二种方法是采用定时器和计数器的组合来实现，由于计数器能计 32 767 次，当定时器到设定时间后，通过其触点产生脉冲，用这个脉冲使计数器加 1，再重启定时器，所以定时值可以达到 3276.7 s × 32 767，如果还不够，可以再增加计数器，所以理论上定时时间是无穷的。

#### 2) 定时器和计数器组合实现长定时

定时器设定一个时间，时间到后产生的脉冲使自己重启，所以可以产生固定时间的脉冲序列。再用这个脉冲序列去驱动计数器计数，脉冲序列的脉冲个数和定时器的时间的乘积等于需要的时间，就达到了长定时的目的。

**例 2-11**　在基本指令实验区，选择两个按钮 SB1 和 SB2，选择一个灯 L0，设计 PLC 程序，要求按下按钮 SB1 后计时 9 小时，使一个灯 L0 亮。

**解**　端口分配：

输入：按钮 SB1-I0.0，按钮 SB2-I0.1。

输出：灯 L0-Q0.0。

说明：时间分析，9 小时 = 9 × 3600 s = 32 400 s = 3240 s × 10，也可以写成 9 小时 = 1620 s × 20 = 810 s × 40 等。但用第一个算式计数次数最少，误差会小一点。由此可见，本程序的思路是定时器计时 3240 s，每隔 3240 s 输出一个脉冲，计数器共计数 10 次，计数完成后，表示经过了 9 小时，然后用计数器的常开触点接通灯，任务完成。

梯形图和指令表如图 2-42 所示。

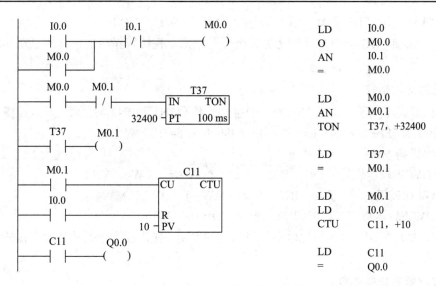

图 2-42　例 2-11 的梯形图和指令表

## 五、比较指令

比较指令是用来对两个同数据类型的数据 IN1 和 IN2 进行比较判断的操作指令。比较运算符有等于(=)、大于等于(>=)、小于等于(<=)、大于(>)、小于(<)、不等于(<>)。

在梯形图中，比较指令是用常开触点的形式编程的，在常开触点的中间注明比较参数和比较运算符，当比较结果为真时，常触点闭合。在功能块图中，比较指令以功能框的形式编程，当比较结果为真时，输出接通。在指令表中，比较指令与基本逻辑指令 LD，A 和 O 进行组合编程，当比较结果为真时，PLC 将栈顶置 1。

比较指令的类型有：字节(BYTE)比较指令、整数(INT)比较指令、双字整数(DINT)比较指令和实数(REAL)比较指令。

两个操作数 IN1 和 IN2 的寻址范围如表 2-2 所示。

表 2-2　比较指令操作数 IN1 和 IN2 寻址范围

| 操作数 | 类　型 | 寻　址　范　围 |
|---|---|---|
| IN1<br>IN2 | BYTE | VB，IB，QB，MB，SB，SMB，LB，AC 和常数 |
| | INT | VW，IW，QW，MW，SW，SMW，LW，AIW，T，C 和常数 |
| | DINT | VD，ID，QD，MD，SMD，LD，HC，AC 和常数 |
| | REAL | VD，ID，QD，MD，SMD，LD，AC 和常数 |

### 1. 字节比较指令

字节比较指令用于两个无符号的整数字节 IN1 和 IN2 的比较。字节比较指令的指令格式如下：

(1) LDB 比较运算符　IN1，IN2。例如，LDB=　VB2，VB4。

(2) AB 比较运算符　IN1，IN2。例如，AB>=　MB1，MB12。

(3) OB 比较运算符　IN1，IN2。例如，OB<>　VB3，VB8。

LDB、AB 或 OB 指令与比较运算符组合的原则，视比较指令的常开触点在梯形图中的具体位置而定。

### 2. 整数比较指令

整数比较指令用于两个有符号的一个字长的整数 IN1 和 IN2 的比较，整数范围为十六进制的 8000 到 7FFF，在 S7-200 中，用 16#8000～16#7FFF 表示。

整数比较指令的指令格式如下：

(1) LDW 比较运算符　IN1，IN2。例如，LDW<=　VW4，VW8。

(2) AW 比较运算符　IN1，IN2。例如，AW>=　MW2，MW4。

(3) OW 比较运算符　IN1，IN2。例如，OW<>　VW6，VW10。

LDW、AW 或 OW 指令与比较运算符组合的原则，视比较指令的常开触点在梯形图中的具体位置而定。

### 3. 双字整数比较指令

双字整数比较指令用于两个有符号的双字长的整数 IN1 和 IN2 的比较，双字整数的范围为 16#80000000～16#7FFFFFFF。

双字整数比较指令的指令格式如下：

(1) LDD 比较运算符　IN1，IN2。例如，LDD>=　VD2，VD10。

(2) AD 比较运算符　IN1，IN2。例如，AD>=　MD0，MD4。

(3) OD 比较运算符　IN1，IN2。例如，OD<>　VD4，VD8。

LDD、AD 或 OD 指令与比较运算符组合的原则，视比较指令的常开触点在梯形图中的具体位置而定。

### 4. 实数比较指令

实数比较指令用于两个有符号的双字长的实数 IN1 和 IN2 的比较，正实数的范围为 $+1.175495E-38～+3.402823E+38$，负实数的范围为 $-1.175495E-38～-3.402823E+38$。

实数比较指令的指令格式如下：

(1) LDR 比较运算符　IN1，IN2。例如，LDR=　VD4，VD12。

(2) AR 比较运算符　IN1，IN2。例如，AR>=　MD2，MD20。

(3) OR 比较运算符　IN1，IN2。例如，OR<>　AC1，1234.56。

LDR、AR 或 OR 指令与比较运算符组合的原则，视比较指令的常开触点在梯形图中的具体位置而定。

**例 2-12**　某轧钢厂的成品仓库可存放钢卷 1000 个，由于不断有钢卷进出库，需要对库存的钢卷进行统计。当库存钢卷数低于下限 100 个时，指示灯 HL1 亮；当库存钢卷数大于 900 个时，指示灯 HL2 亮；当达到库存上限 1000 个时，报警器 HA 响，停止进库。

**解**　端口分配：

输入：进库检测-I0.0，出库检测-I0.1，复位信号-I0.2。

输出：下限指示灯 HL1-Q0.0，上限指示灯 HL2-Q0.1，报警器 HA-Q0.2。

说明：用加/减计数器统计库存的钢卷数，有进库检测加 1，有出库检测减 1，计数器的当前值小于 100 时，HL1 亮，计数器的当前值大于 900 时，HL2 亮，计数器的当前值等于 1000 时，报警器报警。

梯形图和指令表如图 2-43 所示。

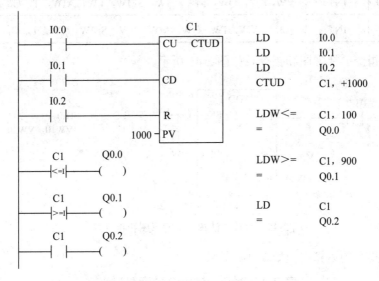

图 2-43　例 2-12 的梯形图和指令表

# 2.2　运　算　指　令

早期的 PLC 是为了取代继电-接触器控制系统，所以其主要功能是上一节所介绍的位逻辑操作。现在，越来越多的 PLC 具备了很强的运算功能，拓宽了 PLC 的应用领域。

运算指令包括算术运算指令和逻辑运算指令。算术运算指令主要包括加法、减法、乘法、除法及一些常用的数学函数；逻辑运算指令包括逻辑与、逻辑或、逻辑非、逻辑异或，以及数据比较等。

## 一、加法指令

加法指令是对两个有符号数进行相加的运算指令。

### 1. 整数加法指令+I

格式：+I　IN1，IN2。

梯形图：如图 2-44 所示。

功能：以功能框的形式编程，指令名称为 ADD_I。在整数加法功能框中，EN 为允许输入端，即驱动端；ENO 为允许输出端，IN1 和 IN2 为 2 个需要进行整数相加的有符号数；OUT 用于存放加运算的和。

整数加法指令操作数的寻址范围如表 2-3 所示。

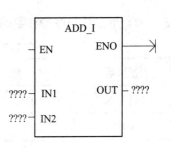

图 2-44　整数加法指令的梯形图

表 2-3　整数加法指令操作数的寻址范围

| 操作数 | 类　型 | 寻　址　范　围 |
|---|---|---|
| IN1，IN2 | INT | VW，IW，QW，MW，SW，SMW，LW，AIW，T，C，AC 和常数 |
| OUT | INT | VW，IW，QW，MW，SW，SMW，LW，T，C，AC |

整数加法指令的梯形图和指令表如图 2-45 所示。

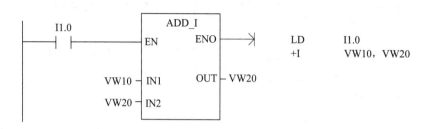

图 2-45　整数加法指令的梯形图和指令表

整数加法指令的运算过程如表 2-4 所示。

表 2-4　整数加法指令的运算过程

| 操作数 | 地址单元 | 单元长度/字节 | 运算前值 | 运算结果值 |
|---|---|---|---|---|
| IN1 | VW10 | 2 | 2000 | 2000 |
| IN2 | VW20 | 2 | 3000 | 5000 |
| OUT | VW20 | 2 | 3000 | 5000 |

### 2. 双整数加法指令+D

格式：+D　IN1，IN2。

梯形图：如图 2-46 所示。

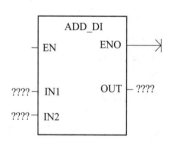

功能：以功能框的形式编程，指令名称为 ADD_DI。在双整数加法功能框中，EN 为允许输入端，即驱动端；ENO 为允许输出端；当 EN 有效时，IN1 和 IN2 为 2 个需要进行双整数加法的有符号数；OUT 用于存放加运算的和。

图 2-46　双整数加法指令的梯形图

双整数加法指令操作数的寻址范围如表 2-5 所示。

表 2-5　双整数加法指令操作数的寻址范围

| 操作数 | 类　型 | 寻　址　范　围 |
|---|---|---|
| IN1，IN2 | DINT | VD，ID，QD，MD，SD，SMD，LD，HC，AC 和常数 |
| OUT | DINT | VD，ID，QD，MD，SD，SMD，LD，AC |

双整数加法指令的梯形图和指令表如图 2-47 所示。

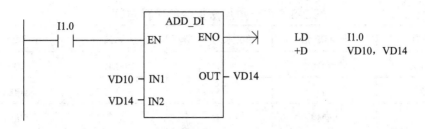

图 2-47　双整数加法指令的梯形图和指令表

双整数加法指令的运算过程如表 2-6 所示。

表 2-6　双整数加法指令的运算过程

| 操作数 | 地址单元 | 单元长度/字节 | 运算前值 | 运算结果值 |
|---|---|---|---|---|
| IN1 | VD10 | 4 | 200000 | 200000 |
| IN2 | VD14 | 4 | 300000 | 500000 |
| OUT | VD14 | 4 | 300000 | 500000 |

### 3. 实数加法指令+R

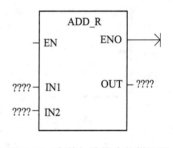

格式：+R　IN1，IN2。

梯形图：如图 2-48 所示。

功能：以功能框的形式编程，指令名称为 ADD_R。在实数加法功能框中，EN 为允许输入端，即驱动端；ENO 为允许输出端；IN1 和 IN2 为 2 个需要进行实数相加的有符号数；OUT 用于存放加运算的和。

实数加法指令操作数的寻址范围如表 2-7 所示。

图 2-48　实数加法指令的梯形图

表 2-7　实数加法指令操作数的寻址范围

| 操作数 | 类 型 | 寻 址 范 围 |
|---|---|---|
| IN1，IN2 | REAL | VD，ID，QD，MD，SD，SMD，LD，HC，AC 和常数 |
| OUT | REAL | VD，ID，QD，MD，SD，SMD，LD，AC |

整数加法指令的梯形图和指令表如图 2-49 所示。

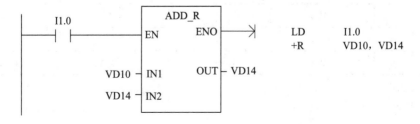

图 2-49　实数加法指令的梯形图和指令表

实数加法指令的运算过程如表 2-8 所示。

表 2-8　实整数加法指令的运算过程

| 操作数 | 地址单元 | 单元长度/字节 | 运算前值 | 运算结果值 |
|---|---|---|---|---|
| IN1 | VD10 | 4 | 200.125 | 200.25 |
| IN2 | VD14 | 4 | 300.225 | 500.350 |
| OUT | VD14 | 4 | 300.225 | 500.350 |

## 二、减法指令

减法指令是对两个有符号数进行相减的运算指令。有整数减法指令-I、双整数减法指令-D 和实数减法指令-R。在梯形图编程中，减法指令以功能框的形式进行编程，指令名称分别为整数减法指令 SUB_I、双整数减法指令 SUB_DI 和实数减法指令 SUB_R。执行结果均是 OUT = IN1 − IN2，其中 OUT 与 IN1 是同一个地址。3 种减法指令的梯形图和指令表如图 2-50 所示。

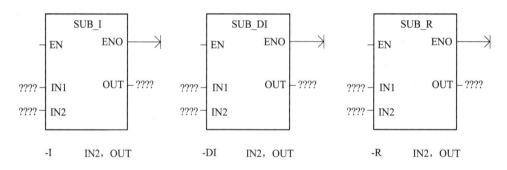

图 2-50　三种减法指令的梯形图和指令表

减法指令的指令格式：

(1) 整数减法指令：-I　IN2，OUT。

(2) 双整数减法指令：-D　IN2，OUT。

(3) 实数减法指令：-R　IN2，OUT。

如整数减法-I AC0，VW4 的运算过程如表 2-9 所示。

表 2-9　整数减法指令的运算过程

| 操作数 | 地址单元 | 单元长度/字节 | 运算前值 | 运算结果值 |
|---|---|---|---|---|
| IN1 | VW4 | 2 | 3000 | 1000 |
| IN2 | AC0 | 2 | 2000 | 2000 |
| OUT | VW4 | 2 | 3000 | 1000 |

## 三、乘法指令

### 1. 整数乘法指令 ×I

格式：×I　IN1，IN2。

梯形图：如图 2-51 所示。

功能：以功能框的形式编程，指令名称为 MUL_I。在整数乘法功能框中，EN 为允许输入端，即驱动端；ENO 为允许输出端；IN1 和 IN2 为 2 个需要进行相乘的有符号数；OUT 和 IN2 是同一个操作数，用于存放乘运算的积。执行结果是 OUT = OUT × IN1。

整数乘法指令操作数 IN1 和 IN2 的寻址范围如表 2-10 所示。

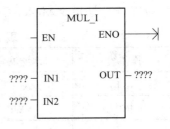

图 2-51　整数乘法指令的梯形图

### 表 2-10　整数乘法指令操作数 IN1 和 IN2 寻址范围

| 操作数 | 类　型 | 寻 址 范 围 |
|---|---|---|
| IN1，IN2 | INT | VW，IW，QW，MW，SW，SMW，LW，AIW，T，C，AC 和常数 |
| OUT | INT | VW，IW，QW，MW，SW，SMW，LW，T，C，AC |

整数乘法指令执行后，将对特殊继电器 SM1.0(零)，SM1.1(溢出)和 SM1.2(负)产生影响。

如整数乘法 ×I　VW4，AC0 的运算过程如表 2-11 所示。

### 表 2-11　整数乘法指令的运算过程

| 操作数 | 地址单元 | 单元长度/字节 | 运算前值 | 运算结果值 |
|---|---|---|---|---|
| IN1 | VW4 | 2 | 30 | 30 |
| IN2 | AC0 | 2 | 200 | 6000 |
| OUT | AC0 | 2 | 200 | 6000 |

### 2. 完全乘法指令 MUL

格式：MUL　IN1，IN2。

梯形图：如图 2-52 所示。

功能：以功能框的形式编程，指令名称为 MUL。在完全乘法功能框中，EN 为允许输入端，即驱动端；ENO 为允许输出端；IN1 和 IN2 为 2 个需要进行相乘的 16 位有符号数；OUT 和 IN2 是同一个 32 位的操作数，用于存放乘运算的积。执行结果是 OUT = OUT × IN1。

完全乘法指令操作数的寻址范围如表 2-12 所示。

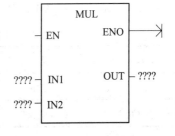

图 2-52　完全乘法指令的梯形图

### 表 2-12　完全乘法指令操作数的寻址范围

| 操作数 | 类　型 | 寻 址 范 围 |
|---|---|---|
| IN1，IN2 | INT | VW，IW，QW，MW，SW，SMW，LW，AIW，T，C，AC 和常数 |
| OUT | INT | VD，ID，QD，MD，SD，SMD，LD，　AC |

完全乘法指令执行后，将对特殊继电器 SM1.0(零)，SM1.1(溢出)和 SM1.2(负)产生影响。

如完全乘法指令 MUL AC0，VD4 的运算过程如表 2-13 所示。

表 2-13　完全乘法指令的运算过程

| 操作数 | 地址单元 | 单元长度/字节 | 运算前值 | 运算结果值 |
|---|---|---|---|---|
| IN1 | AC0 | 2 | 30 | 30 |
| IN2 | VW6 | 2 | 200 | 6000 |
| OUT | VD4 | 4 | 200 | 6000 |

### 3. 双整数乘法指令 ×D

格式：×D　IN1，IN2。

梯形图：如图 2-53 所示。

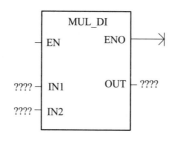

图 2-53　双整数乘法指令的梯形图

功能：以功能框的形式编程，指令名称为 MUL_DI。在双整数乘法功能框中，EN 为允许输入端，即驱动端；ENO 为允许输出端；IN1 和 IN2 为 2 个需要进行相乘的 32 位有符号数；OUT 和 IN2 是同一个 32 位操作数，用于存放乘运算的积。执行结果是 OUT = OUT × IN1。

双整数乘法指令操作数的寻址范围如表 2-14 所示。

表 2-14　整数乘法指令操作数的寻址范围

| 操作数 | 类　型 | 寻　址　范　围 |
|---|---|---|
| IN1，IN2 | DINT | VD，ID，QD，MD，SD，SMD，LD，HC，AC 和常数 |
| OUT | DINT | VD，ID，QD，MD，SD，SMD，LD，AC |

双整数乘法执行后，将对特殊继电器 SM1.0(零)，SM1.1(溢出)和 SM1.2(负)产生影响。

如双整数乘法 ×D　VD0，AC0 的运算过程如表 2-15 所示。

表 2-15　双整数乘法指令的运算过程

| 操作数 | 地址单元 | 单元长度/字节 | 运算前值 | 运算结果值 |
|---|---|---|---|---|
| IN1 | VD0 | 4 | 200 | 200 |
| IN2 | AC0 | 4 | 300 | 60000 |
| OUT | AC0 | 4 | 300 | 60000 |

#### 4. 实数乘法指令 ×R

格式：×R　IN1，IN2。

梯形图：实数乘法指令的梯形图如图 2-54 所示。

功能：以功能框的形式编程，指令名称为 MUL_R。在实数乘法功能框中，EN 为允许输入端，即驱动端；ENO 为允许输出端；IN1 和 IN2 为 2 个需要进行相乘的 32 位实数；OUT 和 IN2 是同一个 32 位操作数，用于存放乘运算的积。执行结果是 OUT = OUT × IN1。

实数乘法指令操作数的寻址范围如表 2-16 所示。

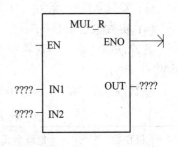

图 2-54　实数乘法指令的梯形图

**表 2-16　实数乘法指令操作数的寻址范围**

| 操作数 | 类　型 | 寻 址 范 围 |
|---|---|---|
| IN1，IN2 | REAL | VD，ID，QD，MD，SD，SMD，LD，AC 和常数 |
| OUT | REAL | VD，ID，QD，MD，SD，SMD，LD，AC |

实数乘法执行后，将对特殊继电器 SM1.0(零)，SM1.1(溢出)和 SM1.2(负)产生影响。如实数乘法 ×R　VD0，AC0 的运算过程如表 2-17 所示。

**表 2-17　实数乘法指令的运算过程**

| 操作数 | 地址单元 | 单元长度/字节 | 运算前值 | 运算结果值 |
|---|---|---|---|---|
| IN1 | VD0 | 4 | 30.2 | 30.2 |
| IN2 | AC0 | 4 | 1.8 | 54.36 |
| OUT | AC0 | 4 | 1.8 | 54.36 |

## 四、除法指令

除法指令是完成对 2 个有符号数进行相除的运算指令。有整数除法指令/I、完全除法指令 DIV、双整数除法指令/D 和实数除法指令/R。在梯形图编程中，减法指令以功能框的形式进行编程，指令名称分别为整数除法指令 DIV_I、完全整数除法指令 DIV、双整数除法指令 DIV_DI 和实数除法指令 DIV_R。执行结果均是 OUT = IN1/IN2，其中 OUT 与 IN1 是同一个地址。4 种除法指令的梯形图和指令表如图 2-55 所示。

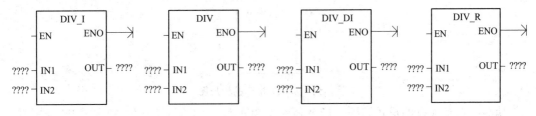

图 2-55　4 种除法指令的梯形图和指令表

除法指令的指令格式：

(1) 整数除法指令：/I　　IN2，OUT。

(2) 完全除法指令：DIV　IN2，OUT。

(3) 双整数除法指令：/D　IN2，OUT。

(4) 实数除法指令：/R　IN2，OUT。

各除法执行后，将对特殊继电器 SM1.0(零)，SM1.1(溢出)、SM1.2(负)和 SM1.3(被 0 除)产生影响。

整数除法/I VW10，VD100 的运算过程如表 2-18 所示，余数未保留。

表 2-18　整数除法指令的运算过程

| 操作数 | 地址单元 | 单元长度/字节 | 运算前值 | 运算结果值 |
| --- | --- | --- | --- | --- |
| IN1 | VW102 | 2 | 3020 | 50 |
| IN2 | VW10 | 2 | 60 | 60 |
| OUT | VD100 | 2 | 3000 | 50 |

但是在完全整数除法中，2 个 16 位的整数相除，产生一个 32 位结果，其中低 16 位存商，高 16 位存余数。低 16 位在做除法运算前，用来存放被除数，即 IN1 和 OUT 的低 16 位是同一个存储单元。

DIV VW10，VD100 的运算过程如表 2-19 所示。

表 2-19　完全整数除法指令的运算过程

| 操作数 | 地址单元 | 单元长度/字节 | 运算前值 | 运算结果值 |
| --- | --- | --- | --- | --- |
| IN1 | VW102 | 2 | 2013 | 40 |
| IN2 | VW10 | 2 | 50 | 50 |
| OUT | VD100 | 4 | 2013 | 13 |
|  |  |  |  | 40 |

## 五、数字函数指令

### 1. 平方根函数 SQRT

格式：SQRT　IN，OUT。

梯形图：如图 2-56 所示。

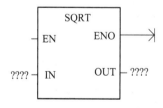

图 2-56　SQRT 指令的梯形图

功能：以功能框的形式编程，指令名称为 SQRT，将双字长(32 位)的实数 IN 开平方，结果放到 32 位的 OUT 中。EN 为允许输入端，即驱动端；ENO 为允许输出端；IN 和 OUT 为 2 个实数，当 EN 端有效时，执行平方根运算，执行结果是 OUT = SQRT(IN)。

SQRT 指令执行后，将对特殊继电器 SM1.0(零)，SM1.1(溢出)和 SM1.2(负)产生影响。

SQRT 指令操作数 IN 和 OUT 的寻址范围如表 2-20 所示。

**表 2-20　SQRT 指令操作数 IN 和 OUT 的寻址范围**

| 操作数 | 类　型 | 寻　址　范　围 |
|:---:|:---:|:---:|
| IN | REAL | VD，ID，QD，MD，SD，SMD，LD，AC 和常数 |
| OUT | REAL | VD，ID，QD，MD，SD，SMD，LD，　AC |

### 2. 自然对数函数 LN

格式：LN　IN，OUT。

梯形图：如图 2-57 所示。

功能：将一个双字长(32 位)的实数 IN 取自然对数，结果放到 32 位的 OUT 中。指令在梯形图及功能块图中，以功能框的形式编程，指令名称为 LN。EN 为允许输入端，即驱动端；ENO 为允许输出端；IN 和 OUT 为 2 个实数，当 EN 端有效时，执行取自然对数运算，执行结果是 OUT = LN(IN)。

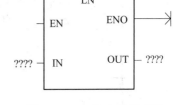

图 2-57　LN 指令的梯形图

LN 指令执行后，将对特殊继电器 SM1.0(零)，SM1.1(溢出)和 SM1.2(负)产生影响。

LN 指令操作数 IN 和 OUT 的寻址范围如表 2-20 所示。

### 3. 指数函数 EXP

格式：EXP　IN，OUT。

梯形图：如图 2-58 所示。

功能：以功能框的形式编程，指令名称为 EXP，将一个双字长(32 位)的实数 IN 取以 e 为底的指数，结果放到 32 位的 OUT 中。EN 为允许输入端，即驱动端；ENO 为允许输出端；IN 和 OUT 为 2 个实数，当 EN 端有效时，执行取以 e 为底的指数运算，执行结果是 OUT = EXP(IN)。

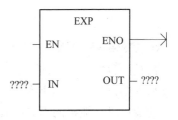

图 2-58　EXP 指令的梯形图

EXP 指令执行后，将对特殊继电器 SM1.0(零)，SM1.1(溢出)、SM1.2(负)、SM4.3(运行时间)产生影响。

EXP 指令操作数 IN 和 OUT 的寻址范围如表 2-20 所示。

### 4. 正弦函数 SIN

格式：SIN　IN，OUT。

梯形图：如图 2-59 所示。

功能：以功能框的形式编程，指令名称为 SIN，求 1 个双字长(32 位)的实数弧度值 IN 的正弦值，结果放到 32 位的 OUT 中。EN 为允许输入端，即驱动端；ENO 为允许输出端；IN 和 OUT 为 2 个实数；当 EN 端有效时，执行求弦函数的运算，执行结果是 OUT = SIN(IN)。

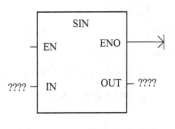

图 2-59　SIN 指令的梯形图

SIN 指令执行后，将对特殊继电器 SM1.0(零)，SM1.1(溢出)、SM1.2(负)、SM4.3(运行时间)产生影响。

SIN 指令操作数 IN 和 OUT 的寻址范围如表 2-20 所示。

使用 SIN 函数要注意一点，如果 IN 是以角度值表示的实数，要先将角度值转化为弧度值，方法是应用实数乘法指令 ×R 或 MUL_R，用角度值乘以 π/180 即可。

**例 2-13**　求 SIN150° 的值，结果放在累加器中。

**解**　程序的梯形图及指令表如图 2-60 所示。

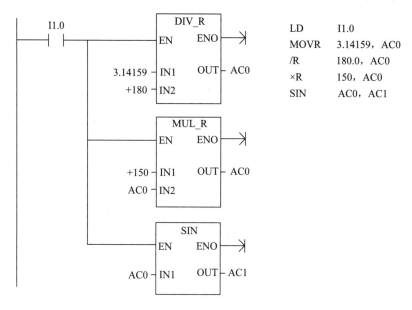

图 2-60　例 2-13 的梯形图和指令表

### 5. 余弦函数 COS

格式：COS　IN，OUT。

梯形图：如图 2-61 所示。

功能：以功能框的形式编程，指令名称为 COS，求 1 个双字长(32 位)的实数弧度值 IN 的余弦值，结果放到 32 位的 OUT 中。EN 为允许输入端，即驱动端；ENO 为允许输出端；IN 和 OUT 为 2 个实数；当 EN 端有效时，执行求余弦函数的运算，执行结果是 OUT = COS(IN)。

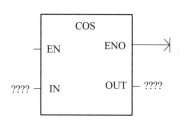

图 2-61　COS 指令的梯形图

COS 指令执行后，将对特殊继电器 SM1.0(零)，SM1.1(溢出)、SM1.2(负)、SM4.3(运行时间)产生影响。若 IN 为角度，处理方法同正弦函数。

COS 指令操作数 IN 和 OUT 的寻址范围如表 2-20 所示。

### 6. 正切函数 TAN

格式：TAN　IN，OUT。

梯形图：如图 2-62 所示。

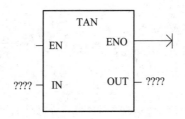

图 2-62　TAN 指令的梯形图

功能：以功能框的形式编程，指令名称为 TAN，求 1 个双字长(32 位)的实数弧度值 IN 的正切值，结果放到 32 位的 OUT 中。EN 为允许输入端，即驱动端；ENO 为允许输出端；IN 和 OUT 为 2 个实数；当 EN 端有效时，执行求正切函数的运算，执行结果是 OUT = TAN(IN)。

TAN 指令执行后，将对特殊继电器 SM1.0(零)，SM1.1(溢出)、SM1.2(负)、SM4.3(运行时间)产生影响。若 IN 为角度，处理方法同正弦函数。

TAN 指令操作数 IN 和 OUT 的寻址范围如表 2-20 所示。

## 六、增减指令

增减指令又称为自动加 1 或自动减 1 指令。数据类型可以是字节、字、双字。

### 1. 字节加 1 指令 INCB 和字节减 1 指令 DECB

字节加 1 指令格式：INCB　OUT。

字节减 1 指令格式：DECB　OUT。

梯形图：如图 2-63 所示。

图 2-63　INCB 和 DECB 指令的梯形图

功能：指令用功能框编程，当输入端 EN 有效时，INCB 将 1 字节长的无符号数 IN 自动加 1；DECB 将 1 字节长的无符号数 IN 自动减 1，并将结果放到 OUT 中。

INCB 和 DECB 指令操作数 IN 和 OUT 的寻址范围如表 2-21 所示。

表 2-21　INCB 和 DECB 指令操作数 IN 和 OUT 的寻址范围

| 操作数 | 类　型 | 寻　址　范　围 |
|---|---|---|
| IN | BYTE | VB，IB，QB，MB，SB，SMB，LB，AC 和常数 |
| OUT | BYTE | VB，IB，QB，MB，SB，SMB，LB，AC |

### 2. 字加 1 指令 INCW 和字减 1 指令 DECW

字加 1 指令格式：INCW　OUT。

字减 1 指令格式：DECW　OUT。

梯形图：如图 2-64 所示。

图 2-64　INCW 和 DECW 指令的梯形图

功能：指令用功能框编程，当输入端 EN 有效时，INCW 将 1 个字长的无符号数 IN 自动加 1；DECW 将 1 个字长的无符号数 IN 自动减 1，并将结果放到 OUT 中。

INCW 和 DECW 指令操作数 IN 和 OUT 的寻址范围如表 2-22 所示。

表 2-22　INCW 和 DECW 指令操作数 IN 和 OUT 的寻址范围

| 操作数 | 类　型 | 寻　址　范　围 |
| --- | --- | --- |
| IN | WORD | VW，IW，QW，MW，SW，SMW，LW，AC 和常数 |
| OUT | WORD | VW，IW，QW，MW，SW，SMW，LW，AC |

### 3. 双字加 1 指令 INCD 和双字减 1 指令 DECD

字加 1 指令格式：INCD　OUT。

字减 1 指令格式：DECD　OUT。

梯形图：如图 2-65 所示。

图 2-65　INCD 和 DECD 指令的梯形图

功能：指令用功能框编程，当输入端 EN 有效时，INCD 将 1 个双字长(32 位)的无符号数 IN 自动加 1；DECD 将 1 个双字长(32 位)的无符号数 IN 自动减 1，结果放到 OUT 中。

INCD 和 DECD 指令操作数 IN 和 OUT 的寻址范围如表 2-23 所示。

表 2-23　INCD 和 DECD 指令操作数 IN 和 OUT 的寻址范围

| 操作数 | 类　型 | 寻　址　范　围 |
| --- | --- | --- |
| IN | DWORD | VD，ID，QD，MD，SD，SMD，LD，AC 和常数 |
| OUT | DWORD | VD，ID，QD，MD，SD，SMD，LD，AC |

## 七、逻辑运算指令

逻辑运算指令是对逻辑数(无符号数)进行处理的操作，包括逻辑与、逻辑或、逻辑异或等逻辑操作，操作数可以是字节、字、双字。

**1. 字节逻辑运算指令 ANDB、ORB、XORB、INVB**

字节与指令格式：ANDB　IN1，OUT。

字节或指令格式：ORB　　IN1，OUT。

字节异或指令格式：XORB　IN1，OUT。

字节取反指令格式：INVB　　IN1，OUT。

梯形图：如图 2-66 所示。

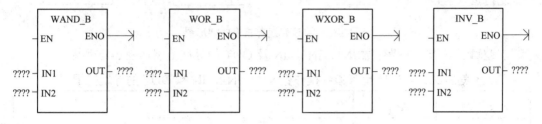

图 2-66　字节逻辑运算指令的梯形图

功能：用功能框编程。字节与指令 ANDB 的功能是当 EN 有效时，对 2 个 1 字节长的逻辑数 IN1 和 IN2 按位相与，得到 1 字节的运算结果放到 OUT 中。字节或指令 ORB 的功能是当 EN 有效时，对 2 个 1 字节长的逻辑数 IN1 和 IN2 按位相或，得到 1 字节的运算结果放到 OUT 中。字节异或指令 XORB 的功能是当 EN 有效时，对 2 个 1 字节长的逻辑数 IN1 和 IN2 按位相异或，得到 1 字节的运算结果放到 OUT 中。字节取反指令 INVB 的功能是当 EN 有效时，对 1 字节长的逻辑数 IN 按位取反，得到 1 字节长的运算结果放到 OUT 中。

字节逻辑运算指令中操作数 IN1，IN2，IN 及 OUT 的寻址范围如表 2-24 所示。

表 2-24　字节逻辑运算指令操作数 IN1，IN2，IN 和 OUT 的寻址范围

| 操作数 | 类　型 | 寻　址　范　围 |
|---|---|---|
| IN1，IN2，IN | BYTE | VB，IB，QB，MB，SB，SMB，LB，AC 和常数 |
| OUT | BYTE | VB，IB，QB，MB，SB，SMB，LB，AC |

**2. 字逻辑运算指令 ANDW、ORW、XORW、INVW**

字与指令格式：ANDW　IN1，OUT。

字或指令格式：ORW　　IN1，OUT。

字异或指令格式：XORW　IN1，OUT。

字取反指令格式：INVW　　IN1，OUT。

梯形图：如图 2-67 所示。

功能：字逻辑运算指令用功能框编程。字与指令 ANDW 的功能是当 EN 有效时，对 2 个 1 字长的逻辑数 IN1 和 IN2 按位相与，得到 1 字的运算结果放到 OUT 中。字或指令 ORW 的功能是当 EN 有效时，对 2 个 1 字长的逻辑数 IN1 和 IN2 按位相或，得到 1 字的运算结果放到 OUT 中。字异或指令 XORW 的功能是当 EN 有效时，对 2 个 1 字长的逻辑数 IN1

和 IN2 按位相异或，得到 1 字的运算结果放到 OUT 中。字取反指令 INVW 的功能是当 EN 有效时，对 1 字长的逻辑数 IN 按位取反，得到 1 字长的运算结果放到 OUT 中。

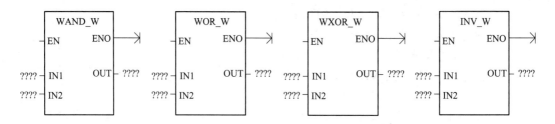

图 2-67　字逻辑运算指令的梯形图

字逻辑运算指令中操作数 IN1，IN2，IN 及 OUT 的寻址范围如表 2-25 所示。

表 2-25　字逻辑运算指令操作数 IN1，IN2，IN 和 OUT 的寻址范围

| 操作数 | 类　型 | 寻　址　范　围 |
|---|---|---|
| IN1，IN2，IN | WORD | VW，IW，QW，MW，SW，SMW，LW，T，C，AC 和常数 |
| OUT | WORD | VW，IW，QW，MW，SW，SMW，LW，T，C，AC |

### 3. 双字逻辑运算指令 ANDD、ORD、XORD、INVD

双字与指令格式：ANDD　IN1，OUT。

双字或指令格式：ORD　　IN1，OUT。

双字异或指令格式：XORD　IN1，OUT。

双字取反指令格式：INVD　　IN1，OUT。

梯形图：如图 2-68 所示。

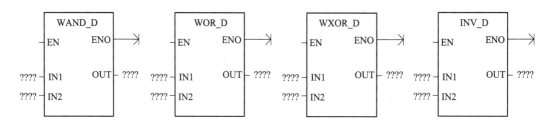

图 2-68　双字逻辑运算指令的梯形图

功能：双字逻辑运算指令用功能框编程。双字与指令 ANDD 的功能是当 EN 有效时，对 2 个双字长的逻辑数 IN1 和 IN2 按位相与，得到 1 双字长的运算结果放到 OUT 中。双字或指令 ORD 的功能是当 EN 有效时，对 2 个双字长的逻辑数 IN1 和 IN2 按位相或，得到 1 双字长的运算结果放到 OUT 中。双字异或指令 XORD 的功能是当 EN 有效时，对 2 个双字长的逻辑数 IN1 和 IN2 按位相异或，得到 1 双字长的运算结果放到 OUT 中。双字取反指令 INVD 的功能是当 EN 有效时，对双字长的逻辑数 IN，按位取反，得到双字长的运算结果放到 OUT 中。

双字逻辑运算指令中操作数 IN1，IN2，IN 及 OUT 的寻址范围如表 2-26 所示。

表 2-26　双字逻辑运算指令操作数 IN1, IN2, IN 和 OUT 的寻址范围

| 操作数 | 类型 | 寻址范围 |
|---|---|---|
| IN1, IN2, IN | WORD | VW, IW, QW, MW, SW, SMW, LW, T, C, AC 和常数 |
| OUT | WORD | VW, IW, QW, MW, SW, SMW, LW, T, C, AC |

## 2.3　数据处理指令

数据处理指令包括传送、移位、交换和填充指令。

## 一、传送类指令

传送类指令的功能是在各个编程元件之间进行数据传送。根据每次传送数据的数量，分为单个传送指令和块传送指令。

### 1. 单个传送指令 MOVB, BIR, BIW, MOVW, MOVD, MOVR

1) 字节传送指令 MOVB, BIR, BIW

(1) 周期性字节传送指令 MOVB。

格式：MOVB　IN, OUT。

梯形图：如图 2-69 所示。

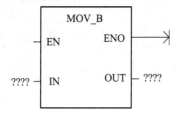

图 2-69　MOVB 指令的梯形图

功能：用功能框编程，指令名为 MOV_B，当允许输入端 EN 有效时，将一个无符号的单字节数据 IN 传送到 OUT 中。

MOVB 指令中操作数 IN 和 OUT 的寻址范围如表 2-27 所示。

表 2-27　MOVB 指令操作数 IN 和 OUT 的寻址范围

| 操作数 | 类型 | 寻址范围 |
|---|---|---|
| IN | BYTE | VB, IB, QB, MB, SB, SMB, LB, AC 和常数 |
| OUT | BYTE | VB, IB, QB, MB, SB, SMB, LB, AC |

(2) 立即字节传送指令 BIR, BIW。

立即读传送指令格式：BIR　IN, OUT。

立即写传送指令格式：BIW　IN, OUT。

梯形图：如图 2-70 所示。

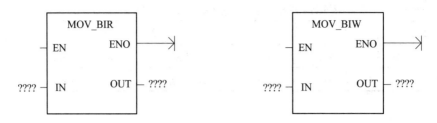

图 2-70　BIR 和 BIW 指令的梯形图

功能：用功能框编程。立即读传送指令名为 MOV_BIR，当允许输入端 EN 有效时，立即读取当前输入继电器中由 IN 指定的字节，并传送到 OUT 中。立即写字节传送指令名称为 MOV_BIW，当允许输入 EN 有效时，立即将 IN 指定的字节数据写入输出继电器中由 OUT 指定的字节。这两条指令在执行时，都不考虑扫描周期。

立即读传送指令 BIR 中的操作数 IN 和 OUT 的寻址范围如表 2-28 所示。

表 2-28　BIR 指令操作数 IN 和 OUT 的寻址范围

| 操作数 | 类　型 | 寻　址　范　围 |
|---|---|---|
| IN | BYTE | IB |
| OUT | BYTE | VB，IB，QB，MB，SB，SMB，LB，AC |

立即写传送指令 BIW 中的操作数 IN 和 OUT 的寻址范围如表 2-29 所示。

表 2-29　BIW 指令操作数 IN 和 OUT 的寻址范围

| 操作数 | 类　型 | 寻　址　范　围 |
|---|---|---|
| IN | BYTE | VB，IB，QB，MB，SB，SMB，LB， AC 和常数 |
| OUT | BYTE | QB |

2）字传送指令 MOVW

格式：MOVW　IN，OUT。

梯形图：如图 2-71 所示。

功能：用功能框编程，指令名称为 MOV_W，当允许输入 EN 有效时，将 1 个无符号的单字长数据 IN 传送到 OUT 中。

字传送指令 MOVW 中的操作数 IN 和 OUT 的寻址范围如表 2-30 所示。

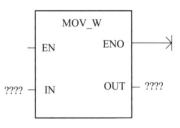

图 2-71　MOVW 指令的梯形图

表 2-30　MOVW 指令操作数 IN 和 OUT 的寻址范围

| 操作数 | 类　型 | 寻　址　范　围 |
|---|---|---|
| IN | WORD | VW，IW，QW，MW，SW，SMW，LW，T，C，AC 和常数 |
| OUT | WORD | VW，IW，QW，MW，SW，SMW，LW，T，C，AC |

3）双字传送指令 MOVD

格式：MOVD　IN，OUT。

梯形图：如图 2-72 所示。

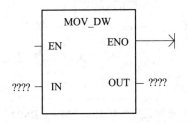

图 2-72　MOVD 指令的梯形图

功能：用功能框编程，指令名称为 MOV_DW，当允许输入 EN 有效时，将 1 个无符号的双字长数据 IN 传送到 OUT 中。

双字传送指令 MOVD 中的操作数 IN 和 OUT 的寻址范围如表 2-31 所示。

表 2-31　MOVD 指令操作数 IN 和 OUT 的寻址范围

| 操作数 | 类　型 | 寻　址　范　围 |
| --- | --- | --- |
| IN | DWORD | VD，ID，QD，MD，SD，SMD，LD，　HC，AC 和常数 |
| OUT | DWORD | VD，ID，QD，MD，SD，SMD，LD，AC |

4) 实数传送指令 MOVR

格式：MOVR　IN，OUT。

梯形图：如图 2-73 所示。

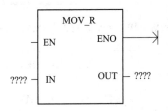

图 2-73　MOVR 指令的梯形图

功能：用功能框编程，指令名称为 MOV_R，当允许输入 EN 有效时，将 1 个有符号的双字长实数数据 IN 传送到 OUT 中。

实数传送指令 MOVR 中的操作数 IN 和 OUT 的寻址范围如表 2-32 所示。

表 2-32　MOVR 指令操作数 IN 和 OUT 的寻址范围

| 操作数 | 类　型 | 寻　址　范　围 |
| --- | --- | --- |
| IN | REAL | VD，ID，QD，MD，SD，SMD，LD，　HC，AC 和常数 |
| OUT | REAL | VD，ID，QD，MD，SD，SMD，LD，AC |

**2. 块传送指令 BMB，BMW，BMD**

字节块传送指令格式：BMB　IN，OUT，N。

字块传送指令格式：BMW　IN，OUT，N。

双字块传送指令格式：BMD　IN，OUT，N。

梯形图：如图 2-74 所示。

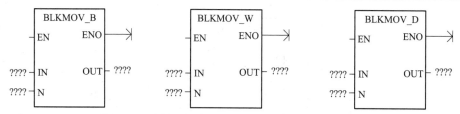

图 2-74  块传送指令 BMB，BMW，BMD 的梯形图

功能：用功能框编程。字节块传送指令 BMB 梯形图中的指令名称是 BLKMOV_B，当允许输入 EN 有效时，将从输入字节 IN 开始的 N 个字节传送到从 OUT 开始的 N 个字节存储单元。字块传送指令 BMW 梯形图中的指令名称是 BLKMOV_W，当允许输入 EN 有效时，将从输入字 IN 开始的 N 个字型数据传送到从 OUT 开始的 N 个字存储单元。双字传送指令 BMD 梯形图中的指令名称是 BLKMOV_D，当允许输入 EN 有效时，将从输入双字 IN 开始的 N 个双字型数据传送到从 OUT 开始的 N 个双字存储单元。

块传送指令的 IN、OUT、N 的寻址范围如表 2-33 所示。

表 2-33  块传送指令操作数 IN、OUT、N 的寻址范围

| 指　令 | 操作数 | 类　型 | 寻 址 范 围 |
|---|---|---|---|
| BMB | IN | BYTE | VB，IB，QB，MB，SMB，LB， HC，AC |
|  | OUT | BYTE | VB，IB，QB，MB，SMB，LB， HC，AC |
|  | N | BYTE | VB，IB，QB，MB，SMB，LB，AC |
| BMW | IN | WORD | VW，IW，QW，MW，SMW，LW，AIW，T，C，AQW，AC，HC |
|  | OUT | WORD |  |
|  | N | BYTE | VB，IB，QB，MB，SMB，LB，AC |
| BMD | IN | DWORD | VD，ID，QD，MD，SMD，SD，LD，AC，HC |
|  | OUT | DWORD |  |
|  | N | BYTE | VB，IB，QB，MB，SMB，LB，AC |

## 二、移位指令

移位指令根据移位的数据长度可分为字节型移位、字型移位和双字型移位；根据移位的方向可分为左移、右移和循环移位。

### 1. 左移和右移指令

左移或右移指令的功能是将输入数据 IN 左移或右移 N 位后，将结果送到 OUT 中。

左移或右移指令有以下几个特点：

(1) 被移位的数据是无符号数。

(2) 在移位时，存放被移位数据的编程元件的移出位进入 SM1.1 保存，另一端自动补 0。

(3) 移位次数 N 和数据长度有关，如 N 小于实际数据长度，则移位 N 次，若 N 大于数据长度，则移位次数等于实际数据长度的位数。

(4) 移位次数 N 为字节型数据。

1) 字节左移指令 SLB 和字节右移指令 SRB

字节左移指令格式：SLB　OUT，N。

字节右移指令格式：SRB　OUT，N。

梯形图：如图 2-75 所示。

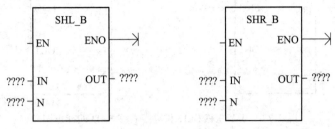

图 2-75　字节左移 SLB 和字节右移 SRB 的梯形图

功能：用功能框编程，字节左移指令或字节右移指令的指令名称为 SHL_B 或 SHR_B，当允许输入 EN 有效时，将字节输入数据 IN 左移或右移 N 位(N≤8)后，送到 OUT 指定的字节存储单元。

如 SRB　MB1，2 的执行结果如表 2-34 所示。

表 2-34　SRB 指令执行结果

| 移位次数 | 编程元件 | 数　据 | SM1.1 | 说　明 |
|---|---|---|---|---|
| 0 | MB1 | 10011010 | × | 移位前 |
| 1 | MB1 | 01001101 | 0 | 右移 1 位，移出位 0 移入 SM1.1，左端补 0 |
| 2 | MB1 | 00100110 | 1 | 右移 1 位，移出位 1 移入 SM1.1，左端补 0 |

2) 字左移指令 SLW 和字右移指令 SRW

字左移指令格式：SLW　OUT，N。

字右移指令格式：SRW　OUT，N。

梯形图：如图 2-76 所示。

功能：用功能框编程，字左移指令或字右移指令的指令名称为 SHL_W 或 SHR_W，当允许输入 EN 有效时，将字输入数据 IN 左移或右移 N 位(N≤16)后，送到 OUT 指定的字节存储单元。

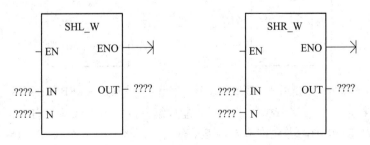

图 2-76　字左移 SLW 和字右移 SRW 的梯形图

3) 双字左移指令 SLD 和双字右移指令 SRD

双字左移指令格式：SLD　OUT，N。

双字右移指令格式：SRD　OUT，N。

梯形图：如图 2-77 所示。

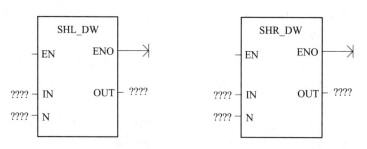

图 2-77　双字左移 SLD 和双字右移 SRD 的梯形图

功能：用功能框编程，双字左移指令或双字右移指令的指令名称为 SHL_DW 或 SHR_DW。当允许输入 EN 有效时，将双字输入数据 IN 左移或右移 N 位(N≤32)后，送到 OUT 指定的字节存储单元。

**2. 循环左移和循环右移指令**

循环移位指令的特点如下：

(1) 被移位的数据是无符号数。

(2) 在移位时，存放被移位数据的编程元件的移出端既与 SM1.1 相连，又与另一端相连，这样，在移位时，移出端在进入 SM1.1 保存的同时，也移到另一端。

(3) 移位次数 N 和数据长度有关，如 N 小于实际数据长度，则移位 N 次，若 N 大于数据长度，则移位次数等于 N 除以实际数据长度的余数。

(4) 移位次数 N 为字节型数据。

1) 字节循环左移指令 RLB 和字节循环右移指令 RRB

字节循环左移指令格式：RLB　OUT，N。

字节循环右移指令格式：RRB　OUT，N。

梯形图：如图 2-78 所示。

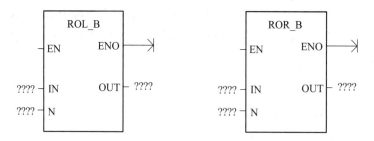

图 2-78　字节循环左移指令 RLB 和字节循环右移指令 RRB 的梯形图

功能：在梯形图中，字节循环指令用功能框编程，字节循环左、右移位指令的名称分别为 ROL_B 和 ROR_B，当允许输入端 EN 有效时，将字节型输入数据 IN 向左或向右循环移位 N(N≤8)位后，送到 OUT 指定的存储单元。

2) 字循环左移指令 RLW 和字循环右移指令 RRW

字循环左移指令格式：RLW　OUT，N。

字循环右移指令格式：RRW　OUT，N。

梯形图：如图 2-79 所示。

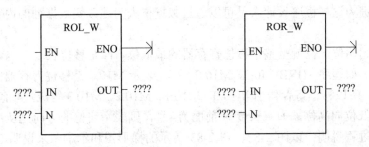

图 2-79　字循环左移指令 RLW 和字循环右移指令 RRW 的梯形图

功能：用功能框编程，字循环左、右移位指令的名称分别为 ROL_W 和 ROR_W，当允许输入端 EN 有效时，将字型输入数据 IN 向左或向右循环移位 N(N≤16)位后，送到 OUT 指定的存储单元。

3) 双字循环左移指令 RLD 和双字循环右移指令 RRD

双字循环左移指令格式：RLD　OUT，N。

双字循环右移指令格式：RRD　OUT，N。

梯形图：如图 2-80 所示。

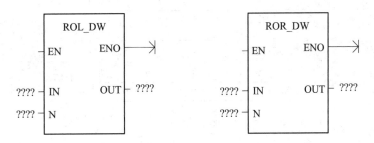

图 2-80　双字循环左移指令 RLD 和双字循环右移指令 RRD 的梯形图

功能：用功能框编程，双字循环左、右移位指令的名称分别为 ROL_DW 和 ROR_DW，当允许输入端 EN 有效时，将双字型输入数据 IN 向左或向右循环移位 N(N≤32)位后，送到 OUT 指定的存储单元。

**3. 移位寄存器指令 SHRB**

移位寄存器指令 SHRB 是一条很常用的指令，编程时作用非常大。如前面讲的灯的顺序点亮和熄灭程序，以及后面的机械手、八段码、天塔之光等程序，用 SHRB 来编程，都可实现功能。

格式：SHRB　DATA，S_BIT，+N，如 SHRB　I0.3，M10.0，+4。

梯形图：如图 2-81 所示。

功能：用功能框编程，移位寄存器指令是 SHRB，EN 是允许输入端，当 EN 端来一个脉冲时，在脉冲的上升沿，会驱动移位寄存器发生一次移位。

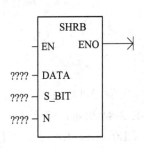

图 2-81　移位寄存器 SHRB 指令的梯形图

DATA 是数据位，也叫数据输入端，当移位寄存器发生移位后，数据列发生从低位向高位的移位。数据列最高位会移入 SM1.1 中，而最低位则会补入数据位的数据。这个补入是很重要的，因为这样程序设计人员可以通过数据位人为地改变数据列的内容，达到控制目的。

S_BIT 叫起始位，也就是整个移位寄存器的最低位，N 是移位长度，也就是整个移位寄存器的长度。如程序 SHRB　I0.3，M10.0，+4，表示 M10.0 是移位寄存器的最低位，寄存器长度为 4，所以移位寄存器由 M10.0、M10.1、M10.2、M10.3 组成，4 前面的+表示移位的方向是从低位向高位，如果长度 N 前面为－号，则表示移位的方向是从高位向低位。

指令执行过程说明：以图 2-82、图 2-83 所示的梯形图和示意图来说明 SHRB 指令的执行过程。

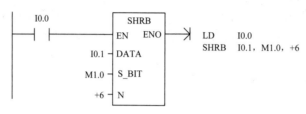

图 2-82　SHRB 指令的梯形图和指令表

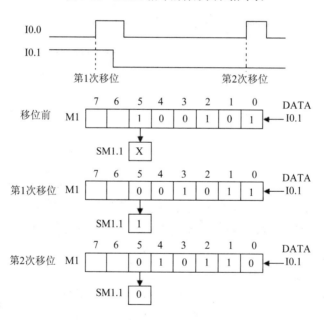

图 2-83　SHRB 指令的执行过程示意图

**例 2-14**　在基本指令实验区完成本例题，如图 2-84 所示，按下按钮 SB1，程序启动，四个红灯 L0、L1、L2、L3 隔 1 s 依次点亮，再依次熄灭并循环，时间间隔 1 s，按下按钮 SB2，程序立即停止。

**解**　整个程序执行中，四个红灯，四个输出，

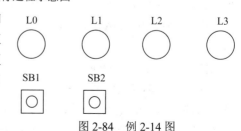

图 2-84　例 2-14 图

用 Q0.0 到 Q0.3 表示,输入启动按钮 SB1 用 I0.0,停止按钮 SB2 用 I0.1。整个循环过程中,有 8 种不同的状态,用 8 个中间寄存器 M10.1 到 M11.1 表示。

程序功能分为以下几步:

(1) 设计一个秒脉冲发生器,即每 1 秒输出一个宽度为一个扫描周期的脉冲。用这个脉冲每隔 1 s 启动移位寄存器执行一次移位。

(2) 为了保证 8 个状态只有一个是有效的,要求在程序刚启动时,数据位是 1,这样第一次移位移入的是 1,而数据位随后要变成 0,使第二次移位时移入的是 0。这样 1 就在 8 个状态位中每秒顺序移动一下,但任何时候都只有一个是 1。

(3) 用状态位使输出按要求动作。如 M10.1 为 1 时,表示第一个状态,此时第一个灯 Q0.0 亮,1 秒后,M10.1 变 0,而 M10.2 变 1,表示第二个状态,此时 Q0.0 和 Q0.1 都亮……M11.1 为 1 时,表示第 8 个状态,也是最后一个状态,所有灯都灭,再循环。

(4) 循环的实现(最后的状态位 M11.1 使数据位 M10.0 再次被置 1)和停车(将所有状态都清零)的实现。

在基本指令实验区完成接线,再下载和调试运行程序。

程序参考梯形图见图 2-85。

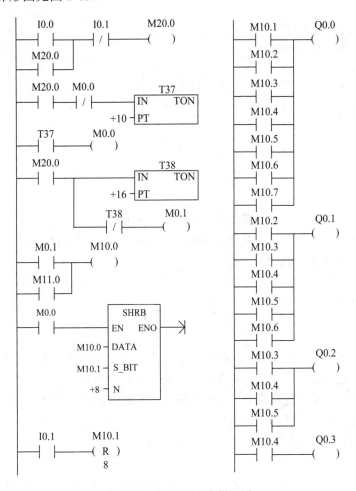

图 2-85　例 2-14 参考梯形图

## 三、字节交换指令 SWAP

格式：SWAP　IN。

梯形图：如图 2-86 所示。

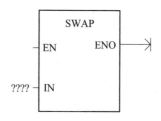

图 2-86　SWAP 指令的梯形图

功能：当允许输入端 EN 有效时，将字型输入数据 IN 的高位字节和低位字节进行交换，也称半字交换指令。

## 四、填充指令 FILL

格式：FILL　IN，OUT，N。

梯形图：如图 2-87 所示。

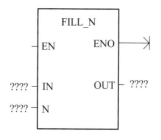

图 2-87　FILL 指令的梯形图

功能：用功能框编程，指令名称为 FILL_N，当允许输入端 EN 有效时，将字形输入数据 IN 填充到从 OUT 开始的 N 个字存储单元。

## 小　　结

本章介绍了 S7-200 指令集所包含的基本指令及其使用方法，在基本指令中，位操作指令是最常用也是应用最广泛的，是其他所有指令应用的基础。

位操作指令包括基本逻辑指令、定时器指令、计数器指令和比较指令。位操作指令可以完成传统继电器控制系统的所有任务。

另外本章还介绍了数据运算指令，包括四则运算、逻辑运算、数学函数指令，这些指令增强了 PLC 的数据处理能力。

本章还介绍了传送、移位、交换、填充等非数值类数据处理指令，使 PLC 的应用领域得到了进一步的拓宽。

通过基本指令的学习，我们对 S7-200 使用梯形图编程有了进一步的认识：

(1) 在梯形图中，用户程序是多个程序网络(Network)的有序组合。

(2) 每个程序网络是各种编程元件的触点、线圈及功能框在梯形图中的有序排列。

(3) 与能流无关的线圈和功能框可以直接连接在左母线上，与能流有关的线圈和功能框不能直接连接在左母线上。

# 习　题　二

1. 进行笼型电动机的可逆运行控制，要求：

(1) 启动时，可根据需要选择旋转方向。

(2) 可随时停车。

(3) 需要反向旋转时，按反向启动按钮，但是必须等待 6 s 后才能自动接通反向旋转的主电路。

2. 编写一段程序，完成将 VW6 的低 8 位"取反"后送入 VW10 中。

3. 编写一个循环计数程序，计数范围是 1～1000。

4. 用指令表编写一段程序，计算 SIN50° 的值。

5. 设计一个 3 台电动机的顺序控制程序。要求：

(1) 启动操作：按启动按钮 SB1，电动机 M1 启动，10 s 后电动机 M2 自动启动，再过 8 s，电动机 M3 自动启动。

(2) 停车操作：按停止按钮 SB2，电动机 M3 立即停车，5 s 后电动机 M2 自动停车，再过 4 s 电动机 M1 自动停车。

6. 设计一个报警电路。要求：

(1) 当发生异常情况时，报警灯 HL 闪烁，闪烁的频率是 ON 为 0.5 s，OFF 为 0.5 s，报警蜂鸣器 HA 有音响输出。

(2) 值班员听到报警后，按报警响应按钮 SB1，报警灯 HL 由闪烁变为常亮，报警蜂鸣器 HA 停止音响。

(3) 按下报警解除按钮 SB2，报警灯熄灭。

(4) 可用测试按钮 SB3 随时测试报警灯和报警蜂鸣器的好坏。

7. 有四组节日彩灯，每组 3 个灯按红、绿、黄顺序摆放，请实现下列控制要求：

(1) 每 0.5 s 移动 1 个灯。

(2) 每次亮 1 s。

(3) 可用 1 个开关选择点亮方式：

① 每次点亮 1 个彩灯。

② 每次点亮 1 组彩灯。

# 第 3 章　S7-200 的应用指令

PLC 的应用指令也称为功能指令，是指在完成基本逻辑控制、定时控制、计数控制及顺序控制的基础上，生产厂家为了满足用户所提出的一些特殊控制要求而开发的具有特定功能的指令。除了位操作指令以外，运算指令和数据处理指令等也是应用指令。PLC 所开发的功能指令越多，它的功能就越强大。

本章主要介绍程序控制指令和特殊指令。

程序控制指令：空操作指令、结束及暂停指令、警戒时钟刷新指令、跳转指令、子程序指令、循环指令和顺序控制继电器指令等。

特殊指令：时钟指令、中断指令、通信指令和高速计数器指令等。

通过本章的学习，应重点掌握程序控制指令的正确使用方法，并对特殊指令有一定的了解。

## 3.1　程序控制指令

程序控制指令主要用于程序结构的优化。

### 一、空操作指令

格式：NOP　n。

功能：方便对程序进行检查和修改。预先在程序中设置一些 NOP 指令，在修改和增加指令时可使程序地址的更改量最小。NOP 指令对运算结果和用户程序的执行没有任何影响。n 是标号，n 的取值范围为 0～255。

### 二、结束及暂停指令

#### 1. 结束指令 END、MEND

格式：END/MEND。

功能：结束主程序。结束指令只能在主程序中使用，不能在子程序或中断程序中使用。END 指令为条件结束指令，MEND 指令为无条件结束指令。END 指令一般用在主程序内部。可以利用系统的状态或程序执行的结果或根据 PLC 外设置的切换条件来调用 END 指令，使主程序结束。所以可利用 END 指令来处理突发事件。MEND 指令用在主程序的最后，用于无条件地终止用户程序的执行，返回到主程序的第一条指令。

在梯形图中，END 指令和 MEND 指令都以线圈的形式编程。

### 2. 暂停指令 STOP

格式：STOP。

功能：将 PLC 主机 CPU 的工作方式由 RUN 方式切换为 STOP 方式，CPU 在 1.4 s 内终止 PLC 的运行。

STOP 指令既可在主程序中使用，也可在子程序和中断程序中使用。如果在中断程序中执行 STOP 指令，则中断程序立即结束，并忽略所有挂起的中断，返回主程序执行到 MEND 后，将 PLC 切换为 STOP 方式。

在梯形图中，STOP 指令以线圈的形式编程。

## 三、警戒时钟刷新指令

格式：WDR。

功能：避免出现程序死循环。程序中有一个专门用来监视扫描周期的警戒时钟，称为看门狗定时器(WDT)。WDT 的设定值稍微大于程序的扫描周期，在正常的每个扫描周期中，PLC 都要对 WDT 进行 1 次复位(刷新)操作。如果出现某个扫描周期大于 WDT 设定值的情况，则 WDT 认为出现了程序异常，会发出信号给 CPU，即作异常处理。

在 S7-200 中，WDT 的设定值为 300 ms，所以扫描周期不能超过 300 ms，否则系统会出现异常。但有时候出于调用中断服务程序或子程序的需要，希望扫描时间超过 300 ms，这时就可以在程序中用 WDR 指令复位 WDT，使 WDT 重新计时。

在梯形图中，WDR 是以线圈的形式编程的。

以下是一个简单的 END、STOP 及 WDR 指令的应用，如图 3-1 所示。

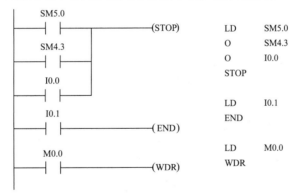

图 3-1　END、STOP 及 WDR 指令的应用

## 四、跳转指令

跳转指令有两条，即跳转开始指令和跳转标号指令，两条指令必须成对配合使用。

### 1. 跳转开始指令 JMP

格式：JMP　　n。

其中，n 为标号，取值范围为 0~255。

梯形图：用线圈编程，如图 3-2 所示。

图 3-2　跳转开始指令 JMP 的梯形图

功能：程序跳转到标号为 n 的跳转标号指令处。

## 2. 跳转标号指令 LBL

格式：LBL　n。

其中，n 为标号，取值范围为 0～255。

梯形图：用功能框编程，如图 3-3 所示。

$$\longrightarrow\boxed{\begin{array}{c}n\\ \text{LBL}\end{array}}$$

图 3-3　跳转标号指令 LBL 的梯形图

功能：设置编号为 n 的跳转标号。

例如，某生产线要求对产品进行加工处理，然后通过传感器对产品进行检测，再利用加减计数器对成品的数量进行统计。每当检测到 100 个成品时，就要跳过一些控制程序，直接进入小包装控制程序；每当检测到 900 个成品(即 9 个小包装)时，就直接进入大包装控制程序。

其相关控制程序如图 3-4 所示。

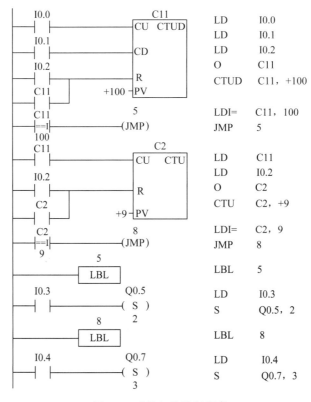

图 3-4　成品包装控制程序

## 五、子程序指令

在设计 PLC 程序时，一般将那些需要经常执行的程序段设计成子程序的形式，并为之赋以不同的编号，在程序执行的过程中，可以随时用编号来调用相应的子程序。

### 1. 子程序调用指令和子程序返回指令

1) 子程序调用指令 CALL

格式：CALL　n。

其中，n 为子程序的编程，取值范围为 0～255。

梯形图：用功能框编程，如图 3-5 所示。

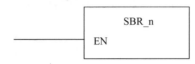

图 3-5　子程序调用指令的梯形图

功能：调用标号为 n 的子程序。

2) 子程序返回指令

在子程序运行过程中，如果满足条件返回指令 CRET 的返回条件，则结束子程序的执行，返回原调用处继续执行；如果遇到无条件返回指令 RET，则无条件结束子程序的执行，返回原调用处。在梯形图中，CRET 用线圈编程。

### 2. 子程序调用过程的特点

(1) 在子程序调用过程中，CPU 把程序控制权交给子程序，当子程序执行结束后，把程序控制权重新交给原调用程序。

(2) 由于累加器可在调用程序和被调用程序之间自由传递数据，所以累加器的值在子程序调用开始时不需要另外保存，在子程序调用结束时也不需要恢复。

(3) 允许子程序嵌套调用，嵌套深度最大为 8 重。

(4) 允许子程序递归调用(自己调用自己)，但使用时要慎重，避免出现死循环。

(5) 用 Micro/WIN32 编程时，REC 指令不用手工输入，由软件在每个子程序结束时自动加上去。

## 六、循环指令

如果需要对某段程序重复执行一定次数，则可采用循环指令。循环指令包括循环开始指令 FOR 和循环结束指令 NEXT。FOR 和 NEXT 指令必须成对出现，FOR 和 NEXT 之间是循环体。

### 1. 循环开始指令 FOR

格式：FOR　INDX，INIT，FINAL。

梯形图：用功能框编程，有三个输入端，INDX 表示当前循环计数单元，INIT 表示循环初值，FINAL 表示循环终值，如图 3-6 所示。

功能：标记循环开始。当允许输入 EN 有效时，执行循环体，INDX 从 1 开始计数，每执行 1 次循环体，INDX 自动加 1，并且与终值进行比较，如果 INDX 的值大于 FINAL 的值，则循环结束。

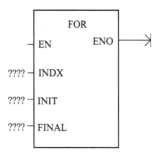

图 3-6　循环开始指令的梯形图

### 2. 循环结束指令 NEXT

格式：NEXT。

梯形图：用线圈的形式编程，如图 3-7 所示。

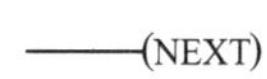

————(NEXT)

图 3-7　循环结束指令 NEXT 的梯形图

功能：标记循环结束。

在 S7-200 中，循环是允许嵌套的，嵌套深度最大为 8 重。

## 七、顺序控制继电器指令

在设计 PLC 程序时，经常采用顺序控制继电器(Sequence Control Relay，SCR)来完成顺序控制和步进控制，所以顺序控制继电器指令也称为步进控制指令。

在步进控制或顺序控制中，经常将控制过程分成若干个顺序控制继电器(SCR)段，每个 SCR 段通常也称为一个状态或一个控制功能步，每个控制功能步都是一个相对稳定的状态，在程序中是一个完整独立的单元，有状态开始、状态转移、状态结束等。在 S7-200 中，与状态对应的指令有 3 条。

### 1. SCR 指令

1) 状态开始指令 LSCR

格式：LSCR　Sx.x。

梯形图：用功能框编程，如图 3-8 所示。

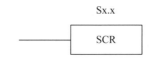

图 3-8　状态开始指令 LSCR 的梯形图

功能：表示状态 Sx.x 的开始。当 Sx.x 的值为 1 时，允许该状态开始工作。

2) 状态转移指令 SCRT

格式：SCRT　Sx.x。

梯形图：用线圈的形式编程，如图 3-9 所示。

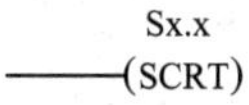

Sx.x
——(SCRT)

图 3-9　状态转移指令 SCRT 的梯形图

功能：当输入点的状态为 1 时，程序从当前状态转移到指定状态 Sx.x 中。一般情况下，转移目标是当前状态 + 1，比如当前状态是 S0.5，转移目标通常是 S0.6。当然这不是绝对的，要看程序流程的实际情况，比如循环转移到最后一个状态时，就会再转移到第 1 个状态去。在有些分支流程中，还会出现从一个状态转移到其他多个状态的情况。

3) 状态结束指令 SCRE

格式：SCRE。

梯形图：用线圈的形式编程，如图 3-10 所示。

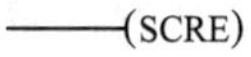

——(SCRE)

图 3-10　状态结束指令 SCRE 的梯形图

功能：表示当前状态的结束。

图 3-11 所示是一个简单的步进控制程序。

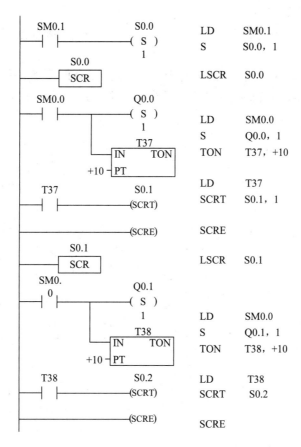

图 3-11　简单的步进控制程序示例

## 2. SCR 指令的特点

(1) SCR 指令的操作数只能是状态继电器 S 的状态 Sx.x，但状态继电器 S 可应用的指令并不限于 SCR 指令，还可以是 LD、LDN、A、AN 等指令。

(2) 一个状态继电器的状态 Sx.x 作为 SCR 指令的操作数，在程序中不能重复，也就是状态名不能重复。

(3) 在一个 SCR 状态中，禁止使用循环指令、跳转指令和条件结束指令。

### 3. 在状态流程图中使用步进指令编程

在大中型 PLC 中，可直接使用 S7-GRAPH 语言处理比较复杂的顺序控制或步进控制问题。在小型 PLC 的程序设计中，对于大量遇到的顺序控制或步进控制问题，若先采用状态流程图的设计方法，再使用步进指令将流程图转化为梯形图程序，则可完成比较复杂的顺序控制或步进控制任务。

状态流程图的设计方法是：首先将全部控制过程分解为若干个独立的控制功能步，确定每一步的启动条件、转换条件以及功能，然后每一步用一个方框表示，一个方框就代表一个状态，方框里面是这个状态的名称，即 Sx.x，方框下面用一根竖线连接将要转移到的状态，在竖线上用短横线表示转移的条件，短横线右边是这个状态的功能，即这个状态将要执行的控制程序。

1) 顺序结构的步进控制

顺序结构的步进控制是最简单的步进控制，其状态流程图及梯形图和指令表如图 3-12 所示。

注意在每一个状态的输出功能中都用到了 SM0.0，SM0.0 是恒通触点，相当于导线，如果不加，那么输出线圈就直接连到了左母线上，这是 PLC 程序语法不允许的。

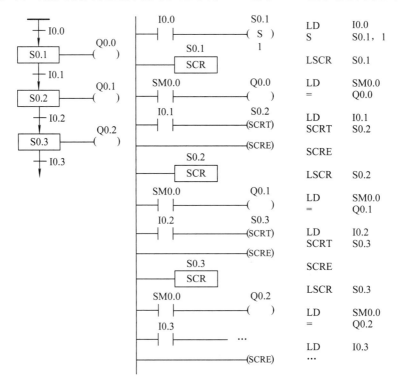

图 3-12　顺序结构的步进控制的状态流程图及梯形图和指令表

2) 选择分支结构的步进控制

图 3-13 是选择分支结构的步进控制的状态流程图及梯形图。选择的分支可以是一个流程可转入的多个可能的控制流中的某一个，但不允许多路分支同时执行。当某一支路的转移条件为真时，就转入对应的分支中。

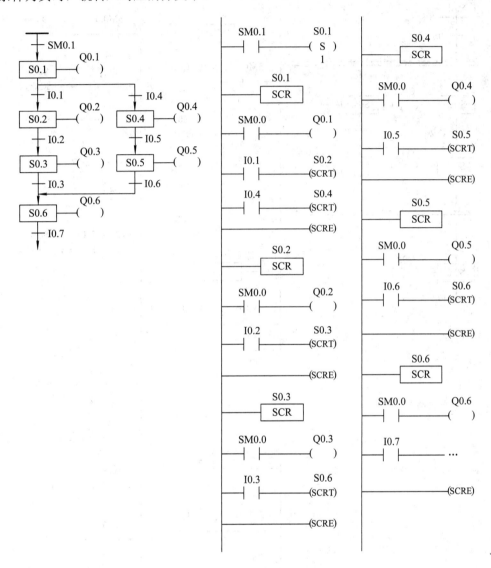

图 3-13　选择分支结构的步进控制的状态流程图及梯形图

3) 并行分支结构的步进控制

图 3-14 是并行分支结构的步进控制状态流程图及梯形图。在状态图中用水平双线表示并行分支的开始和结束。需要说明的是，在状态 S0.3 和 S0.5 中，由于没有使用 SCRT 指令，所以 S0.3 和 S0.5 的复位不能自动进行，在程序最后要用复位指令 R 对这两个状态进行复位。而且并行分支连接前的最后一个状态往往是"等待"过渡状态，要等所有并行分支都为"1"后才一起转移到新的状态中。

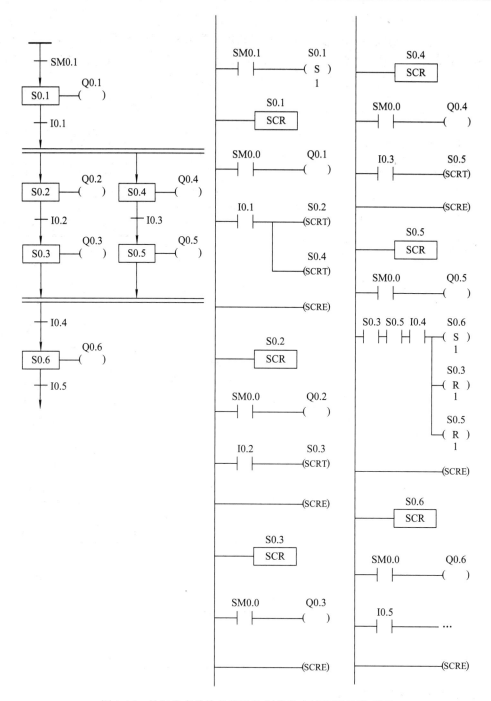

图 3-14　并行分支结构的步进控制的状态流程图及梯形图

4) 循环结构的步进控制

循环结构是选择分支结构的一个特例,用于一个顺序控制过程的多次重复运行。这种结构的步进程序在工程应用中非常普遍,很多控制系统都需要控制流程回到初始控制状态。图 3-15 是循环结构的步进控制的状态流程图及梯形图。

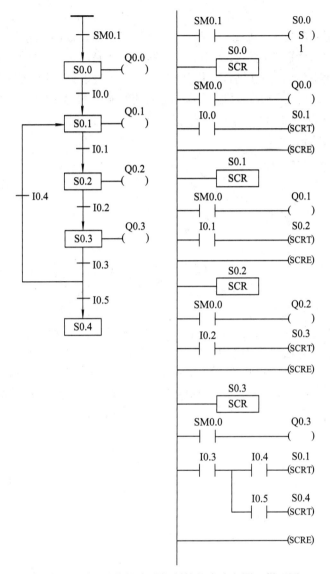

图 3-15　循环结构的步进控制的状态流程图及梯形图

### 4. 状态图步进指令编程应用举例

在实际编程中，经常会设置一个初始状态 S0.0，也称为等待状态。这个状态通常情况下是没有输出的，当然有个别应用会有输出，比如机械手控制，由于在初始状态下原位灯要亮，所以在 S0.0 时也有输出，即输出原位灯 Q0.0。如何使 PLC 程序一下载完成就进入等待状态呢？我们用系统的 SM0.1(即初始化脉冲)把初始状态 S0.0 置 1 即可，所以一般的状态图程序都有一个引入程序，如图 3-16 所示。

图 3-16　状态图引入程序

我们知道，PLC 程序由于采用扫描方式执行，所以输出线圈是不允许重名的。比如，如果 =Q0.1 出现了两次以上，那么只有最后一个 =Q0.1 是有效的，这是因为前面的重名输出会由于扫描时的重新覆盖而失去作用。解决的办法就是对出现了重名的输出，在状态图中不写，等所有状态全部写完以后，再在外面并联，即输出只有状态图外面的那个是有效的，它是由一些状态的常开触点并联再输出重名的线圈。图 3-17 所示表示在 S0.1、S0.5 和 S0.6 三个状态都要输出 Q0.1，在状态中可以不写，如果要写，就写在状态图的外面，但必须加一个并联的程序。

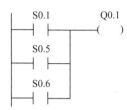

图 3-17　输出重名的处理方法示意图

一般的控制系统都有两种停止的方法：一种是急停，就是按钮一按下去或开关一关掉，程序就立即停止，所有设备全部停止；另一种是停止循环，即程序是循环运行的，不允许急停，比如液体混合类控制系统，按停止按钮后，只是当前周期工作完后不再继续循环。停止循环的控制方法一般是不用按钮，直接切断程序从初始状态向下的转移，所以这时可用一个中间继电器 M 位来控制，按启动按钮时，M 位置 1，按停止按钮时，M 位清 0，这样可以控制循环。若是急停，则必须在程序最后加一个急停程序，如图 3-18 所示，即按停止按钮后，一方面把程序再一次指向初始状态 S0.0，等待用户按下按钮，另一方面把其他的所有状态都清 0。

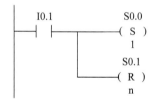

图 3-18　急停程序示意图

**例 3-1**　在基本指令实验区(见图 3-19)完成本例题，按下按钮 SB1，程序启动，4 个红灯按 L0→L1→L2→L3→L2→L1→L0→全灭的方式运行，间隔 1 s，再循环。按下按钮 SB2，程序立即停止。

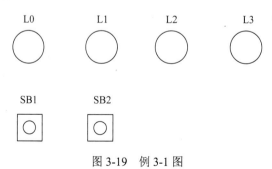

图 3-19　例 3-1 图

**解** 根据题意，本程序运行过程中共有 8 个状态，分别用 S0.0、S0.1、S0.2、S0.3、S0.4、S0.5、S0.6、S0.7 表示。前 7 个状态中每一个状态都对应一个灯亮，如 S0.0 有效时，第一个灯亮，S0.5 有效时，第三个灯亮，只有 S0.7 有效时，所有灯全灭。先画出状态流程图，再完成接线，然后下载、调试程序。

端口分配如下：

输入：I0.0(SB1，启动按钮)、I0.1(SB2，停止按钮)。

输出：Q0.0(L0 灯)、Q0.1(L1 灯)、Q0.2(L2 灯)、Q0.3(L3 灯)。

程序状态流程图如图 3-20 所示。

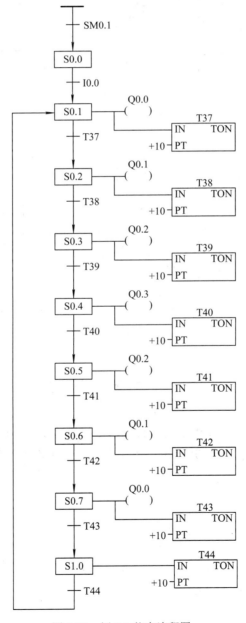

图 3-20 例 3-1 状态流程图

程序梯形图如图 3-21 所示。

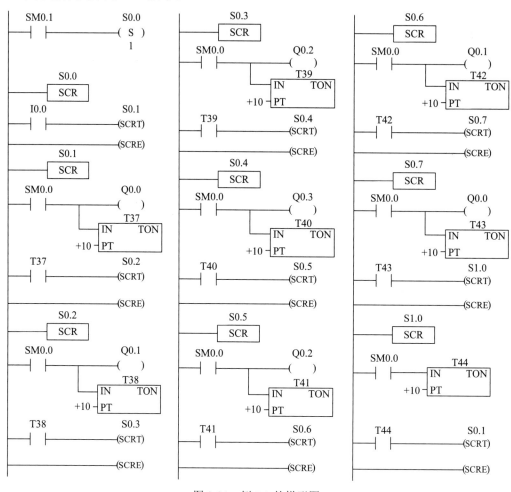

图 3-21　例 3-1 的梯形图

# 3.2　特 殊 指 令

PLC 生产厂家通常在制造 PLC 的过程中会增加一些特殊硬件,以实现某些特殊功能。通过特殊指令对这些具有特殊功能的硬件进行编程,就可能使某些复杂控制任务的程序设计变得相对简单。

## 一、实时时钟指令

在 S7-200 中,可以通过实时时钟指令设置一个 8 字节的时钟缓冲区,用以存放当前日期和时间数据,在 PLC 控制系统运行期间,可通过读实时时钟指令进行运行监控或运行记录。

### 1. 设定实时时钟指令 TODW

格式:TODW　T。

梯形图：以功能框的形式编程，如图 3-22 所示。

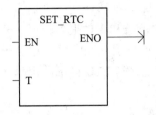

图 3-22　设定实时时钟指令的梯形图

功能：将正确的日期和时间数据写入以 T 为首地址的连续 8 字节的时钟缓冲区中。指令名为 SET_RTC(Set Real-Time Clock)，输入端 T 为时钟缓冲区的首地址。时钟缓冲区的格式如表 3-1 所示。

表 3-1　时钟缓冲区的格式

| 字节 | T | T+1 | T+2 | T+3 | T+4 | T+5 | T+6 | T+7 |
|---|---|---|---|---|---|---|---|---|
| 含义 | 年 | 月 | 日 | 时 | 分 | 秒 | 0 | 星期 |
| 范围 | 00～99 | 00～12 | 00～31 | 00～23 | 00～59 | 00～59 | 0 | 01～07 |

"星期"值 01～07 分别代表星期天、星期一、星期二、星期三、星期四、星期五、星期六。

### 2. 读实时时钟指令 TODR

格式：TODR　T。

梯形图：以功能框的形式编程，如图 3-23 所示。

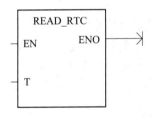

图 3-23　读取实时时钟指令的梯形图

功能：当允许输入端 EN 有效时，读取当前的日期和时间，并将其装入一个首地址为 T 的 8 字节缓冲区中。指令名为 READ_RTC(Read Real-Time Clock)。

## 二、中断指令

在计算机技术中，对于一些不定期产生的急需处理的事件，常常通过中断处理技术来解决。CPU 响应中断处理请求后，会暂时中断正在执行的程序，进行现场保护，在将累加器、逻辑堆栈、寄存器及特殊继电器的状态和数据保存起来后，就会转到相应的中断服务程序去处理事件。处理结束后，马上恢复现场，将保存起来的现场数据和状态重新装入，返回到原程序继续执行。PLC 也具备中断处理能力。在 S7-200 中，中断服务程序的调用和处理由中断指令完成。

### 1. 中断事件的描述

在 PLC 中，能够引起中断的信息和事件很多，通常分为两类：一类为系统内部中断，通常由 PLC 自动完成；另一类为用户引起的中断，也分为两种，一种是来自控制过程的中断，常常称为过程中断，另一种是来自 PLC 内部的定时功能，称为时基中断。

#### 1) 过程中断

过程中断是指来自控制的中断信息要求 PLC 立即处理，否则可能造成事故。这种中断需要用户设计中断服务程序，并设定中断服务程序的入口地址来处理中断事件。

在 S7-200 中，过程中断可分为通信中断和输入/输出中断，具体包括以下 4 种情况：

(1) 通信中断。S7-200 的串行通信口可以通过梯形图或指令表来设置(通常为波特率、奇偶校验和通信协议等参数)，对通信口的这种操作方式常称为自由口通信。利用接收和发送中断可简化程序对通信口的控制。

(2) 外部输入中断。来自过程中断的信息可以通过 I0.0、I0.1、I0.2、I0.3 的前沿或后沿输入到 PLC 中，以加快系统的响应速度。

(3) 高速计数器中断。在应用高速计数器的场合下，当高速计数器的当前值等于设定值，或者计数方向发生变化，或者高速计数器外部复位时，都可能使高速计数器向 CPU 提出中断请求。

(4) 高速脉冲输出中断。当 PLC 完成输出给定数量的高速脉冲串时，可引起中断。

#### 2) 时基中断

在 S7-200 中，时基中断可分为定时中断和定时器中断。

(1) 定时中断：这种中断响应周期性的事件，周期时间以 ms 为计量单位，最小为 5 ms，最大为 255 ms。

(2) 定时器中断：利用指定的定时器设定的时间产生的中断。在 S7-200 中，指定的时基为 1 ms 的定时器有通电延时定时器 T32 和断电延时定时器 T96。

在 S7-200 的 CPU22X 中，可以响应最多 34 个中断事件，每个中断事件分配有不同的编号。

### 2. 中断程序的调用原则

#### 1) 中断优先级

在 S7-200 中，对所有中断事件按中断性质和轻重缓急分配了不同的优先级，当多个中断事件同时发生时，按照优先级从高到低进行排队。优先级的顺序按照中断性质依次是通信中断、高速脉冲输出中断、外部输入中断、高速计数器中断、定时中断、定时器中断。

#### 2) 中断队列

在 PLC 中，CPU 一般在指定的优先级内按照先来先服务的原则响应中断请求，在任何时刻，CPU 只执行一个中断程序。当 CPU 按照中断优先级响应并执行一个中断程序时，就不会响应其他中断请求，即使有更高级别的中断请求出现，也不会响应，直到当前的中断服务程序执行完后。在 CPU 执行中断程序期间，对新出现的中断事件仍然按照优先级的顺序进行排队，形成中断队列。

　　在 S7-200 中，无中断嵌套功能，但在中断程序中可以调用一个嵌套子程序，因为累加器和逻辑堆栈在中断程序和被调用的子程序中是公用的。

　　多个中断事件可以调用同一个中断服务程序，但是同一个中断事件不能同时调用多个中断服务程序，否则当中断事件发生时，CPU 只调用为该事件指定的最后一个中断服务程序。

**3. 中断调用指令**

1) 开中断指令 ENI 和关中断指令 DISI

　　开中断指令(Enable Interrupt，ENI)的功能是全部开放所有被连接的中断事件，允许 CPU 接收所有中断事件的中断请求。ENI 指令在梯形图中以线圈的形式编程，无操作数。

　　关中断指令(Disable Interrupt，DISI)的功能是全部关闭所有被连接的中断事件，禁止 CPU 接收各个中断事件的中断请求。DISI 指令在梯形图中以线圈的形式编程，无操作数。

2) 中断连接指令 ATCH

　　格式：ATCH　INT，EVNT。

　　梯形图：以功能框的形式编程，如图 3-24 所示。

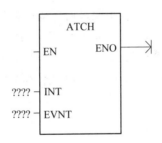

图 3-24　中断连接指令的梯形图

　　功能：当允许输入有效时，连接与中断事件 EVNT 相关联的 INT 中断程序。指令名为 ATCH，有两个输入端(INT 为中断服务程序的标号，用字节型常数输入；EVNT 为中断事件号，用字节型常数输入)。

3) 中断分离指令 DTCH

　　格式：DTCH　EVENT。

　　梯形图：以功能框的形式编程，如图 3-25 所示。

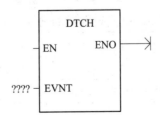

图 3-25　中断分离指令的梯形图

　　功能：当允许输入 EN 有效时，切断 EVNT 所指定的中断事件与所有中断程序的联系。指令名为 DTCH，只有一个数据输入端 EVNT，用来指明要被分离的中断事件。

4) 中断返回指令 RETI 和 CRETI

中断返回指令的功能是当中断结束后，通过该指令退出中断服务程序，返回到主程序中。RETI(Return Interrupt)是有条件返回指令，CRETI(Conditional Return Interrupt)是无条件返回指令。

#### 4．中断服务程序的编制要求

(1) 用标号来区分不同的中断程序。

(2) 在中断服务程序内部，不允许使用开中断指令 ENI、关中断指令 DISI、定义高速计数器指令 HDEF、步进段开始指令 LSCR 和条件结束指令 END。

(3) 中断服务程序的最后一条指令一定是无条件返回指令 RETI，也可以在中断服务程序内部使用 CRETI 结束中断程序。

(4) 中断服务程序越短越好。

## 三、通信指令

通信指令的功能是在 PLC 与 PLC 之间或 PLC 与上位机之间交换信息。S7-200 的通信指令包括：

(1) XMT：自由口发送指令，功能是通过通信端口将数据发送到远程设备。

(2) RCV：自由口接收指令，功能是通过通信端口接收远程设备的数据。

(3) NETR：网络读指令，功能是通过指定端口从远程设备接收数据，并形成数据表 TBL。

(4) NETW：网络写指令，功能是通过指定端口将数据表 TBL 中的数据发送到远程设备。

(5) SPA：设定口地址指令。

(6) GPA：获取口地址指令。

## 四、高速计数器指令

前面介绍的普通计数器是按照顺序扫描的工作方式工作的，在每个扫描周期中，对计数脉冲只能进行一次累加，当输入脉冲的频率比 PLC 的扫描频率还高时，如果仍然采用普通计数器进行计数，就会丢失很多脉冲信号，失去计数的准确性。在 S7-200 中，统计脉冲频率比扫描频率还高的输入脉冲是由高速计数器(High Speed Counter)来完成的。

在 S7-200 的 CPU22X 中，高速计数器的数量及编号如表 3-2 所示。

表 3-2 高速计数器的数量及编号

| CPU 类型 | CPU221 | CPU222 | CPU224 | CPU226 |
|---|---|---|---|---|
| 高速计数器数量 | 4 | | 6 | |
| 高速计数器编号 | HC0，HC3～HC5 | | HC0～HC5 | |

#### 1．输入端的连接

每个高速计数器对它所支持的时钟、方向控制、复位和启动都有专用的输入端，通过中断完成预定的操作。每个高速计数器专用的输入端如表 3-3 所示。

表 3-3　高速计数器的输入端

| 高速计数器编号 | 输　入　端 |
|---|---|
| HC0 | I0.0，I0.1，I0.2 |
| HC1 | I0.6，I0.7，I1.0，I1.1 |
| HC2 | I1.2，I1.3，I1.4，I1.5 |
| HC3 | I0.1 |
| HC4 | I0.3，I0.4，I0.5 |
| HC5 | I0.4 |

## 2. 高速计数器的状态字

为了监视高速计数器的工作状态，执行由高速计数器引起的中断事件，每个高速计数器都在特殊继电器区(SMB)对应一个状态字节，其格式如表 3-4 所示。

只有执行高速计数器的中断服务程序时，状态字节中的状态位才有效。

表 3-4　高速计数器的状态字节

| HC0 | HC1 | HC2 | HC3 | HC4 | HC5 | 描　述 |
|---|---|---|---|---|---|---|
| SM36.5 | SM46.5 | SM56.5 | SM136.5 | SM146.5 | SM156.5 | 计数方向状态位，0 表示减计数，1 表示加计数 |
| SM36.6 | SM46.6 | SM56.6 | SM136.6 | SM146.6 | SM156.6 | 当前值等于设定值状态位，0 表示不等于，1 表示等于 |
| SM36.7 | SM46.7 | SM56.7 | SM136.7 | SM146.7 | SM156.7 | 当前值大于设定值状态位，0 表示大于等于，1 表示大于 |

## 3. 高速计数器的工作模式

每个高速计数器都有多种工作模式，在程序设计中，可通过定义高速计数器指令 HDEF 来选择工作模式。

1) 各个高速计数器的工作模式

HC0 是一个通用的加/减计数器，可通过编程来选择 8 种不同的工作模式。HC0 的工作模式如表 3-5 所示。

表 3-5　HC0 的工作模式

| 模式 | 描　述 | | 控制位 | I0.0 | I0.1 | I0.2 |
|---|---|---|---|---|---|---|
| 0 | 具有内部方向控制功能的单相加/减计数器 | | SM37.3 = 0，减 | 脉冲 | | |
| 1 | | | SM37.3 = 1，加 | | | 复位 |
| 3 | 具有外部方向控制功能的单相加/减计数器 | | I0.1 = 0，减 | 脉冲 | 方向 | |
| 4 | | | I0.1 = 1，加 | | | 复位 |
| 6 | 具有加/减计数脉冲输入端的双相计数器 | | 外部输入控制 | 脉冲加 | 脉冲减 | |
| 7 | | | | | | 复位 |
| 9 | A/B 相正交计数器 | A 超前 B，顺时针 | 外部输入控制 | A 相脉冲 | B 相脉冲 | |
| 10 | | B 超前 A，逆时针 | | | | 复位 |

HC1 共有 12 种工作模式，如表 3-6 所示。

表 3-6　HC1 的工作模式

| 模式 | 描　述 | 控制位 | I0.6 | I0.7 | I1.0 | I1.1 |
|---|---|---|---|---|---|---|
| 0 | 具有内部方向控制功能的单相加/减计数器 | SM47.3 = 0，减；SM47.3 = 1，加 | 脉冲 | | | |
| 1 | | | | | 复位 | |
| 2 | | | | | | 启动 |
| 3 | 具有外部方向控制功能的单相加/减计数器 | I0.7 = 0，减；I0.7 = 1，加 | 脉冲 | 方向 | | |
| 4 | | | | | 复位 | |
| 5 | | | | | | 启动 |
| 6 | 具有加/减计数脉冲输入端的双相计数器 | 外部输入控制 | 脉冲加 | 脉冲减 | | |
| 7 | | | | | 复位 | |
| 8 | | | | | | 启动 |
| 9 | A/B 相正交计数器：A 相超前 B 相 90°，顺时针；B 相超前 A 相 90°，逆时针 | 外部输入控制 | A 相脉冲 | B 相脉冲 | | |
| 10 | | | | | 复位 | |
| 11 | | | | | | 启动 |

HC2 共有 12 种工作模式，如表 3-7 所示。

表 3-7　HC2 的工作模式

| 模式 | 描　述 | 控制位 | I1.2 | I1.3 | I1.4 | I1.5 |
|---|---|---|---|---|---|---|
| 0 | 具有内部方向控制功能的单相加/减计数器 | SM57.3 = 0，减；SM57.3 = 1，加 | 脉冲 | | | |
| 1 | | | | | 复位 | |
| 2 | | | | | | 启动 |
| 3 | 具有外部方向控制功能的单相加/减计数器 | I1.3 = 0，减；I1.3 = 1，加 | 脉冲 | 方向 | | |
| 4 | | | | | 复位 | |
| 5 | | | | | | 启动 |
| 6 | 具有加/减计数脉冲输入端的双相计数器 | 外部输入控制 | 脉冲加 | 脉冲减 | | |
| 7 | | | | | 复位 | |
| 8 | | | | | | 启动 |
| 9 | A/B 相正交计数器：A 相超前 B 相 90°，顺时针；B 相超前 A 相 90°，逆时针 | 外部输入控制 | A 相脉冲 | B 相脉冲 | | |
| 10 | | | | | 复位 | |
| 11 | | | | | | 启动 |

HC3 只有 1 种工作模式，如表 3-8 所示。

表 3-8　HC3 的工作模式

| 模式 | 描　述 | 控　制　位 | I0.1 |
|---|---|---|---|
| 0 | 具有外部方向控制功能的单相加/减计数器 | SM137.3 = 0，减；SM137.3 = 1，加 | 脉冲 |

HC4 共有 8 种工作模式，如表 3-9 所示。

表 3-9　HC4 的工作模式

| 模式 | 描　述 | | 控制位 | I0.3 | I0.4 | I0.5 |
|---|---|---|---|---|---|---|
| 0 | 具有内部方向控制功能的单相加/减计数器 | | SM147.3 = 0，减 | 脉冲 | | |
| 1 | | | SM147.3 = 1，加 | | | 复位 |
| 3 | 具有外部方向控制功能的单相加/减计数器 | | I0.4 = 0，减 | 脉冲 | 方向 | |
| 4 | | | I0.4 = 1，加 | | | 复位 |
| 6 | 具有加/减计数脉冲输入端的双相计数器 | | 外部输入控制 | 脉冲加 | 脉冲减 | |
| 7 | | | | | | 复位 |
| 9 | A/B 相正交计数器 | A 超前 B，顺时针 | 外部输入控制 | A 相脉冲 | B 相脉冲 | |
| 10 | | B 超前 A，逆时针 | | | | 复位 |

HC5 也只有 1 种工作模式，如表 3-10 所示。

表 3-10　HC5 的工作模式

| 模式 | 描　述 | 控　制　位 | I0.4 |
|---|---|---|---|
| 0 | 具有外部方向控制功能的单相加/减计数器 | SM157.3 = 0，减；SM157.3 = 1，加 | 脉冲 |

**2) 高速计数器的工作模式说明**

从上面各个高速计数器的工作模式的描述中可以看到，6 个高速计数器的功能不完全相同，最多有 12 种工作模式，可分为 4 种类型。下面以 HC1 的工作模式为例，说明高速计数器的工作模式。

(1) 具有内部方向控制功能的单相加/减计数器。

在模式 0、模式 1 和模式 2 中，HC1 作为具有内部方向控制功能的单相加/减计数器使用，根据 PLC 的内部特殊继电器 SM47.3 的状态来确定计数的方向，外部输入端 I0.6 作为计数脉冲的输入端。在模式 1 和模式 2 中，I1.0 作为复位输入端；在模式 2 中，I1.1 作为启动输入端。

(2) 具有外部方向控制功能的单相加/减计数器。

在模式 3、模式 4 和模式 5 中，HC1 作为具有外部方向控制功能的单相加/减计数器使用，根据 PLC 的外部输入端 I0.7 的状态来确定计数的方向，外部输入端 I0.6 作为计数脉冲的输入端。在模式 4 和模式 5 中，I1.0 作为复位输入端；在模式 5 中，I1.1 作为启动输入端。

(3) 具有加/减计数脉冲输入端的双相计数器。

在模式 6、模式 7 和模式 8 中，HC1 可作为具有加/减计数脉冲输入端的双相计数器使用，根据 PLC 外部输入端 I0.6 和 I0.7 的状态来确定计数方向，外部输入端 I0.6 作为加计数脉冲的输入端，I0.7 作为减计数脉冲的输入端。在模式 7 和模式 8 中，I1.0 作为复位输入端；在模式 8 中，I1.1 作为启动输入端。

(4) A/B 相正交计数器。

在模式 9、模式 10 和模式 11 中，HC1 可作为 A/B 相正交计数器(所谓正交，是指 A、B 两相输入脉冲相交 90°)使用。外部输入 I0.6 为 A 相输入脉冲，I0.7 为 B 相输入脉冲。在模式 10 和模式 11 中，I1.0 作为复位输入信号；在模式 11 中，I1.1 作为启动输入信号。

当 A 相脉冲超前 B 相脉冲 90° 时，计数方向为递增(顺时针)计数；当 B 相脉冲超前 A 相脉冲 90° 时，计数方向为递减(逆时针)计数。

### 4. 高速计数器指令

高速计数器的指令有 2 条：定义高速计数器指令 HDEF 和执行高速计数器指令 HSC。

1) 定义高速计数器指令 HDEF

格式：HDEF　HSC，MODE。

梯形图：以功能框的形式编程，如图 3-26 所示。

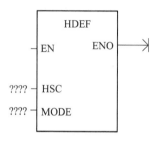

图 3-26　定义高速计数器指令的梯形图

功能：当允许输入 EN 有效时，为指定的高速计数器指定工作模式 MODE。指令名为 HDEF，有 2 个数据输入端(HSC 为要使用的高速计数器编号，取值范围为 0～5，分别对应 HC0～HC5；MODE 为高速计数器的工作模式，取值范围为 0～11，分别对应 12 种工作模式)。

2) 执行高速计数器指令 HSC

格式：HSC　N。

梯形图：以功能框的形式编程，如图 3-27 所示。

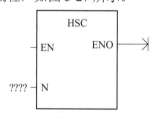

图 3-27　执行高速计数器指令的梯形图

功能：当允许输入 EN 有效时，启动 N 号高速计数器工作。指令名为 HSC，有一个数据输入端 N，为高速计数器的编号，取值范围为 0～5，分别对应 HC0～HC5。

### 5. 高速计数器的控制字节

每个高速计数器都对应一个特殊继电器的控制字节 SMB，通过对控制字节指定位的编程来确定高速计数器的工作方式。S7-200 高速计数器 HC0～HC5 的控制字节如表 3-11 所示。

表 3-11　高速计数器的控制字节

| HC0 | HC1 | HC2 | HC3 | HC4 | HC5 | 描　述 |
|---|---|---|---|---|---|---|
| SM37.0 | SM47.0 | SM57.0 | — | SM147.0 | — | 复位输入控制位,0 表示高电平有效,1 表示低电平有效 |
| — | SM47.1 | SM57.1 | — | — | — | 启动输入控制位,0 表示高电平有效,1 表示低电平有效 |
| SM37.2 | SM47.2 | SM57.2 | — | SM147.2 | — | 倍率选择控制位,0 表示 4 倍率,1 表示 1 倍率 |
| SM37.3 | SM47.3 | SM57.3 | SM137.3 | SM147.3 | SM157.3 | 计数方向控制位,0 表示减计数,1 表示加计数 |
| SM37.4 | SM47.4 | SM57.4 | SM137.4 | SM147.4 | SM157.4 | 改变计数方向控制位,0 表示不改变,1 表示允许改变 |
| SM37.5 | SM47.5 | SM57.5 | SM137.5 | SM147.5 | SM157.5 | 改变设定值控制位,0 表示不改变,1 表示允许改变 |
| SM37.6 | SM47.6 | SM57.6 | SM137.6 | SM147.6 | SM157.6 | 改变当前值控制位,0 表示不改变,1 表示改变 |
| SM37.7 | SM47.7 | SM57.7 | SM137.7 | SM147.7 | SM157.7 | 高速计数控制位,0 表示禁止计数,1 表示允许计数 |

1) 启动、复位和计数倍率的选择

在高速计数器的 12 种工作模式中,模式 0、模式 3、模式 6 和模式 9 是既无启动输入,又无复位输入的计数器。

模式 1、模式 4、模式 7 和模式 10 是只有复位输入,没有启动输入的计数器。

模式 2、模式 5、模式 8 和模式 11 是既有启动输入,又有复位输入的计数器。

当启动输入有效时,允许计数器计数;当启动输入无效时,计数器的当前值保持不变;当复位输入有效时,计数器的当前值寄存器清零;当启动输入无效,而复位输入有效时,忽略复位的影响,计数器的当前值保持不变;当复位输入保持有效,启动输入变为有效时,计数器的当前值寄存器清零。

在 S7-200 中,系统默认的复位输入和启动输入均为高电平有效,正交计数器为 4 倍频。如果想改变系统的默认设置,可通过改变特殊继电器中的相应位来实现。

2) 计数方向、改变计数方向、改变设定值、改变当前值和执行高速计数器的选择

各个高速计数器的计数方向的控制、设定值和当前值的控制以及执行高速计数器的选择,是由表 3-11 中各个相关控制字节的第 3～7 位决定的。

6. 高速计数器应用举例

某产品包装生产线应用高速计数器对产品进行累计和包装,每检测到 1000 个产品时,自动启动包装机进行包装,计数方向可由外部信号控制,采用的 PLC 为 S7-200 的 CPU222。

设计步骤如下:

(1) 选择高速计数器 HC0,确定工作模式 3。

(2) 用 SM0.1 调用高速计数器初始化子程序,子程序编号为 SBR_1。

(3) 向 SMB37 写入控制字，SMB37 = 16#F8。

(4) 执行 HDEF 指令，输入参数 HSC 为 0，MODE 为 3。

(5) 向 SMD38 写入当前值，SMD38 = 0。

(6) 向 SMD42 写入设定值，SMD42 = 1000。

(7) 执行建立中断连接指令 ATCH，输入参数 INT 为 INT_0，EVNT 为 12。

(8) 编写中断服务程序 INT0，本例为调用包装机控制子程序，子程序序号为 SBR_2。

(9) 执行全局开中断指令 ENI。

(10) 执行 HSC 指令，对高速计数器编程并投入运行。

程序梯形图如图 3-28 所示。

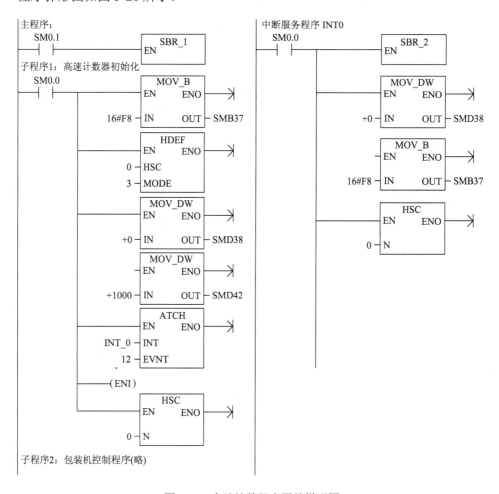

图 3-28　高速计数器应用的梯形图

# 小　　结

本章着重介绍了 S7-200 中的应用指令。应用指令也叫功能指令，在 PLC 的实际应用中非常重要。应用指令的功能直接反映了 PLC 的性能好坏。应用指令在工程中得到了广泛应用，拓宽了 PLC 的应用领域。

(1) 为了保证 PLC 系统安全可靠地工作，可以使用程序控制指令，用编程的方法，改变 PLC 的运行状态。

(2) 为了优化 PLC 的程序结构，增加程序的可读性，提高编程的效率，可以在程序中灵活运用循环指令、跳转指令、子程序指令和中断指令等。

(3) 顺序控制(步进)指令与状态流程图配合，是完成顺序控制任务时常用的编程方法。由于这种方法思路清晰，流程图的绘制简单明了，从流程图转换到梯形图的方法固定，因而使编程变得更加简单和容易。

(4) 为了实时监控 PLC 的运行状态，记录运行数据，可以通过实时时钟指令对系统的时钟进行设定和读取。

(5) 在 PLC 的控制过程中，经常采用中断技术。中断技术使系统可以响应某些特殊的内部和外部事件。中断指令的使用增强了 PLC 对可检测的和可预知的突发事件的处理能力。

(6) 使用高速计数器可以使 PLC 不受扫描周期的限制，对位置、行程、角度、速度等物理量实现高精度的检测。

S7-200 系列 PLC 的应用指令简单，编写程序容易，但这些应用指令都调用了大量的特殊继电器，不但要进行初始化处理，还经常涉及中断处理，所以也是有一定难度的。

# 习　题　三

1. 冷加工生产线上有一个钻孔动力头，该动力头的加工过程时序如图 3-29 所示。控制要求如下：

(1) 动力头在原位(压下限位开关 SL0)时，按启动按钮，接通电磁阀 YV1，动力头快进。

(2) 动力头碰到限位开关 SL1 后，接通电磁阀 YV1 和 YV2，动力头由快进转为工进。

(3) 动力头碰到限位开关 SL2 后，延时 10 s。

(4) 延时时间到，接通电磁阀 YV3，动力头快退。

(5) 动力头回到原位(碰到限位开关 SL0)后，停车。

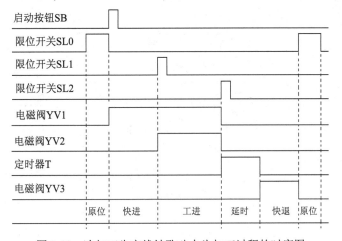

图 3-29　冷加工生产线钻孔动力头加工过程的时序图

请完成控制程序的设计。

2. 三段传送带的启动和停止控制图如图 3-30 所示。

控制要求：

(1) 按下启动按钮 SB1，电动机 M1 运行，当行程开关 SQ1 检测到工件到来时，自动启动电动机 M2。

(2) 当行程开关 SQ2 检测到工件离开时，自动停止电动机 M1。

(3) 当行程开关 SQ3 检测到工件到来时，自动启动电动机 M3。

(4) 当行程开关 SQ4 检测到工件离开时，自动停止电动机 M2。

(5) 当行程开关 SQ5 检测到工件到来时，自动停止电动机 M3。

(6) 可随时停车。

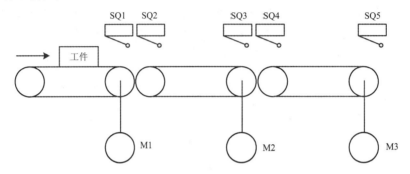

图 3-30　三段传送带的启动与停止控制图

请完成端口分配和控制程序的设计。

# 第 4 章 可编程控制器实验装置及典型实验

## 4.1 THSMS-B 型可编程控制器实验装置

### 一、概述

THSMS-B 型可编程控制器实验装置(见图 4-1)是浙江天煌公司专为高等院校"可编程控制器"课程设计的配套设备。该设备集可编程逻辑控制器、STEP7 编程软件、PC/PPI 编程电缆、实验板于一体,可进行 PLC 基本指令编程练习及 15 个 PLC 实际应用模拟实验,也可用 MCGS 软件进行模拟演示,是一种高层次的设计开发实验装置。

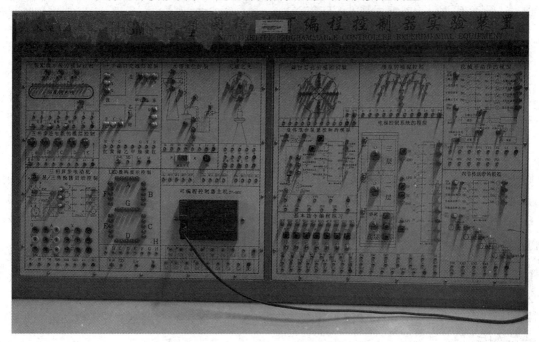

图 4-1 THSMS-B 型可编程控制器实验装置

### 二、实验装置简介

该实验装置由两块实验板组成。其中一块采用 2 mm 厚的单面敷铜板,另一块采用 2 mm 厚的双面敷铜板,正面印有元器件图形符号字符及连线,反面是相应连接线和焊接好的相应器件。实验连接点、测试点采用高可靠性的自锁紧防转座，接触性能良好，实验可靠。

## 三、操作、使用注意事项

### 1. 实验装置的启动与交流电源的控制

(1) 将实验装置后侧的三芯电源插头插入电源插座。

(2) 开启可编程控制器主机面板中的电源开关，电源指示灯亮。

(3) 实验装置内装有过电压保护装置，用于对主机进行过电压保护，即当电源电压超过了主机所能承受的范围时，会自动报警并切断电源，使主机不会因为承受过电压而导致损坏。

### 2. 实验连线及使用说明

(1) 为了防止主机的输入/输出接线柱和螺钉因实验时频繁装拆而导致损坏，本实验装置在设计时已将这些连接点用固定连接线连到实验面板的固定插孔处。一般实验连线都可直接采用实验装置所附带的锁紧叠插线进行连线。注意：拔下连线时请抓住连线的紧固头，否则容易损坏连线。

(2) 实验板上所配备的 PLC 主机为德国西门子公司的 S7-200 系列 CPU224 型可编程控制器，配套有西门子的编程软件 STEP7。

(3) 编程时，先用编程电缆 PC/PPI 将主机和计算机连接起来，再将主机上的"RUN""STOP"选择开关置于"STOP"状态，即可开始在计算机上编辑程序。

(4) 实验时，先断开可编程控制器主机面板上的电源开关，再按照实验要求连接好外部连线。检查连线并确认无误后，开始将程序从计算机上下载到主机中，下载完成后，将主机上的"RUN""STOP"开关置于"RUN"，即可开始运行程序。

# 4.2　THPFSM-2 型可编程控制器实验装置

## 一、概述

THPFSM-2 型 PLC 实验装置(见图 4-2)是 THSMS-B 型 PLC 实验装置的改进版，集可编程逻辑控制器、STEP7 编程软件、仿真实训教学软件、实训模块于一体。在本实验装置上，可直观地进行 PLC 基本指令编程练习及多个 PLC 实际应用模拟实验。装置配备的主机采用德国西门子 S7-200 型 PLC，配套 PC/PPI 编程电缆、三相鼠笼型异步电动机，并提供实验所需的各种电源。

本实验装置采用挂件式设计，提供的 PLC 实训内容全面、丰富，可锻炼学生的实际动手能力，整个教学过程简单明了、易懂、生动，实训特点突出，方便了教师的教学。该装置适合高职院校、技工学校、职业培训学校、职教中心、鉴定站的机电技术应用、电气自动化技术应用、可编程控制器技术应用、电气及 PLC 控制技术应用的实训教学。

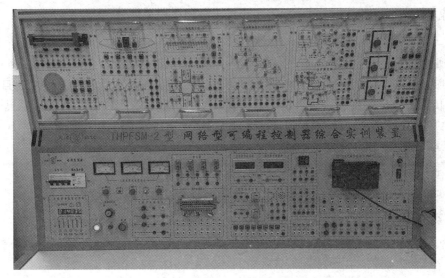

图 4-2　THPFSM-2 型可编程控制器实验装置

## 二、实验装置组成

### 1. 控制屏

控制屏采用铁质双层亚光密纹喷塑结构，铝质面板。其组成如下：

1) 交流电源控制单元

三相五线 380 V 交流电源经空气开关后给实验装置供电，电网电压表监控电网电压，设有带灯保险丝保护电路，控制屏的供电由急停按钮和启停开关控制，同时具有漏电报警指示及报警复位功能。

该实验装置还提供了三相四线 380 V、单相 220 V 电源各一组，由启停开关控制，并设有保险丝保护电路。

2) 定时器兼报警记录仪

定时器兼报警记录仪平时作时钟使用，具有设定时间、定时报警、切断电源等功能，还可自动记录由于接线或操作错误所造成的漏电告警次数。

3) 直流电源

该实验装置提供了 DC 24 V / 1 A、DC 5 V / 1 A 直流电源各一路，带自我保护及恢复功能。

4) 数字量给定及指示单元

该实验装置提供了钮子开关 8 只，点动按钮 8 只，高亮发光二极管 8 只，LED 数码管 1 只，方向指示器 1 只，直流 24 V 继电器若干。以上输入给定及输出指示器的所有控制端均以弱电座的形式引至面板上，方便操作者搭建不同的控制系统。

5) 模拟量给定及指示单元

该实验装置提供了一路 DC 0～15 V 可调输出和一路 DC 0～20 mA 可调输出，可作为 PLC 模拟量实训给定值及其他控制信号使用，还提供了 1 只直流电压表(量程为 0～200 V)、

1 只直流电流表(量程为 0～200 mA)，用于指示各种模拟量信号。

### 2. 主机实训挂件

该实验装置提供了 12 组挂件，操作者可根据需要进行选配。主要挂件有：A10 抢答器/音乐喷泉，A11 装配流水线/十字路口交通灯，A12 水塔水位/天塔之光，A13 自动送料车/四节传送带，A14 多种液体自动混合装置，A15 自动售货机，A16 自控轧钢机/邮件分拣机，A17 机械手控制/自控成型机，A18 加工中心，A19 三层电梯控制单元，B10 步进电机/直线运动单元，B20 典型电动机控制实操单元。

### 3. 三相鼠笼型异步电机

该实验装置提供的三相鼠笼型异步电机的型号为 WDJ26 交流 380 V/△。

### 4. 实训桌

该实验装置的实训桌为铁质双层亚光密纹喷塑结构，桌面为防火、防水、耐磨高密度板，设有一个大抽屉，用于放置工具及资料。

## 三、技术性能

(1) 输入电源：三相五线 $380 \times (1 \pm 10\%)$ V，50 Hz。

(2) 工作环境：温度 $-10 \sim +40℃$，相对湿度 $< 85\%(25℃)$，海拔 $< 4000$ m。

(3) 装置容量：$< 1000$ V·A。

(4) 重量：100 kg。

(5) 外形尺寸：170 cm × 75 cm × 162 cm。

(6) 安全保护：具有漏电压、漏电流保护装置，符合国家安全标准。

## 四、使用说明

### 1. 装置的启动、交流电源控制

(1) 将装置后侧的四芯电源插头插入三相交流电源插座。

(2) 打开电源控制屏的总电源开关，定时器兼报警记录仪得电，控制屏旁边单相三孔、三相四孔插座得电。

(3) 打开电源控制屏的电源总开关，三相电源电压表指示电网电压，电网电压正常时 U 相、V 相、W 相电压显示范围为 $380 \times (1 \pm 10\%)$ V，同时控制屏右面板得电。

(4) 按下电源控制屏的启动按钮，三相交流输出 U1、V1、W1 得电。

### 2. 定时器兼报警记录仪

1) 定时器兼报警记录仪简介

该记录仪平时作为时钟使用，具有设定操作培训时间、定时报警、提前提醒后切断电源等功能，还能自动记录由于接线或操作错误所造成的告警次数。

2) 定时兼报警记录仪操作方法

(1) 打开总电源开关，六位数码显示器将从零时零分零秒开始计时。

(2) 设置密码。

按功能键至功能 6(在显示器的末位显示 6)。再按数字键,待六位数码管的小数点出现闪动时,按下此键,选定需要置数的位。来回操作数位键和数字键,将拟定的三位密码输入显示器的末三位,且密码的末位数必须是 0。

(3) 读取密码。

按功能键至功能 1(即显示器的末位显示 1)。来回操作数位键和数字键,将设定的密码输入显示器的末三位,然后按确认键,第一位数码管将显示 1,表示密码输入正确。

(4) 设置时钟及定时报警时间。

按功能键至功能 2(即显示器的末位显示 2)。来回操作数位键和数字键,将当前的时间(时、分、秒)输入显示器的前五位,并在末位输入 1,按确认键,显示器的末位将显示 C(CLOCK),表明时钟设置完毕;再来回操作数位键和数字键,将拟定的定时时间输入显示器的前五位,并在末位输入 9,按确认键,显示器的末位将显示 A(ALARM),表示定时报警时间设置成功。

(5) 告警次数清零。

按功能键至功能 3(即显示器的末位显示 3),然后按确认键,显示器末三位显示"000",表明记录的告警次数已被清零。

(6) 定时时间查询。

按功能键至功能 4(即显示器的末位显示 4),然后按确认键,显示器将显示当前所设定的定时时间。

(7) 告警次数记录查询。

按功能键至功能 5(即显示器的末位显示 5)。然后按确认键,在显示器末三位上将显示已出现故障告警的次数。

(8) 时钟显示。

按复位键显示当前的时间(时、分、秒)。

(9) 运行提示。

时钟运行到定时报警时间,蜂鸣器将发出报警声,持续一分钟后自行停止,再延时 4 分钟,即发出信号并切断电源。若按复位键并重新启动电源,则蜂鸣器将报警 1 分钟,再延时 4 分钟后即自动切断电源。若需要修改时钟值、定时值或清除记录的告警次数,则必须在功能 1 下重新输入原定密码后方可进行。在功能 6 下可进行密码修改。使用过程中,如果按住复位键不松开,则定时器兼报警记录仪将停止工作。

(10) 注意事项。

① 定时器兼报警记录仪平时应工作在时钟状态下。

② 切断电源后,仪器将恢复到初始状态。

③ 功能 1～6 都有相应的指示灯指示当前的工作状态。

④ 若开机未设置,则按复位键将回到初始状态。

⑤ 使用过程中连续按复位键,仪器将暂停工作。

### 3. 继电器

实验装置提供四只透明直流继电器,线圈驱动电压为 DC 24 V。"KA1""KA2""KA3""KA4"分别为四个继电器的控制端,继电器线圈的另一端短接公共端"V+/COM"。

### 4. 直流数字转换接口

该实验装置提供了 16 组端子排，端子排的一端分别接 1～16 号弱电座。

### 5. 直流数字电压/电流表

打开直流数字电压/电流表电源开关，将直流数字电压表并联到被测电路中，直流数字电压表显示被测电压。将直流数字电流表串联到被测电路中，直流数字电流表显示被测电流。

### 6. 直流可调电源

打开直流可调电源开关，调节 0～15 V 电压源电位器，可输出 0～15 V 电压；调节 0～20 mA 电流源电位器，可输出 0～20 mA 电流。

### 7. 八音盒

将八音盒 0～7 分别接 GND，可发出八种不同的声音或音乐，分别为：0—友谊地久天长，1—梁祝，2—兰花草，3—小草，4—警车，5—救护车，6—叮咚，7—嘀嘀。

### 8. LED 数码显示部分

数码显示部分包括八段码显示部分和方向指示部分。八段码显示部分带有译码电路，ABCD 按 8421 编码规则输入不同信号，数码管显示 0～9，将数码显示部分的 GND 接到 DC 电源的 GND，+5 V 接到 DC 电源的+5 V，数码管显示 0。

### 9. 主机模块

本实验装置采用的是德国西门子 S7-200 系列 PLC。主机的所有端子已引到面板上，在本装置中数字量输入公共端接主机模块电源的"L+"，此时输入端是低电平有效；数字量输出公共端接主机模块电源的"M"，此时输出端输出的是低电平。

### 10. 实训挂箱

可将实训挂箱挂置在控制屏型材导槽内，挂件的供电全部由外部提供。线路采用固定的锁紧叠插线进行连接或用硬线进行连接。

## 五、注意事项

(1) 在连线的时候应关闭电源总开关，待接线完成后，认真检查无误后方可通电。
(2) 可编程控制器的通信电缆请勿带电插拔，否则容易烧坏通信口。
(3) 通电中请勿打开控制屏后背盖，以防发生危险。
(4) 实训台发生异常时，应立即切断电源，查找原因，排除故障。
(5) 为了防止发生危险，当实验装置需要维修时，请找专业技术人员。

## 六、日常维护

(1) 定期清洁实验装置面板。
(2) 定期检查各个实验模块的工作是否正常。

# 4.3　典　型　实　验

## 实验一　十字路口交通灯控制

### 一、实验要求

本实验模拟十字路口交通灯的控制，课题图如图 4-3 所示。南北及东西方向各有交通灯一组，每组有红、黄、绿灯各一个，当启动开关 SD 合上后，程序开始运行，首先是东西方向的红灯亮，红灯将持续点亮 30 秒，在这 30 秒中，南北向的绿灯亮 25 秒，然后闪烁 2 秒，黄灯亮 3 秒，之后同时熄灭。再切换到另一个方向，即南北向红灯亮 30 秒，同时东西向绿灯亮 25 秒，闪烁 2 秒，黄灯亮 3 秒。60 秒后，一个周期运行完成，继续循环。要求南北及东西方向的车在相应方向的绿灯亮后，方可启动，而当黄灯亮后，就停止。

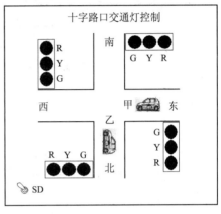

图 4-3　十字路口交通灯控制实验的课题图

### 二、I/O 分配表

本实验的 I/O 分配表如表 4-1 所示。

表 4-1　I/O 分配表

| 输　入 | | | 输　出 | | |
| --- | --- | --- | --- | --- | --- |
| 名　称 | 功　能 | 地　址 | 名　称 | 功　能 | 地　址 |
| 开关 SD | 启动停止程序 | I0.0 | 东西红灯 R | 东西停止 | Q0.0 |
|  |  |  | 南北绿灯 G | 南北通车 | Q0.1 |
|  |  |  | 南北黄灯 Y | 南北警示 | Q0.2 |
|  |  |  | 南北红灯 R | 南北停止 | Q0.3 |
|  |  |  | 东西绿灯 G | 东西通车 | Q0.4 |
|  |  |  | 东西黄灯 Y | 东西警示 | Q0.5 |
|  |  |  | 南北模拟车 | 南北车流 | Q0.6 |
|  |  |  | 东西模拟车 | 东西车流 | Q0.7 |

### 三、I/O 接线图

本实验的 I/O 接线图如图 4-4 所示。

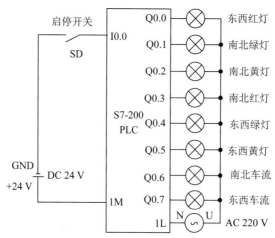

图 4-4　十字路口交通灯控制实验的 I/O 接线图

## 四、梯形图

本实验的梯形图如图 4-5 所示。

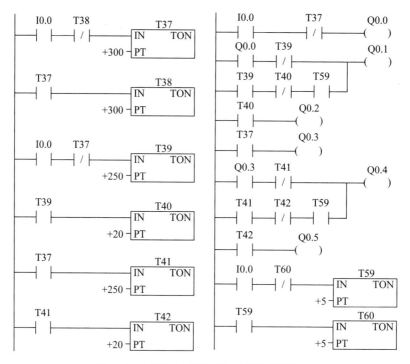

图 4-5　十字路口交通灯控制实验的梯形图

# 实验二　液体自动混合装置控制

## 一、实验要求

液体自动混合装置的功能是将两种液体按一定的比例自动混合在一起。本实验的课题图如图 4-6 所示，其工作的初始状态是液体 A、B 阀门都关闭，容器中没有液体。当按下启动按钮 SB1 后，系统开始启动，先打开液体 A 阀门(电磁阀，线圈通电开启阀门，线圈断电关闭阀门)，使液体 A 流入容器中，当液面到达传感器 SL2 时，液体 A 阀门关闭，液体 A 停止流入，同时液体 B 阀门打开，液体 B 开始流入容器中，当液面到达液面传感器 SL1 时，液体 B 阀门关闭，液体 B 停止流入，并启动搅拌电动机(YKM，接触器)开始混合液体，8 秒后混合完成，电动机停止，并打开混合液体 C 阀门，混合液体流出容器，当液面下降到 SL3 时，再过 3 秒，默认混合液体流完，开始启动下一个液体混合周期。当按停止按钮 SB2 时，在当前周期处理完后，才停止系统的运行。

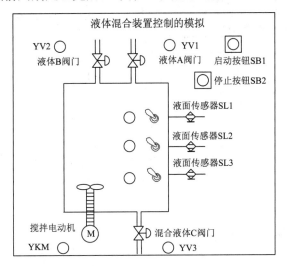

图 4-6　液体自动混合装置控制实验的课题图

## 二、I/O 分配表

本实验的 I/O 分配表如表 4-2 所示。

表 4-2　I/O 分配表

| 输　入 | | | 输　出 | | |
| --- | --- | --- | --- | --- | --- |
| 名　称 | 功　能 | 地　址 | 名　称 | 功　能 | 地　址 |
| 按钮 SB1 | 启动液体混合装置 | I0.0 | YKM | 搅拌电动机 M | Q0.0 |
| 传感器 SL1 | B 液体满标志 | I0.1 | YV1 | 液体 A 电磁阀 | Q0.1 |
| 传感器 SL2 | A 液体满标志 | I0.2 | YV2 | 液体 B 电磁阀 | Q0.2 |
| 传感器 SL3 | 混合液体快放完标志 | I0.3 | YV3 | 混合液体电磁阀 | Q0.3 |
| 按钮 SB2 | 停止液体混合装置 | I0.4 | | | |

## 三、I/O 接线图

本实验的 I/O 接线图如图 4-7 所示。

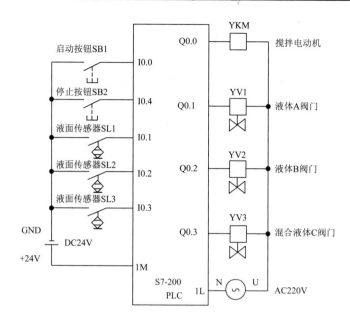

图 4-7　液体自动混合装置控制实验的 I/O 接线图

## 四、梯形图

本实验的梯形图如图 4-8 所示。

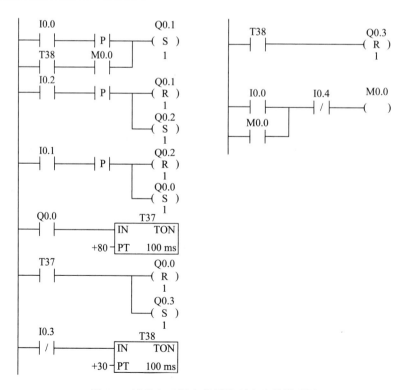

图 4-8　液体自动混合装置控制实验的梯形图

# 实验三　LED 数码显示控制

## 一、实验要求

编制控制程序，当开关 SD 合上时，在实验板上用 LED 八段数码管显示 1、3、5、7、9，并循环，时间间隔为 1 s，当 SD 断开时，停止运行，实验课题图如图 4-9 所示。

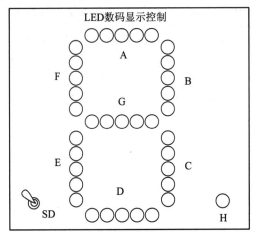

图 4-9　LED 数码显示控制实验的课题图

## 二、I/O 分配表

本实验的 I/O 分配表如表 4-3 所示。

表 4-3　I/O 分配表

| 输　入 | | | 输　出 | | |
| --- | --- | --- | --- | --- | --- |
| 名　称 | 功　能 | 地　址 | 名　称 | 功　能 | 地　址 |
| 开关 SD | 启动/停止 LED 显示 | I0.0 | H | H 段数码管 | Q0.0 |
| | | | A | A 段数码管 | Q0.1 |
| | | | B | B 段数码管 | Q0.2 |
| | | | C | C 段数码管 | Q0.3 |
| | | | D | D 段数码管 | Q0.4 |
| | | | E | E 段数码管 | Q0.5 |
| | | | F | F 段数码管 | Q0.6 |
| | | | G | G 段数码管 | Q0.7 |

## 三、I/O 接线图

本实验的 I/O 接线图如图 4-10 所示。

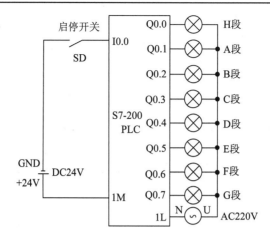

图 4-10 LED 数码显示控制实验的 I/O 接线图

## 四、梯形图

本实验的梯形图如图 4-11 所示。

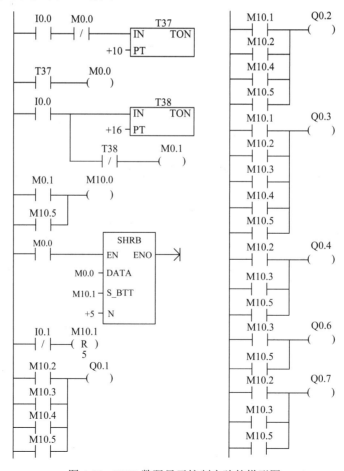

图 4-11 LED 数码显示控制实验的梯形图

## 实验四　机械手动作的模拟

### 一、实验要求

本实验要完成的任务是将放在 A 点的工件传送到 B 点，课题图如图 4-12 所示。机械手的上升/下降和左移/右移都是由对应的电磁阀推动气缸来完成的。当某个电磁阀通电时，机械手就执行相应的动作。例如，当下降电磁阀通电时，机械手开始下降，当下降电磁阀断电时，机械手停止下降；当上升电磁阀通电时，机械手开始上升，当上升电磁阀断电时，机械手停止上升。夹紧和放松是由一个电磁阀来控制的，通电进行夹紧操作，断电进行放松操作。整个机械手装置有四个限位行程开关，即上、下、左、右限位开关，当机械手在原位时，上限位和左限位行程开关是同时压合的，而机械手一旦到达下面指定的位置，则下限位行程开关被压下。整个机械手的动作有八个状态：原位→下降→夹紧→上升→右行→下降→放松→上升→左行→原位。

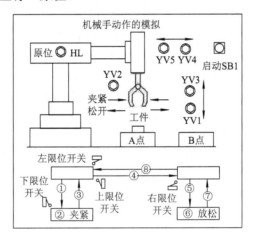

图 4-12　机械手动作的模拟课题图

### 二、I/O 分配表

本实验的 I/O 分配表如表 4-4 所示。

表 4-4　I/O 分配表

| 输　入 | | | 输　出 | | |
| --- | --- | --- | --- | --- | --- |
| 名　称 | 功　能 | 地　址 | 名　称 | 功　能 | 地　址 |
| 按钮 SB1 | 启动机械手动作 | I0.0 | HL | 原位指示灯 | Q0.0 |
| SQ1 | 下限位行程开关 | I0.1 | YV1 | 下降电磁阀 | Q0.1 |
| SQ2 | 上限位行程开关 | I0.2 | YV2 | 夹紧/放松电磁阀 | Q0.2 |
| SQ3 | 右限位行程开关 | I0.3 | YV3 | 上升电磁阀 | Q0.3 |
| SQ4 | 左限位行程开关 | I0.4 | YV4 | 右行电磁阀 | Q0.4 |
| | | | YV5 | 左行电磁阀 | Q0.5 |

## 三、I/O 接线图

本实验的 I/O 接线图如图 4-13 所示。

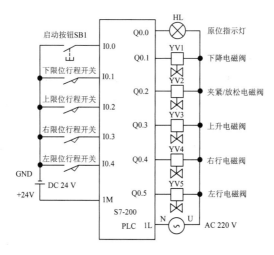

图 4-13　机械手动作的模拟 I/O 接线图

## 四、状态图

本实验的状态图如图 4-14 所示。

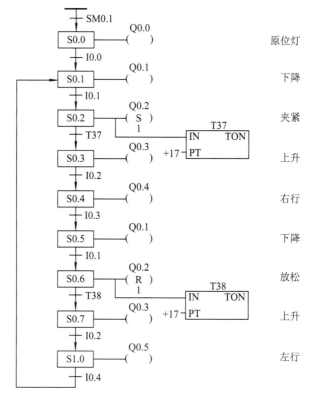

图 4-14　机械手动作的模拟状态图

## 实验五 三相异步电动机 Y-△ 换接启动控制

### 一、实验要求

如图 4-15 所示,当按下启动按钮 SS 后,KM1、KM2 通电,三相定子绕组先连接成 Y 形进行降压启动,6 秒后降压启动完成,KM2 断电,为避免电源短路,停留 0.5 秒后 KM3 通电,定子绕组换接成△形运行。按停止按钮 ST,电动机马上停转。热继电器常闭触点 FR 起过载保护的作用。

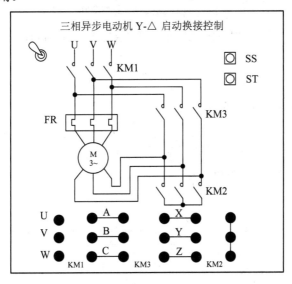

图 4-15 三相异步电动机 Y-△换接启动控制实验的课题图

### 二、I/O 分配表

本实验的 I/O 分配表如表 4-5 所示。

表 4-5 I/O 分配表

| 输 入 | | | 输 出 | | |
|---|---|---|---|---|---|
| 名 称 | 功 能 | 地 址 | 名 称 | 功 能 | 地 址 |
| 按钮 SS | 电动机启动按钮 | I0.0 | KM1 | 电源接触器 | Q0.0 |
| 按钮 ST | 电动机停止按钮 | I0.1 | KM2 | Y 形连接接触器 | Q0.1 |
| FR | 热继电器过载保护 | I0.2 | KM3 | △形连接接触器 | Q0.2 |

### 三、I/O 接线图

本实验的 I/O 接线图如图 4-16 所示。

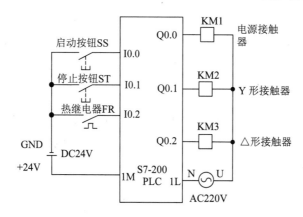

图 4-16  三相异步电动机 Y-△换接启动控制实验的 I/O 接线图

## 四、梯形图

本实验的梯形图如图 4-17 所示。

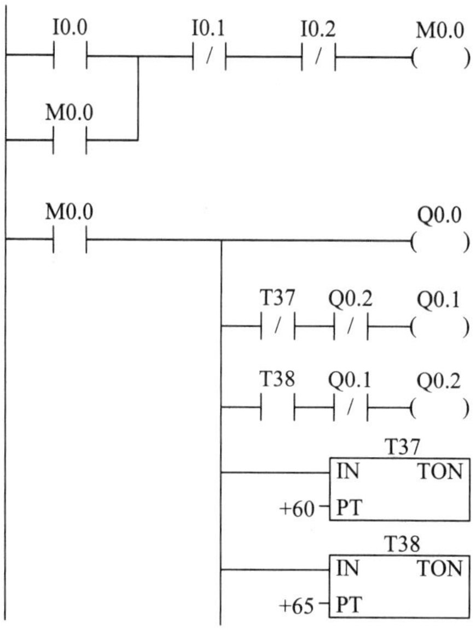

图 4-17  三相异步电动机 Y-△换接启动控制实验的梯形图

## 实验六  工作台自动往返运行 PLC 控制系统的安装与调试

### 一、实验要求

某生产线 PLC 控制系统中要求用 PLC 控制工作台自动往返运行。按下前进启动按钮 SB1，工作台开始前进运行，碰到行程开关 SQ1 停止 5 秒再后退运行，碰到行程开关 SQ2 停止 10 秒再前进运行，以后重复此运行，总共自动循环 3 个周期停在 B 处。无论电动机正转还是反转，按下停止按钮 SB3，电动机停止运行。按下按钮 SB2，工作台将启动后退。

工作台的自动往返示意图如图 4-18 所示。请按要求依据相应标准对控制系统进行安装与调试，并正确填写安装调试报告。

图 4-18　工作台自动往返示意图

## 二、I/O 分配表

本实验的 I/O 分配表如表 4-6 所示。

表 4-6　I/O 分配表

| 输　入 | | | 输　出 | | |
|---|---|---|---|---|---|
| 名　称 | 功　能 | 地　址 | 名　称 | 功　能 | 地　址 |
| 按钮 SB1 | 正向启动按钮 | I0.0 | KM1 | 正转接触器(前进) | Q0.0 |
| 按钮 SB2 | 反向启动按钮 | I0.1 | KM2 | 反转接触器(后退) | Q0.1 |
| 按钮 SB3 | 停止按钮 | I0.2 | | | |
| SQ1 | 右限位行程开关 | I0.3 | | | |
| SQ2 | 左限位行程开关 | I0.4 | | | |
| FR | 热继电器过载保护 | I0.5 | | | |

## 三、电气图(主电路和 I/O 接线图)

本实验的主电路与 I/O 接线图如图 4-19 所示。

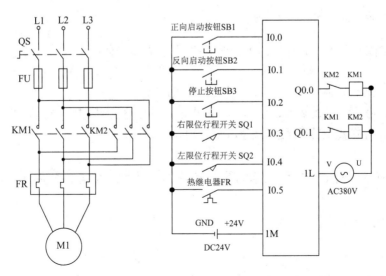

图 4-19　工作台自动往返运行 PLC 控制系统的安装与调试实验的主电路和 I/O 接线图

## 四、梯形图

本实验的梯形图如图 4-20 所示。

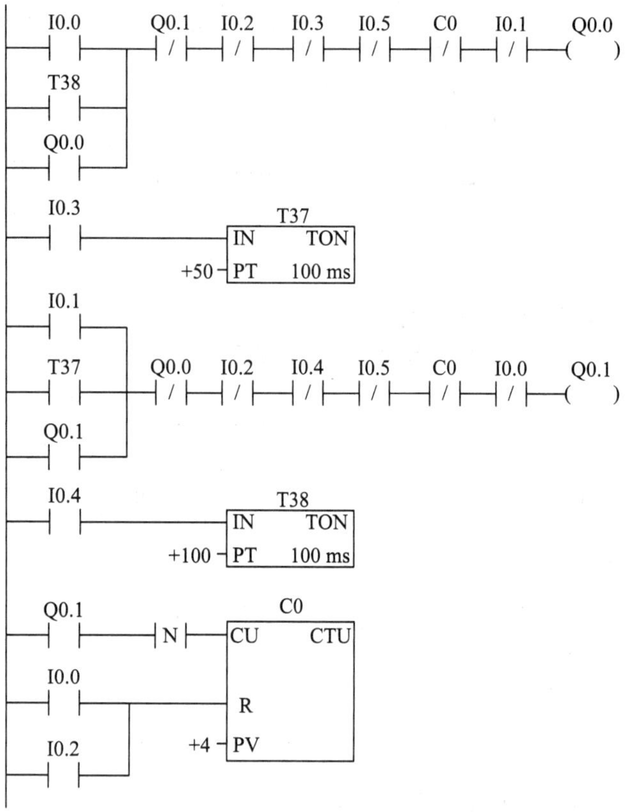

图 4-20　工作台自动往返运行 PLC 控制系统的安装与调试实验的梯形图

## 五、实验说明

(1) 根据控制要求，完成电路的安装、接线；根据实验现场提供的元器件，完成元器件的布置。

(2) 完成 PLC 控制程序的输入、下载和调试运行。

(3) 要求元器件布置整齐、合理，安装牢固；导线在行线槽中排放整齐，整体美观；连接点牢固，连接点处露铜长度合适，无毛刺。

# 实验七　两台电动机协调运行 PLC 控制系统的安装与调试

## 一、实验要求

某生产线 PLC 控制系统的任务是要实现对 2 台电动机的顺序控制。当按下启动按钮 SB1 时，2 台电动机相互协调运转，其动作时序图如图 4-21 所示，M1 运转 10 秒，停止 5

秒，M2 与 M1 相反，M1 运行时 M2 停止，M2 运行时 M1 停止，如此反复动作 3 次后，M1、M2 均停止。按 SB2 时可随时停止。请按要求依据相应标准对控制系统进行安装和调试，并正确填写安装调试报告。

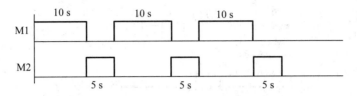

图 4-21　2 台电动机的动作时序图

## 二、I/O 分配表

本实验的 I/O 分配表如表 4-7 所示。

表 4-7　I/O 分配表

| 输　入 | | | 输　出 | | |
| --- | --- | --- | --- | --- | --- |
| 名　称 | 功　能 | 地　址 | 名　称 | 功　能 | 地　址 |
| 按钮 SB1 | 启动按钮 | I0.0 | KM1 | M1 运行接触器 | Q0.0 |
| 按钮 SB2 | 停止按钮 | I0.1 | KM2 | M2 运行接触器 | Q0.1 |
| FR1 | 热继电器过载保护 | I0.2 | | | |

## 三、电气图(主电路和 I/O 接线图)

本实验的主电路和 I/O 接线图如图 4-22 所示。

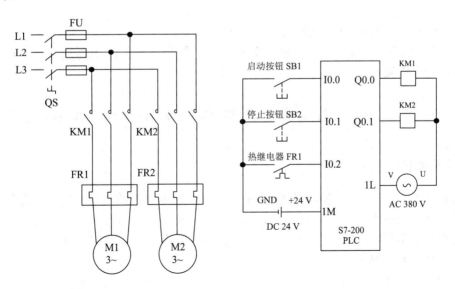

图 4-22　两台电动机协调运行 PLC 控制系统的安装与调试实验的主电路和 I/O 接线图

## 四、梯形图

本实验的梯形图如图 4-23 所示。

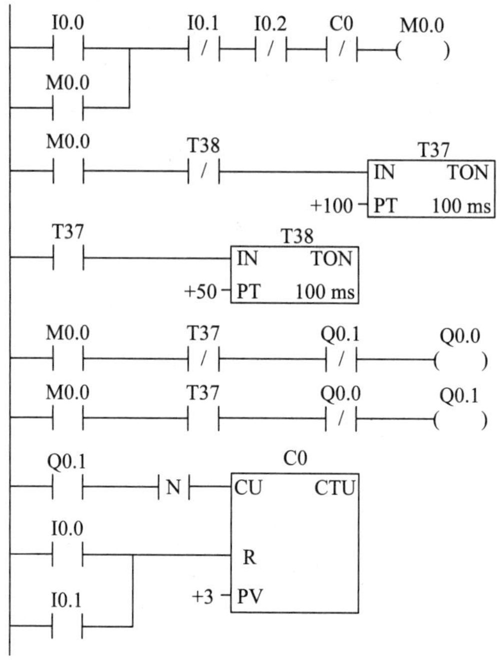

图 4-23　两台电动机协调运行 PLC 控制系统的安装与调试实验的梯形图

## 五、实验说明

(1) 根据控制要求，完成电路的安装、接线；根据实验现场提供的元器件，完成元器件的布置。

(2) 完成 PLC 控制程序的输入、下载和调试运行。

(3) 要求元器件布置整齐、合理，安装牢固；导线在行线槽中排放整齐，整体美观；连接点牢固，连接点处露铜长度合适，无毛刺。

# 实验八　三节传送带运行 PLC 控制系统的安装与调试

## 一、实验要求

某企业承接了安装与调试三节传送带运行 PLC 控制系统的任务，要求实现对三节传送带的控制。当按下启动按钮 SB1 时，传送带 3 开始运行，运行 5 秒后传送带 2 开始运行，传送带 2 运行 5 秒后传送带 1 开始运行。按下停止按钮 SB2 时，传送带 1 停止，传送带 1 停止 5 秒后传送带 2 停止，传送带 2 停止 5 秒后传送带 3 停止。传送带示意图如图 4-24 所示。请按要求依据相应标准对控制系统进行安装和调试，并正确填写安装调试报告。

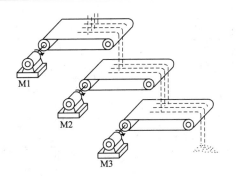

图 4-24  传送带示意图

## 二、I/O 分配表

本实验的 I/O 分配表如表 4-8 所示。

表 4-8  I/O 分配表

| 输 入 | | | 输 出 | | |
|---|---|---|---|---|---|
| 名　称 | 功　能 | 地　址 | 名　称 | 功　能 | 地　址 |
| SB1 | 启动按钮 | I0.0 | KM1 | 传送带 1 电机接触器 | Q0.0 |
| SB2 | 停止按钮 | I0.1 | KM2 | 传送带 2 电机接触器 | Q0.1 |
| FR1 | 热继电器过载保护 | I0.2 | KM3 | 传送带 3 电机接触器 | Q0.2 |

## 三、电气图(主电路和 I/O 接线图)

本实验的主电路和 I/O 接线图如图 4-25 所示。

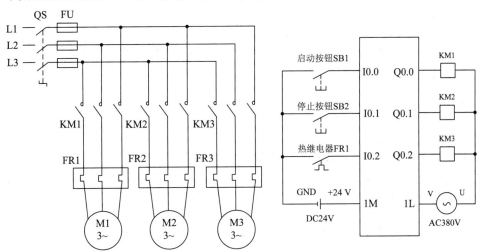

图 4-25  三节传送带运行 PLC 控制系统的安装与调试实验的主电路和 I/O 接线图

## 四、梯形图

本实验的梯形图如图 4-26 所示。

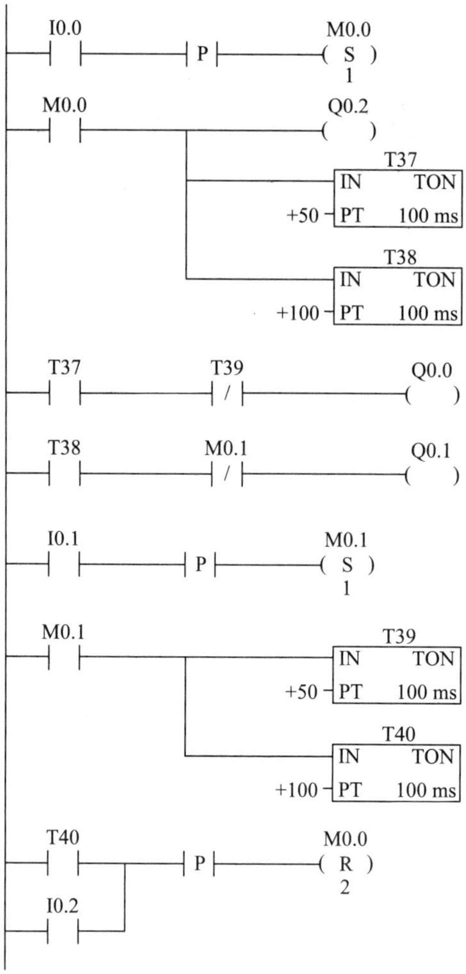

图 4-26 三节传送带运行 PLC 控制系统的安装与调试实验的梯形图

## 五、实验说明

(1) 根据控制要求，完成电路的安装、接线；根据实验现场提供的元器件，完成元器件的布置。

(2) 完成 PLC 控制程序的输入、下载和调试运行。

(3) 要求元器件布置整齐、合理，安装牢固；导线在行线槽中排放整齐，整体美观；连接点牢固，连接点处露铜长度合适，无毛刺。

## 实验九　C620 车床电气控制系统的 PLC 改造

### 一、实验要求

某企业现采用 PLC 对 C620 车床进行技术改造，C620 车床电气控制系统如图 4-27 所示。请分析该控制系统的控制功能，并用可编程控制器对其进行改造。

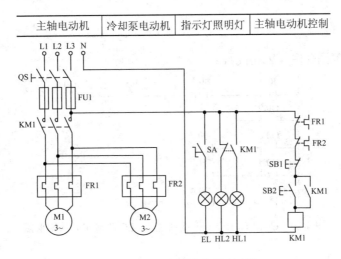

图 4-27　C620 车床电气控制系统

## 二、I/O 分配表

本实验的 I/O 分配表如表 4-9 所示。

表 4-9　I/O 分配表

| 输　入 | | | 输　出 | | |
|---|---|---|---|---|---|
| 名称 | 功　能 | 地　址 | 名　称 | 功　能 | 地　址 |
| SB1 | 主轴启动按钮 | I0.0 | KM1 | 主轴电动机接触器 | Q0.0 |
| SB2 | 主轴停止按钮 | I0.1 | EL | 照明灯 | Q0.4 |
| SA | 照明灯开关 | I0.2 | HL1 | 主轴转指示 | Q0.7 |
| FR1 | 热继电器 | I0.3 | HL2 | 主轴不转指示 | Q1.0 |

## 三、I/O 接线图

本实验的 I/O 接线图如图 4-28 所示。

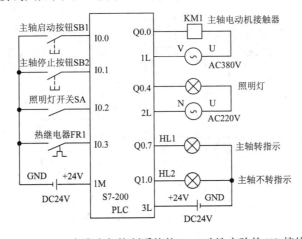

图 4-28　C620 车床电气控制系统的 PLC 改造实验的 I/O 接线图

## 四、梯形图

本实验的梯形图如图 4-29 所示。

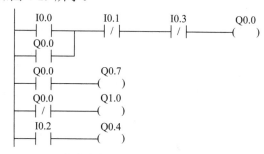

图 4-29　C620 车床电气控制系统的 PLC 改造实验的梯形图

## 五、实验说明

(1) 根据控制要求，完成电路的安装、接线；根据实验现场提供的元器件，完成元器件的布置。

(2) 完成 PLC 控制程序的输入、下载和调试运行。

(3) 要求元器件布置整齐、合理，安装牢固；导线在行线槽中排放整齐，整体美观，连接点牢固，连接点处露铜长度合适，无毛刺。

(4) 注意电源分组处理的方法。

# 实验十　三相异步电动机 Y-△ 降压启动的 PLC 改造

## 一、实验要求

某企业要通过继电-接触控制器系统实现对一台三相异步电动机 Y-△ 降压启动的升级改造。改造后，继电-接触器控制系统的 Y-△ 降压启动控制电路如图 4-30 所示。请分析该控制电路的控制功能，用可编程控制器完成控制电路的接线、安装与程序的下载和调试。

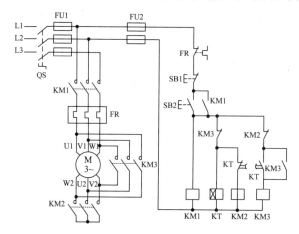

图 4-30　继电-接触器控制系统的 Y-△ 降压启动控制电路

## 二、I/O 分配表

本实验的 I/O 分配表如表 4-10 所示。

### 表 4-10　I/O 分配表

| 输　入 | | | 输　出 | | |
|---|---|---|---|---|---|
| 名　称 | 功　能 | 地　址 | 名　称 | 功　能 | 地　址 |
| 按钮 SB1 | 启动按钮 | I0.0 | KM1 | 电源接触器 | Q0.0 |
| 按钮 SB2 | 停止按钮 | I0.1 | KM2 | Y 形连接接触器 | Q0.1 |
| FR | 热继电器 | I0.2 | KM3 | △形连接接触器 | Q0.2 |

## 三、I/O 接线图

本实验的 I/O 接线图如图 4-31 所示。

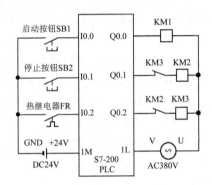

图 4-31　三相异步电动机 Y-△降压启动的 PLC 改造实验的 I/O 接线图

## 四、梯形图

本实验的梯形图如图 4-32 所示。

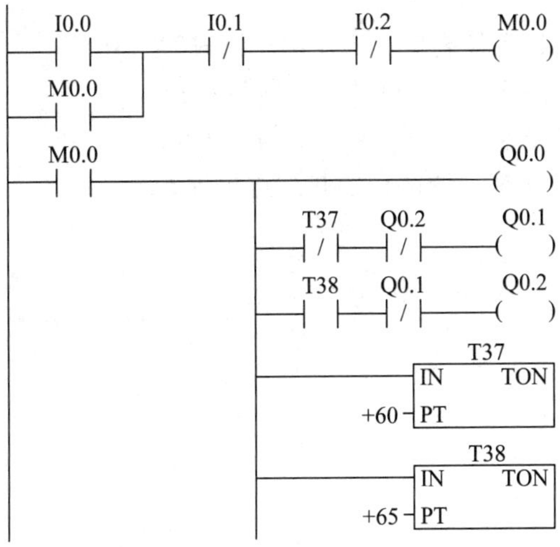

图 4-32　三相异步电动机 Y-△降压启动的 PLC 改造实验的梯形图

五、实验说明

(1) 根据控制要求，完成电路的安装、接线；根据实验现场提供的元器件，完成元器件的布置。

(2) 完成 PLC 控制程序的输入、下载和调试运行。

(3) 要求元器件布置整齐、合理，安装牢固；导线在行线槽中排放整齐，整体美观；连接点牢固，连接点处露铜长度合适，无毛刺。

# 小　　结

本章介绍了两种 S7-200 实验设备：第一种是 THSMS-B 型 PLC 实验装置，该装置集可编程控制器、STEP7 编程软件、PC/PPI 编程电缆、实验板于一体，布局合理，使用方便；第二种是 THPFSM-2 型可编程控制器实验装置，该实验装置由控制屏、主机实训挂件、三相异步电动机及实训桌等组成，设备采用挂件方式，使用灵活，操作方便。

本章还介绍了 10 个实验项目，结合现有的实验设备，开发了十字路口交通灯控制、液体自动混合装置控制、LED 数码显示控制、机械手动作的模拟、三相异步电动机 Y-△换接启动控制、工作台自动往返运行 PLC 控制系统的安装与调试、两台电动机协调运行 PLC 控制系统的安装与调试、三节传送带运行 PLC 控制系统的安装与调试、C620 车床电气控制系统的 PLC 改造、三相异步电动机 Y-△降压启动的 PLC 改造等实验项目，旨在提高学生 PLC 的实际应用能力。对于安装与调试项目来说，要求学生掌握安装与调试的基本原则和基本方法，掌握 PLC 安装和继电-接触器安装的不同之处，了解 PLC 安装与调试的规律。

# 习　题　四

(1) THSMS-B 型 PLC 实验装置由哪几部分组成？

(2) THPFSM-2 型 PLC 实验装置由哪几部分组成？

(3) PLC 控制系统的安装、调试有哪些基本原则？

(4) PLC 控制系统的安装、调试有哪些注意事项？

# 第 5 章　　组态软件 MCGS 基础

MCGS 组态软件具有强大的功能，操作简单，易学易用，普通工程人员经过短时间的培训就能迅速掌握多数工程仿真项目的设计和运行操作。使用 MCGS 组态软件能够避开复杂的计算机软件、硬件问题，使工作人员能将精力集中于解决工程问题本身，根据工程作业的需要和特点，配置出高性能、高可靠性和高度专业的工业控制监控系统。

MCGS 组态软件具有以下特点：

(1) 容量小：整个系统维持最低配置，只需极小的存储空间，可以方便地使用 DOC 等存储设备。

(2) 速度快：系统的时间控制精度高，可以方便地完成各种高速采集系统的任务，满足实时控制系统的要求。

(3) 成本低：使用嵌入式计算机，大大降低了设备成本。

(4) 稳定性好：上电重启时间短，可在各种恶劣环境下长期稳定运行。

(5) 功能强大：可进行中断处理，定时扫描精度可达到毫秒级，提供对计算机串口、内存、端口的访问，并可根据需要灵活组态。

(6) 操作简便：MCGS 嵌入版采用的组态环境继承了 MCGS 通用版与网络版简单易学的优点，组态操作既简单直观，又灵活多变。

通过对本章的学习，读者应重点掌握组态软件的基本使用方法，并对组态软件和 PLC 的连接有深刻的了解。

## 5.1　组态软件基础知识

### 一、MCGS 组态软件的定义

MCGS(Monitor and Control Generated System)是一套基于 Windows 平台，用于快速构造和生成上位机监控系统的组态软件系统，可运行于 Windows 95/98/NT/2000 等操作系统。

MCGS 为用户提供了解决实际工程问题的完整方案和开发平台，能够完成现场数据采集、实时和历史数据处理、报警和安全机制、流程控制、动画显示、趋势曲线和报表输出以及企业网络监控等功能。

使用 MCGS，用户无须具备专业的计算机编程的知识，就可以在短时间内轻而易举地完成一个稳定、功能全面、维护量小并且具备专业水准的计算机监控系统的开发工作。

MCGS 具有操作简便、可视性好、可维护性强、性能优、可靠性高等突出特点，已成功应用于石油化工、钢铁工业、电力系统、水处理、环境监测、机械制造、交通运输、能源原材料、农业自动化、航空航天等领域，经过各种现场的长期实际运行，系统运行稳定可靠。

## 二、MCGS 组态软件的系统构成

MCGS5.1 软件系统包括组态环境和运行环境两部分。

MCGS 组态环境用于生成用户应用系统的工程环境，由可执行程序 McgsSet.exe 支持，存放于 MCGS 目录的 Program 子目录中。用户在 MCGS 组态环境中完成设计动画、连接设备、编写控制流程、设计报表等全部组态工作后，生成扩展名为 .mcg 的工程文件(又称为组态结果数据库)与 MCGS 运行环境一起构成了用户应用系统，统称为工程。

MCGS 运行环境是用户应用系统的运行环境，由可执行程序 McgsRun.exe 支持，存放于 MCGS 目录的 Program 子目录中，在运行环境中完成对工程的控制工作。

MCGS 组态软件的组成示意图如图 5-1 所示。

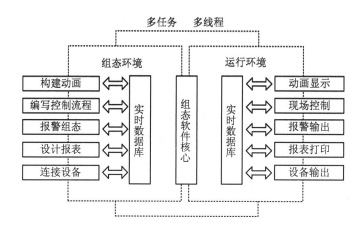

图 5-1　MCGS 组态软件的组成示意图

MCGS 组态环境的五大组成部分，包括：

(1) 主控窗口：是工程的主窗口或主框架。在主控窗口中可以放置一个设备窗口或多个用户窗口，负责监督和管理这些窗口的打开和关闭。组态操作主要包括定义工程名称，编制工程菜单，设计封面图形，确定自动启动的窗口，设定动画刷新周期，指定数据库存盘文件名称及存盘时间等。

(2) 设备窗口：是连接和驱动外部设备的工作环境。在本窗口内配置数据采集与控制输出设备，注册设备驱动程序，定义用于连接与驱动设备的数据变量。

(3) 用户窗口：用于设置工程中人-机交互的界面，如各种动画的显示画面、报警输出、数据与曲线图表等。

(4) 实时数据库：是工程各个部分的数据交换与处理中心，它将 MCGS 工程的各个部分连接成有机整体。在本窗口内定义了不同类型和名称的变量，作为数据采集、处理、输出控制、动画连接及设备驱动的对象。

(5) 运行策略：主要完成工程运行流程的控制，包括编写控制程序(IF…THEN 脚本程序)，选用各种功能构件。

## 三、MCGS 组态软件的功能和特点

和国内外同类产品相比，MCGS5.1 软件具有以下特点：

(1) 具有全中文、可视化、面向窗口的组态开发界面，符合中国人的使用习惯和要求，采用真正的 32 位程序，可运行于多种操作系统。

(2) 具有庞大的标准图形库、完备的绘图工具以及丰富的多媒体软件，使用户能够快速地开发出集图像、声音、动画于一体的美观、生动的工程画面。

(3) 具有全新的 Active 动画构件，使用户能够更方便、更灵活地处理、显示数据。

(4) 通过简单易学的类 Basic 脚本语言与丰富的 MCGS 策略构件，使用户能够轻而易举地开发出复杂的流程控制对象。

(5) 具有强大的数据处理功能，能够对工业现场产生的数据以各种方式进行统计处理，使用户能够在第一时间获得有关现场情况的第一手数据。

(6) 报警设置方便，报警类型丰富，报警存储与应答及时，能实时打印报警报表，有灵活的报警处理函数，使用户能够方便、及时、准确地捕捉到任何报警信息。

(7) 具有完善的安全机制，允许用户自由设定菜单、按钮及退出系统的操作权限。另外还提供了密码、锁定软件狗、工程运行期限等功能，以保护组态开发者的成果。

(8) 具有强大的网络功能，能够运行各种无线网络和无线电台等网络体系结构。

## 四、MCGS 组态软件的常用术语

(1) 工程：用户应用系统的简称。在 MCGS 组态环境中生成的文件称为工程文件，后缀为.mcg，存放于 MCGS 目录的 WORK 子目录中，如"D:\MCGS\WORK\液位控制系统.mcg"。

(2) 对象：操作目标与操作环境的统称。例如，窗口、构件、数据、图形等皆称为对象。

(3) 选中对象：用鼠标点击窗口或对象，使其处于可操作状态的操作。被选中的对象也叫当前对象。

(4) 组态：在 MCGS 组态软件开发平台中对五大部分进行对象的定义、制作和编辑，并设定其状态(属性)参数的工作。

(5) 属性：对象的名称、类型、状态、性能及用法等特征的统称。

(6) 菜单：是执行某种功能的命令集合。菜单分为独立菜单和下拉菜单。下拉菜单可分成多级，每一级称为次级子菜单。

(7) 构件：具备某种特定功能的程序模块，可用 VB、VC 等程序设计语言编写，通过编译，生成 DLL、OCX 等文件。用户对构件设置一定的属性，并与定义的数据变量相连接，即可在运行中实现相应的功能。

(8) 策略：是指对系统运行流程进行有效控制的措施和方法。

(9) 启动策略：在进入运行环境后首先运行的策略，只运行一次，一般用于完成系统初始化的处理。该策略由 MCGS 自动生成，具体处理的内容由用户填充。

(10) 循环策略：按照用户指定的周期，循环执行策略内的内容。循环策略通常用来完

成流程控制任务。

(11) 退出策略：退出运行环境执行的策略。该策略自动生成，自动调用。一般由退出策略模块完成系统结束运行前的善后处理任务。

(12) 用户策略：由用户定义，用来完成特定的功能。用户策略一般由按钮、菜单、其他策略来调用执行。

(13) 事件策略：当对应的事件发生时执行的策略。例如，在用户窗口中定义了鼠标单击事件，当工程运行时在用户窗口单击鼠标则执行相应的事件。

(14) 热键策略：当用户按下定义的组合键时执行的策略，只运行一次。

(15) 可见度：指对象在窗口内的显现状态，即可见与不可见。

(16) 变量类型：数值型、开关型、字符型、事件型和组对象。

(17) 事件对象：用来记录和标识事件的产生或状态的改变，如开关量的状态发生变化。

(18) 组对象：用来存储具有相同存盘属性的多个变量的集合，内部成员可包含多个其他类型的变量。组对象只是对有关联的某一类数据对象的整体表示方法，而实际操作则针对每个成员进行。

(19) 动画刷新周期：动画更新速度，即颜色变换、物体运动、液面升降的快慢等，以毫秒为单位。

(20) 父设备：本身没有特定功能，但可以和其他设备一起与计算机进行数据通信的硬件设备，如串口父设备。

(21) 子设备：必须通过一种父设备与计算机进行通信的设备，如浙大中控 JL-26 无纸记录仪、研华 4107 模块等。

# 5.2　MCGS 工程建立的过程

## 一、MCGS 组态软件的窗口

下面介绍 MCGS 组态软件的窗口。

(1) 系统工作台面：是 MCGS 组态操作的总工作台面。该工作窗口中设有：

① 菜单条：MCGS 的菜单系统。

② 工具条：设有对象编辑和组态用的工具按钮。不同的窗口设有不同功能的工具按钮。

③ 工作台面：进行组态操作和属性的设置。上部有五个窗口标签，分别对应主控窗口、用户窗口、设备窗口、实时数据库和运行策略窗口。

(2) 组态工作窗口：是创建和配置图形对象、数据对象和各种构件的工作环境，又称为对象的编辑窗口。

(3) 属性设置窗口：是设置对象各种特征参数的工作环境，又称为属性设置对话框。

(4) 图形工具箱：MCGS 为用户提供了丰富的组态资源，包括系统工具箱、设备构件工具箱、策略构件工具箱、对象元件库等。

## 二、液位控制系统演示工程的建立过程

### 1. 工程简介

下面通过一个液位控制系统的组态过程,介绍如何应用 MCGS 组态软件完成一个工程的创建。本样例工程涉及界面的制作、数据变量的定义、数据变量与界面的连接、控制策略的编写等多项组态操作。

液位控制需要两个数值变量(水塔,表示水塔的水位高度;水罐,表示水罐的水位高度)和三个开关变量(水泵、调节阀、出水阀)。

工程组态好后的最终效果图如图 5-2 所示。

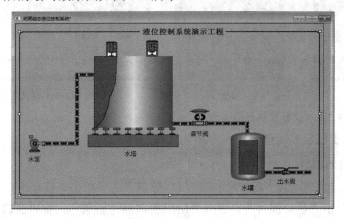

图 5-2　工程最终效果图

该样例工程的名称为"液位控制系统.mcg"。

液位控制窗口是样例工程建立的用户窗口,是一个模拟系统真实工作流程并实施监控操作的动画窗口。

### 2. 工程文件的创建

如果计算机上安装了 MCGS 组态软件,则在 Windows 桌面上会有 MCGS 组态环境与 MCGS 运行环境两个图标。鼠标双击 MCGS 组态环境图标,进入 MCGS 组态环境,如图 5-3 所示。

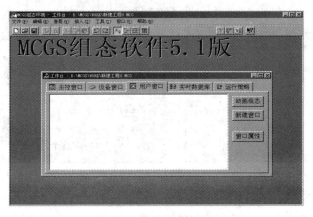

图 5-3　工程文件创建界面

在"文件"菜单中选择"新建工程"菜单项，如图 5-4(a)所示。如果 MCGS 安装在 D 盘根目录下，则会在 D:\MCGS\WORK 下自动生成新建工程，默认的工程名为新建工程 X.MCG(X 表示新建工程的顺序号，如 0、1、2 等)。

在"文件"菜单中选择"工程另存为"选项，如图 5-4(b)所示，把新建工程存为 D:\MCGS\Work\液位控制系统，如图 5-5 所示。

(a)

(b)

图 5-4　工程文件存盘界面

图 5-5　工程文件存盘菜单

通过以上几步已经成功创建了一个新的工程。

### 3. 仿真界面的设计

在 MCGS 组态平台上，点击"用户窗口"标签，之后单击"新建窗口"按钮，则产生新"窗口 0"，单击"窗口属性"，进入"用户窗口属性设置"，将"窗口名称"改为"液位控制系统"，将"窗口标题"改为"液位控制"，单击"确认"按钮。

选中刚刚创建的"液位控制系统"用户窗口，单击"动画组态"，如图 5-6 所示，或直接双击该窗口的图标，就进入动画制作窗口。

单击"工具"菜单，选中"对象元件库管理"或单击工具条中的"工具箱"按钮，则打开动画工具箱。动画工具箱中的图标用于从对象元件库中读取存盘的图形对象，图标用于把当前用户窗口中选中的图形对象存入对象元件库中。在窗口中，点鼠标右键，在弹出菜单中点击"插入元件"，也可进入对象元件库中，如图 5-7 所示。

图 5-6　新建的用户窗口

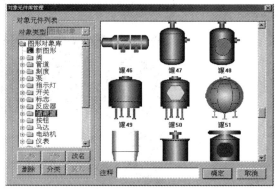

图 5-7　对象元件库

从"对象元件库管理"中的"储藏罐"中选取合适的罐，点击"确认"按钮，则所选中的罐出现在桌面的左上角。可以通过鼠标拖动来改变其大小及位置，如选择罐 17 为水塔，选择罐 53 为水罐。

从"对象元件库管理"中的"阀"和"泵"中分别选取 2 个阀，调节阀选择阀 58，出水阀选择阀 43，再从"泵"中选择泵 40 作为水泵。

流动的水是由 MCGS 动画工具箱中的"流动块"构件制作的。选中工具箱内的"流动块"动画构件(▐▌)，移动鼠标至窗口的预定位置，鼠标的光标将变为十字形状，点击一下鼠标左键开始绘制流动块，移动鼠标，在鼠标光标后形成一道虚线，移动一定距离后点击鼠标左键，生成一段流动块，鼠标移动的方向即为默认的液体流动方向。再移动鼠标到另一个点，之后点击鼠标，生成下一段流动块。当用户想结束流动块的绘制时，双击鼠标左键或按 Esc 键均可。当用户想修改流动块时，先点击选中流动块，这时流动块周围出现表示选中的白色小方块标志，鼠标指针指向小方块，按住左键不放，拖动鼠标，就可调整流动块的形状和粗细，将鼠标移到流动块上，点击鼠标右键，在弹出的菜单中点击"属性"，在出现的对话框中设置流动外观、流动方向、流动速度等基本属性，如图 5-8 所示。

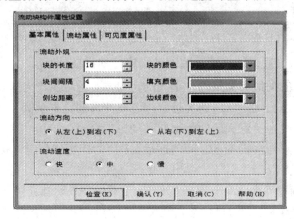

图 5-8　"流动块构件属性设置"对话框

用工具箱中的 **A** 图标分别对阀、水泵、水塔、水罐进行文字注释。

最后生成的界面如图 5-2 所示。选择"文件"菜单中的"保存工程"，则可对所完成的画面进行保存。

#### 4. 数据变量的定义

在前面我们讲过，实时数据库是 MCGS 工程的数据交换和数据处理中心。数据变量是构成实时数据库的基本单元，建立实时数据库的过程即是定义数据变量的过程。定义数据变量的内容主要包括：确定数据变量的名称、类型、初始值和数值范围；确定与数据变量存盘相关的参数，如存盘的周期、存盘的时间范围和保存期限等。

本样例工程中的变量有水泵、调节阀、出水阀、水塔、水罐等。下面以"水塔"变量为例说明其定义过程。

用鼠标点击工作台的"实时数据库"标签，进入实时数据库窗口页，对系统内建的变量不要作改动。

点击"新增对象"按钮，在窗口的数据变量列表中，增加新的数据变量，多次点击该按钮，则增加多个数据变量。系统缺省定义的名称为"Data1""Data2""Data3"等。

选中新建的变量，点击"对象属性"按钮或双击选中变量，则打开"数据对象属性设置"窗口,如图5-9所示。

将系统缺省的名称"DATA"更改为"水塔",对象类型选择"数值"。采用同样的方法可设置"水罐"变量。另外还有三个开关型变量需要设置,即"水泵""调节阀""出水阀",这三个变量只需要将类型选择为默认的"开关"即可。本系统中要定义的所有数据变量如图5-10所示。

 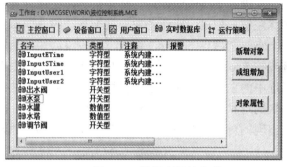

图5-9　"数据变量属性设置"窗口　　　　　　　　图5-10　数据变量的定义

### 5. 仿真界面和数据变量的连接及组件动画属性的设置

由图形对象组成的图形界面是静止不动的,需要对这些图形对象进行动画设计,真实地描述外界对象的状态变化,以达到实时监控过程的目的。本示例工程由于没有加入模拟量输入设备,所以暂时由自定义的变量来驱动动画的运行。

首先完成水塔图形与水塔变量之间的连接。在"用户窗口"中,双击"液位控制系统"进入,选中"水塔"并双击该组件,弹出"单元属性设置"窗口。在"数据对象"选项卡中点击 ? 进入变量选取界面,双击选择"水塔"变量。在"动画连接"选项卡中点击折线,则会出现 > ,单击 > 进入"动画组态属性设置"窗口,将"最小变化百分比"取为"2","最大变化百分比"取为"100","变化方向"为向上,"变化方式"为"剪切","表达式的值"取"1000",如图5-11所示。

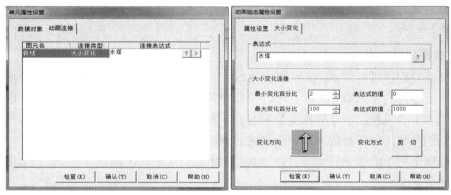

图5-11　水塔动画属性设置

对于水罐来说,其设置过程和水塔大同小异。在"液位控制系统"窗口中,双击"水罐"组件,点出 ? 进入变量选取界面,双击选择"水罐"变量。在"动画连接"选项卡中点击"矩形",单击 > 进入水罐的"动画组态属性设置"窗口,用同样的方式对窗口中的值进行修改,"表达式的值"可以设置得小一点,比如设置成200,如图5-12所示。

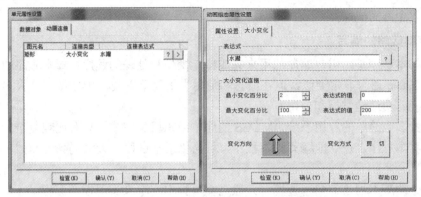

图 5-12　水罐动画属性设置

接下来完成水泵、调节阀、出水阀的变量连接和动画属性设置。在"液位控制系统"窗口中，双击"水泵"组件，进入水泵组件的"单元属性设置"窗口，先在"数据对象"选项卡中点击 ? ，将"按钮输入"和"填充颜色"两项均选取"水泵"变量，完成连接，再在"动画连接"选项卡中单击 > ，进行水泵组件的按钮输入和填充颜色的属性设置，如图 5-13 所示。设置完成后，水泵开时，显示绿色，水泵关时，显示红色。这样水泵组件与变量的连接就完成了。

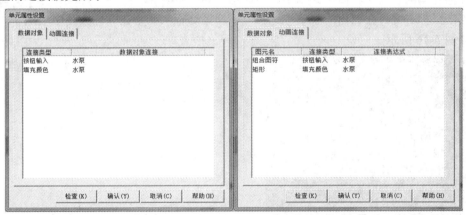

图 5-13　水泵动画属性设置

调节阀和出水阀的变量连接及动画属性设置与水泵类似。

接下来介绍流动块的动画属性设置。双击要设置属性的流动块，比如水泵后面的流动块，会出现"流动块构件属性设置"窗口，点击"流动属性"选项卡，在"表达式"文本框中输入流动块的流动条件"水泵 = 1"(见图 5-14)，即这一段流动块在水泵为 1 时流动，在水泵为 0 时停止流动。其他流动块的设置方法同上述方法类似，只需要改变流动条件即可。

至此，所有动画组件与变量的连接以及动画

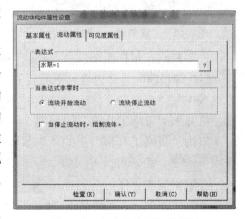

图 5-14　流动块动画属性设置

属性的设置全部完成。

### 6. 控制策略的编写

用户脚本程序是由用户编制的用来完成特定操作和处理的程序,脚本程序的编程语法与普通的 Basic 语言非常类似,但在概念和使用上更简单直观,力求做到使大多数普通用户都能正确、快速地掌握和使用。

对于大多数简单的应用系统,MCGS 的简单组态就可完成。只有比较复杂的系统,才需要使用脚本程序。正确地编写脚本程序,可简化组态过程,大大提高工作效率,优化控制过程。

下面介绍脚本程序的编写环境,并通过编写脚本程序来实现控制流程。

假设要求用户点击打开水泵,水就开始注入水塔,水塔中的水上升到 1000,即水塔水满,关闭水泵。调节阀应该是自动运行的,一旦水罐没有水,调节阀就自动打开,将水放入水罐中,一旦水罐水满,调节阀就自动关闭。

控制策略的编制过程如下:

在"运行策略"中,双击"循环策略",之后双击 图标进入"策略属性设置"界面,如图 5-15 所示,此处只需要把"循环时间"设为 200 ms,点击"确定"按钮即可。

在循环策略界面,单击工具条中的"新增策略行" 图标,或将鼠标移至 图标上,点击鼠标右键,在弹出的菜单中选择"新增策略行",则在循环策略中增加了一行策略,如图 5-16 所示。

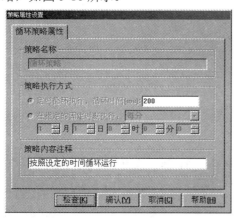

图 5-15　"策略属性设置"界面

图 5-16　新增策略行

一个策略行包括两个部分: 对应策略执行的条件, 对应策略的具体内容。下面我们先编辑脚本程序。单击工具条中的"工具箱" 图标或在 上直接点击鼠标右键,将弹出"策略工具箱",如图 5-17 所示。

双击"策略工具箱"中的"脚本程序", 图标将会变成 ,表示可以进入脚本程序的编辑状态了。

在编辑脚本程序前,先双击 ,在对话框中输入脚本执行条件"水泵 = 1",点击"确定"后,再双击 键,可进入水泵组件脚本程序的编辑。脚本程序编辑窗口如图 5-18

图 5-17　策略工具箱

所示。在此窗口中输入水泵组件的控制脚本：

　　水塔=水塔+10

IF　水塔>=1000 THEN

　　水泵=0

ENDIF

图 5-18　脚本程序编辑窗口

脚本输入完成后，点击右下角的"确定"按钮，确定保存后退出脚本编辑状态。
再用同样的方法为"调节阀"和"出水阀"两个组件添加脚本程序。

"调节阀"组件的脚本程序如下：

　　水塔=水塔-2

　　水罐=水罐+4

IF　水罐>=200 THEN

　　调节阀=0

ENDIF

IF　水塔<=8 THEN

　　水泵=1

ENDIF

"出水阀"组件的脚本程序如下：

　　水罐=水罐-2

IF　水罐<=6 THEN

　　调节阀=1

ENDIF

　　所有脚本程序输入完后，可以关闭脚本编辑窗口。确认存盘后，点击工具栏上的 按
钮，即可开始下载并运行仿真程序，还可看到系统的动画运行。

# 5.3 四节传送带控制 MCGS 仿真

## 一、任务描述

如图 5-19 所示,某四节传送带系统由传动电机 M1、M2、M3、M4 组成,完成物料的运送功能。控制要求如下:

(1) 按下启动按钮,首先启动最末一条传送带(电机 M4),每经过 2 s 延时,依次启动一条传送带(电机 M3、M2、M1)。

(2) 按下停止按钮,先停止最前一条传送带(电机 M1),每经过 2 s 延时,依次停止 M2、M3 及 M4 电机。

请根据控制要求用可编程控制器设计其控制系统并模拟调试,完成 MCGS 组态仿真界面的设计,要求组态界面能控制及监控系统的运行。

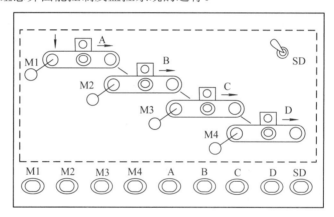

图 5-19 四节传送带控制示意图

## 二、四节传送带控制的模拟调试

下面通过实验设备完成四节传送带控制的模拟调试。

(1) 按照表 5-1 所示的 I/O 分配表在实验设备上完成模拟接线。四节传送带控制的模拟调试接线如图 5-20 所示。

表 5-1 I/O 分配表

| 输　入 | | | 输　出 | | |
|---|---|---|---|---|---|
| 名称 | 功　能 | 地　址 | 名　称 | 功　能 | 地　址 |
| SB1 | 启动按钮 | I0.0 | KM1 | 电动机 M1 接触器 | Q0.0 |
| SB2 | 停止按钮 | I0.1 | KM2 | 电动机 M2 接触器 | Q0.1 |
| | | | KM3 | 电动机 M3 接触器 | Q0.2 |
| | | | KM4 | 电动机 M4 接触器 | Q0.3 |

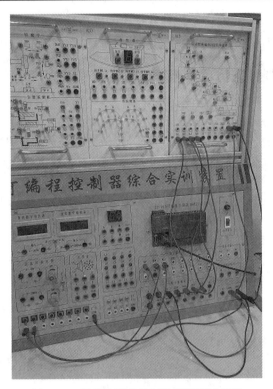

图 5-20 四节传送带控制的模拟调试接线

(2) 输入并下载 PLC 控制程序，完成模拟调试设备的模拟调试运行。

四节传送带控制的梯形图如图 5-21 所示。

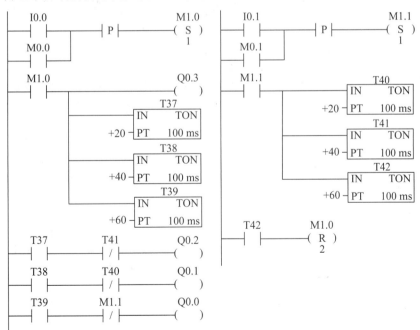

图 5-21 四节传送带控制的梯形图

说明：梯形图中，M1.0 和 M1.1 的功能是发出启动和停止信号。M0.0 是对应的仿真软件中的启动按钮，M0.1 是对应的仿真软件中的停止按钮。模拟调试运行正常后，一定要关闭 PLC 程序，否则会导致端口被占用，仿真程序无法正常运行。

## 三、四节传送带控制组态仿真界面制作

### 1. 设计仿真界面

建立一个新的工程，另存为 D:\MCGS\WORK\四节传送带控制仿真.MCE。在"用户窗口"下新建一个窗口，设置窗口属性，窗口名称设为"四节传送带控制仿真"。双击打开这个用户窗口，点击右键，在弹出的菜单中点击"插入元件"，增加四个"传送带"组件，再画四个圆，代表四个电动机 M1、M2、M3、M4，再在传送带上用方框和文本组合成四个物料块 A、B、C、D，最后为每个电动机加一个名称，再添加两个按钮，即"启动"按钮和"停止"按钮。整个四节传送带控制仿真界面如图 5-22 所示。

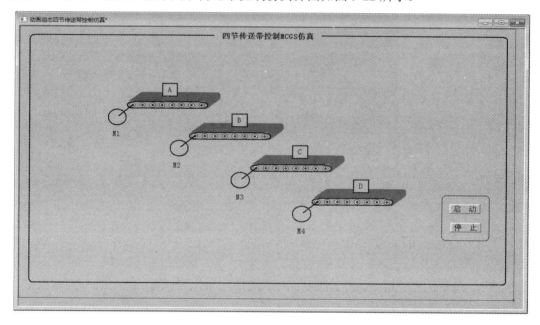

图 5-22　四节传送带控制仿真界面

### 2. 定义数据变量

鼠标点击工作台的"实时数据库"标签，进入"实时数据库"窗口，对于系统内建的变量不要作改动。

点击"新增对象"按钮，在窗口的数据变量列表中增加新的数据变量。多次点击"新增对象"按钮，则增加多个数据变量，系统缺省定义的名称为"Data1""Data2""Data3"等。双击新增的变量，更改其变量名称、变量类型，设置启动变量 SB1 和停止变量 SB2、M1 接触器 KM1、M2 接触器 KM2、M3 接触器 KM3、M4 接触器 KM4，这六个变量都是开关量，再设置 A、B、C、D 四个数值量，对应传送带上的物料块 A、B、C、D，因为四个物料块都要移动，所以这四个都是数值量，再设置数值量 TIME 用来对启动进行倒计时。

设置结果见图 5-23。

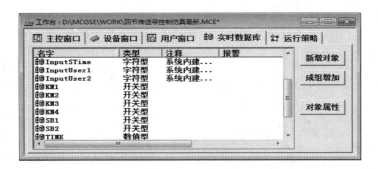

图 5-23　定义数据变量

### 3. 连接仿真界面和数据变量，设置组件动画属性

(1) 连接电动机 M1～M4 和数据变量。以电动机 M1 为例，打开"四节传送带控制仿真"窗口，双击代表 M1 的圆形组件，打开"动画组态属性设置"对话框，如图 5-24 所示。在图 5-24 中，先在"属性设置"选项卡中点击"填充颜色"选择框，这时切换到"填充颜色"选项卡，点击"表达式"框右边的 ? ，选择"KM1"变量，再设置"填充颜色连接"，如 KM1 为 0 时，选择灰色，KM1 为 1 时，选择绿色。采用同样的方法，可以为 KM2、KM3、KM4 设置显示属性。

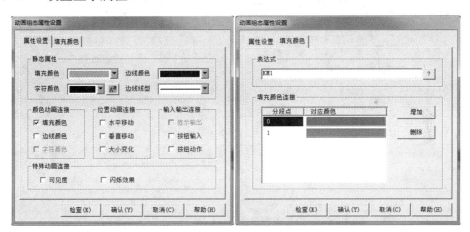

图 5-24　KM1 动画属性设置

(2) 设置四个物料块 A、B、C、D。当对应的电动机启动时，要求传送带上物料块要移动，因此 A、B、C、D 四个物料块都是数值量。下面以 A 物料块为例，介绍该组件的属性设置。A 物料块是由一个方框和一个文本组合而成的。双击 A 物料，打开"动画组态属性设置"对话框，点"水平移动"选择框，会出现"水平移动"选项卡，点击"表达式"框右边的 ? ，选择 A 变量，如图 5-25 所示。这时一定要在下面的"水平移动连接"中设置"最小移动偏移量"，偏移量设得越大，移动的速度就越快。点击"确定"退出，设置完成。B、C、D 的设置方法与 A 的设置方法是一样的。

(3) 将两个按钮连接到变量 SB1 和 SB2。

(4) 设置倒计时。前面设置了一个变量 TIME，用来对启动进行倒计时。点击工具箱中的 A 按钮，在界面上放置一个文本框，双击该文本框，出现"标签动画组态属性设置"

对话框。切换到"显示输出"选项卡，在"表达式"输入框中输入"(70-TIME1)/10"，再在"输出值类型"中选择"数值量输出"，在"输出格式"中选择"十进制"，如图 5-26 所示，点击"确定"退出。

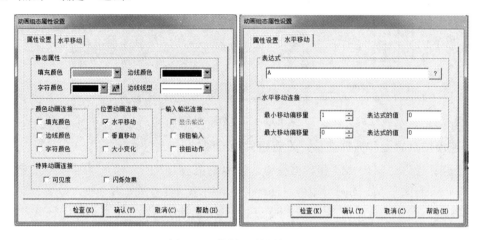

图 5-25　物料 A 的属性设置

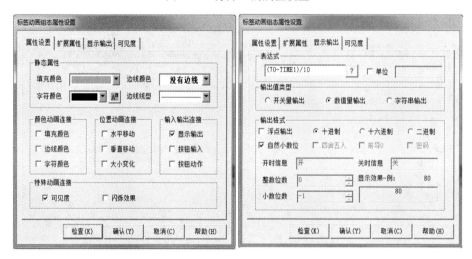

图 5-26　倒计时设置

### 4. 编写控制策略

本任务中，由于 PLC 程序完成了大部分实际控制功能，脚本程序只要完成物料块的移动就可以了，所以控制策略比较简单。

在循环控制策略对话框中，双击 把循环时间设定为 200 ms。再将鼠标移到 上，点击右键，在弹出的菜单中点击"新增策略行"，打开策略工具箱，点击脚本程序。由于有四个物料块，所以要增加四行策略行。以 KM1 的控制策略为例，在策略行中，双击，设置策略行执行的条件为"KM1 = 1"，再双击 进入策略编辑状态，输入以下脚本程序：

A=A-1

IF A<=-60 THEN

　　　　A=0
　　　ENDIF
点击"确定"退出。
　　　用同样的方法可以为 B、C、D 三个物料块增加脚本程序。
　　　物料块 B 的脚本程序(执行条件是"KM2 = 1"):
　　　B=B-1
　　　IF B<=-60 THEN
　　　　　B=0
　　　ENDIF
　　　物料块 C 的脚本程序(执行条件是"KM3 = 1"):
　　　C=C-1
　　　IF C<=-60 THEN
　　　　　C=0
　　　ENDIF
　　　物料块 D 的脚本程序(执行条件是"KM4 = 1"):
　　　D=D-1
　　　IF D<=-60 THEN
　　　　　D=0
　　　ENDIF
这样脚本程序的编辑就全部完成了。

### 5. 仿真软件与 PLC 的连接设置

　　　首先添加控制父设备和子设备。点击工作台上的"设备窗口"标签,进入"设备窗口"页面。页面中是空的,在窗口中点击右键,在弹出的菜单中点击"设备工具箱",出现如图 5-27 所示的界面。

　　　把"通用串口父设备"用鼠标拖到这个窗口中,把"西门子_S700PPI"也拖到这个窗口中。如果在"设备工具箱"中没有父设备和子设备,则可以双击"设备管理"打开设备管理库进行选择。设置完成后的"设备窗口"如图 5-28 所示。

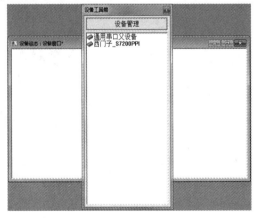

图 5-27　"设备工具箱"界面

图 5-28　设置完成后的"设备窗口"界面

在"设备窗口"中，双击"通用串口父设备 0--[通用串口父设备]"，出现如图 5-29 所示的"通用串口设备属性编辑"窗口。在这个窗口中，只需要将串口端口号选择 COM3 或 COM1 就可以了。

图 5-29　"通用串口设备属性编辑"窗口

设置完成后，再双击"设备 0--[西门子_S7200PPI]"，进入"设备编辑窗口"，如图 5-30 所示。

图 5-30　"设备编辑窗口"界面

在这里可完成仿真软件和 PLC 的连接。

先点击右边的"删除全部通道"按钮，将多余通道全部删除，再根据任务需要添加通道。

首先添加四个输出设备 KM1、KM2、KM3、KM4 的通道，它们对应的是 Q0.0、Q0.1、Q0.2 和 Q0.3。连接设置如图 5-31 所示。在"设备窗口"双击对应连接变量字段，完成连接。

其次添加按钮 SB1、SB2 的通道。它们对应的是 M0.0 和 M0.1，在 PLC 梯形图中有这两个中间点，就是为了连接两个仿真按钮。连接设置如图 5-32 所示。在"设备窗口"中双击对应连接变量字段，完成连接。

图 5-31　输出 Q0.0、Q0.1、Q0.2 和
Q0.3 通道的连接设置

图 5-32　输出 SB1、SB2 通道的连接设置

最后连接启动倒计时变量 TIME 通道，这里省略了停车倒计时，需要的话可以加一个时间变量 TIME1，以完成停止倒计时功能。启动倒计时变量 TIME 连接 PLC 梯形图中的 T37。如果要加停止倒计时，用另一个变量 TIME1 连接到 T40 即可。连接设置如图 5-33 所示。在设备窗口中双击对应连接变量字段，完成连接。

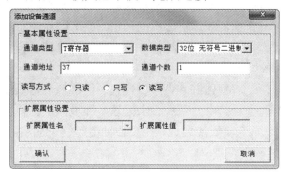

图 5-33　倒计时变量 TIME 通道的连接设置

全部通道连接完成后，"设备编辑窗口"如图 5-34 所示。

图 5-34　通道连接完成后的"设备编辑窗口"

在这个窗口中,点击"确认"按钮,即完成了所有设备的连接。

关闭设备窗口,回到工作台界面。确认存盘后,PLC 处于运行状态,再点击工具栏上的 ⌨ 按钮,即可开始下载运行仿真程序。下载完成后,在"模拟运行"模式下,点击"启动运行",仿真软件进入运行状态,同时具备控制和监控硬件设备运行的能力。

需要说明的是,如果在完成所有操作后,PLC 和仿真软件还是不能正常工作,则可能有以下两个方面的问题:一是没有关闭 PLC 程序;二是在进行父设备属性设置时,COM 口设置得不对(应选择 COM3 或 COM1 中的一个)。

# 小　结

本章介绍了 MCGS 组态软件的使用。

MCGS 为用户提供了解决实际工程问题的完整方案和开发平台,能够完成现场数据采集、实时和历史数据处理、报警和安全机制、流程控制、动画显示、趋势曲线和报表输出等功能。

建立一个 MCGS 仿真工程通常由工程文件建立、仿真界面设计、数据变量定义、仿真组件与数据变量连接及动画属性设置、控制策略建立、仿真软件与 PLC 连接等步骤组成。

使用 MCGS,用户无须具备计算机编程的知识,就可以在短时间内轻而易举地完成一个运行稳定、功能全面、维护量小并且具备专业水准的计算机监控系统的开发工作。这为初级使用者提供了极大的方便。

MCGS 具有操作简便、可视性好、可维护性强、性能高、可靠性高等突出特点,已成功应用于石油化工、钢铁行业、电力系统、水处理、环境监测、机械制造、交通运输、能源原材料、农业自动化、航空航天等领域,经过各种现场的长期实际运行,系统稳定可靠。

# 习　题　五

(1) 简述 MCGS 组态软件的构成。
(2) MCGS 组态软件有哪些特点?
(3) 怎样才能建立一个简单的 MCGS 工程?
(4) MCGS 组态软件是如何与 PLC 建立联系的?
(5) 建立 MCGS 组态软件的策略是什么?

# 第6章  湖南省电气自动化技术专业技能抽查题库(可编程控制器)

## 6.1  PLC 控制系统设计与安装调试

### 试题 H1-1-1  三相异步电动机正反转点动与连续运转控制

场次:_____    工位号:_____

注意事项:

(1) 本试题依据 2017 年修订的《湖南省高等职业院校电气自动化技术专业技能抽查考核标准》制订。

(2) 考核时间为 80 分钟。请首先按要求在试卷的标封处填写考试场次和工位号。

(3) 请仔细阅读题目的答题要求,在规定位置填写答案。

(4) 考生在指定的考核场地内进行独立操作与调试,不得以任何方式与他人交流。

(5) 考试第一步为系统设计,在答题纸上完成,第二步到工位台上进行操作并调试,进行实物演示及功能验证。考试结束时,提交实物作品与答题纸。

**一、任务描述**

某企业的一台机床主轴电动机需要采用 PLC 控制。要求:该电动机能正反转点动和连续运转。请设计其控制系统并调试。

**二、考核内容**

(1) 按控制要求画出 PLC 的 I/O 地址分配表。

(2) 完成 PLC 控制 I/O 接线图。

(3) 根据要求写出控制程序。

(4) 将编译无误的控制程序下载至 PLC 中,并完成线路连接,通电调试。

**三、说明**

(1) 抽考选用的可编程控制器为西门子 S7-200 系列。

(2) 编程软件选用西门子 STEP 7-Micro。

(3) 在考点的实训设备上利用发光二极管进行模拟调试或利用考点现有的实训模块调试。

## 四、材料清单

| 序号 | 名　称 | 型　号 | 数　量 | 说　明 |
|---|---|---|---|---|
| 1 | 可编程控制器 | S7-200/FX2N | 1 | |
| 2 | 电脑 | | 1 台 | |
| 3 | 下载线 | | 1 根 | |
| 4 | PLC 挂件 | | 若干 | 配 24 V 电源 |
| 5 | 导线 | | 若干 | |
| 6 | 钮子开关 | | 若干 | |

## 五、I/O 分配表

## 六、I/O 接线图

## 七、控制程序

# 试题 H1-1-2　小车自动往返运行控制

场次：_____　　　　　　　工位号：_____

注意事项：

(1) 本试题依据 2017 年修订的《湖南省高等职业院校电气自动化技术专业技能抽查考核标准》制订。

(2) 考核时间为 80 分钟。请首先按要求在试卷的标封处填写考试场次和工位号。

(3) 请仔细阅读题目的答题要求，在规定位置填写答案。

(4) 考生在指定的考核场地内进行独立操作与调试，不得以任何方式与他人交流。

(5) 考试第一步为系统设计，在答题纸上完成，第二步到工位台上进行操作并调试，进行实物演示及功能验证。考试结束时，提交实物作品与答题纸。

## 一、任务描述

某企业的一台运料小车需要采用 PLC 控制。要求：小车处于任意位置时，按下启动按钮，小车都能向相应的方向移动(按下前进启动按钮则前进，按下后退启动按钮则后退)。在 A、B 两端碰到行程开关时，小车立即自动反向运行。按下停止按钮，小车立即停止。小车自动往返示意图如图 6-1 所示，请设计其控制系统并调试。

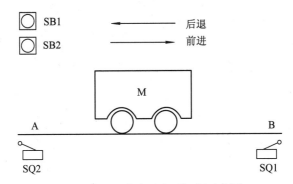

图 6-1　小车自动往返运行示意图

## 二、考核内容

(1) 按控制要求画出 PLC 的 I/O 地址分配表。

(2) 完成 PLC 控制 I/O 接线图。

(3) 根据要求写出控制程序。

(4) 将编译无误的控制程序下载至 PLC 中，并完成线路连接，通电调试。

## 三、说明

(1) 抽考选用的可编程控制器为西门子 S7-200 系列。

(2) 编程软件选用西门子 STEP 7-Micro。

(3) 在考点的实训设备上利用发光二极管进行模拟调试或利用考点现有的实训模块调试。

#### 四、材料清单

| 序号 | 名　　称 | 型　　号 | 数　　量 | 说　　明 |
|----|----------|----------|----------|----------|
| 1 | 可编程控制器 | S7-200/FX2N | 1 | |
| 2 | 电脑 | | 1 台 | |
| 3 | 下载线 | | 1 根 | |
| 4 | PLC 挂件 | | 若干 | 配 24 V 电源 |
| 5 | 导线 | | 若干 | |
| 6 | 钮子开关 | | 若干 | |

#### 五、I/O 分配表

#### 六、I/O 接线图

#### 七、控制程序

# 试题 H1-1-3　小车自动往返运行两端停留控制

场次：_____　　　　　　　工位号：_____

> 注意事项：
> (1) 本试题依据 2017 年修订的《湖南省高等职业院校电气自动化技术专业技能抽查考核标准》制订。
> (2) 考核时间为 80 分钟。请首先按要求在试卷的标封处填写考试场次和工位号。
> (3) 请仔细阅读题目的答题要求，在规定位置填写答案。
> (4) 考生在指定的考核场地内进行独立操作与调试，不得以任何方式与他人交流。
> (5) 考试第一步为系统设计，在答题纸上完成，第二步到工位台上进行操作并调试，进行实物演示及功能验证。考试结束时，提交实物作品与答题纸。

## 一、任务描述

某企业的一台运料小车需要采用 PLC 控制。要求：小车处于任意位置时，按下启动按钮，小车都能向相应的方向移动(按下前进启动按钮则前进，按下后退启动按钮则后退)。在 A、B 两端碰到行程开关时，小车停留 10 s 后立即自动反向运行。按下停止按钮，小车立即停止。小车自动往返两端停留示意图如图 6-2 所示，请设计其控制系统并调试。

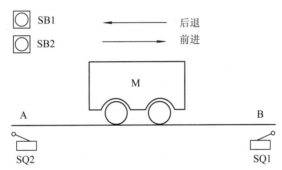

图 6-2　小车自动往返运行两端停留示意图

## 二、考核内容

(1) 按控制要求画出 PLC 的 I/O 地址分配表。
(2) 完成 PLC 控制 I/O 接线图。
(3) 根据要求写出控制程序。
(4) 将编译无误的控制程序下载至 PLC 中，并完成线路连接，通电调试。

## 三、说明

(1) 抽考选用的可编程控制器为西门子 S7-200 系列。
(2) 编程软件选用西门子 STEP 7-Micro。
(3) 在考点的实训设备上利用发光二极管进行模拟调试或利用考点现有的实训模块调试。

四、材料清单

| 序号 | 名　　称 | 型　　号 | 数　　量 | 说　明 |
|------|---------|---------|---------|--------|
| 1 | 可编程控制器 | S7-200/FX2N | 1 | |
| 2 | 电脑 | | 1台 | |
| 3 | 下载线 | | 1根 | |
| 4 | PLC 挂件 | | 若干 | 配 24 V 电源 |
| 5 | 导线 | | 若干 | |
| 6 | 钮子开关 | | 若干 | |

五、I/O 分配表

六、I/O 接线图

七、控制程序

## 试题 H1-1-4　锅炉房引风机鼓风机运行控制

场次：_____　　　　　　　　工位号：_____

注意事项：

(1) 本试题依据 2017 年修订的《湖南省高等职业院校电气自动化技术专业技能抽查考核标准》制订。

(2) 考核时间为 80 分钟。请首先按要求在试卷的标封处填写考试场次和工位号。

(3) 请仔细阅读题目的答题要求，在规定位置填写答案。

(4) 考生在指定的考核场地内进行独立操作与调试，不得以任何方式与他人交流。

(5) 考试第一步为系统设计，在答题纸上完成，第二步到工位台上进行操作并调试，进行实物演示及功能验证。考试结束时，提交实物作品与答题纸。

### 一、任务描述

某锅炉房要使用 PLC 对鼓风机与引风机进行控制。要求：按启动按钮 SB1，引风机先启动，同时引风机指示灯亮；10 s 后鼓风机自动启动，同时鼓风机指示灯亮。引风机和鼓风机运行 10 分钟后自动停止。按停止按钮 SB2，鼓风机和引风机立即停止。请设计其控制系统并调试。

### 二、考核内容

(1) 按控制要求画出 PLC 的 I/O 地址分配表。

(2) 完成 PLC 控制 I/O 接线图。

(3) 根据要求写出控制程序。

(4) 将编译无误的控制程序下载至 PLC 中，并完成线路连接，通电调试。

### 三、说明

(1) 抽考选用的可编程控制器为西门子 S7-200 系列。

(2) 编程软件选用西门子 STEP 7-Micro。

(3) 在考点的实训设备上利用发光二极管进行模拟调试或利用考点现有的实训模块调试。

### 四、材料清单

| 序号 | 名　称 | 型　号 | 数　量 | 说　明 |
|------|--------|--------|--------|--------|
| 1 | 可编程控制器 | S7-200/FX2N | 1 | |
| 2 | 电脑 | | 1 台 | |
| 3 | 下载线 | | 1 根 | |
| 4 | PLC 挂件 | | 若干 | 配 24 V 电源 |
| 5 | 导线 | | 若干 | |
| 6 | 钮子开关 | | 若干 | |

五、I/O 分配表

六、I/O 接线图

七、控制程序

# 试题 H1-1-5　电动机正反转 Y-△ 启动控制

场次：_____　　　　　　　工位号：_____

注意事项：

(1) 本试题依据 2017 年修订的《湖南省高等职业院校电气自动化技术专业技能抽查考核标准》制订。

(2) 考核时间为 80 分钟。请首先按要求在试卷的标封处填写考试场次和工位号。

(3) 请仔细阅读题目的答题要求，在规定位置填写答案。

(4) 考生在指定的考核场地内进行独立操作与调试，不得以任何方式与他人交流。

(5) 考试第一步为系统设计，在答题纸上完成，第二步到工位台上进行操作并调试，进行实物演示及功能验证。考试结束时，提交实物作品与答题纸。

## 一、任务描述

某设备的三相异步电动机要求能正反转，且正反向时都采用 Y-△ 降压启动，星形启动时间 6 s。按下停止按钮时，电动机立即失电，自由停车。请用 PLC 设计其控制系统并调试。

## 二、考核内容

(1) 按控制要求画出 PLC 的 I/O 地址分配表。

(2) 完成 PLC 控制 I/O 接线图。

(3) 根据要求写出控制程序。

(4) 将编译无误的控制程序下载至 PLC 中，并完成线路连接，通电调试。

## 三、说明

(1) 抽考选用的可编程控制器为西门子 S7-200 系列。

(2) 编程软件选用西门子 STEP 7-Micro。

(3) 在考点的实训设备上利用发光二极管进行模拟调试或利用考点现有的实训模块调试。

## 四、材料清单

| 序号 | 名　称 | 型　号 | 数　量 | 说　明 |
|---|---|---|---|---|
| 1 | 可编程控制器 | S7-200/FX2N | 1 | |
| 2 | 电脑 | | 1 台 | |
| 3 | 下载线 | | 1 根 | |
| 4 | PLC 挂件 | | 若干 | 配 24 V 电源 |
| 5 | 导线 | | 若干 | |
| 6 | 钮子开关 | | 若干 | |

五、I/O 分配表

六、I/O 接线图

七、控制程序

# 试题 H1-1-6　液压泵主轴电动机顺序启动逆序停止控制

场次：_____　　　　　　工位号：_____

注意事项：

(1) 本试题依据 2017 年修订的《湖南省高等职业院校电气自动化技术专业技能抽查考核标准》制订。

(2) 考核时间为 80 分钟。请首先按要求在试卷的标封处填写考试场次和工位号。

(3) 请仔细阅读题目的答题要求，在规定位置填写答案。

(4) 考生在指定的考核场地内进行独立操作与调试，不得以任何方式与他人交流。

(5) 考试第一步为系统设计，在答题纸上完成，第二步到工位台上进行操作并调试，进行实物演示及功能验证。考试结束时，提交实物作品与答题纸。

## 一、任务描述

某机床床身导轨需要润滑。要求：开机时先启动液压泵，然后才能启动机床的主轴电动机。停机时先停止主轴电动机，然后液压泵才能停止。即 2 台电动机(液压泵电动机 M1 和主轴电动机 M2)顺序启动，逆序停止。请用 PLC 设计其控制系统并调试。

## 二、考核内容

(1) 按控制要求画出 PLC 的 I/O 地址分配表。

(2) 完成 PLC 控制 I/O 接线图。

(3) 根据要求写出控制程序。

(4) 将编译无误的控制程序下载至 PLC 中，并完成线路连接，通电调试。

## 三、说明

(1) 抽考选用的可编程控制器为西门子 S7-200 系列。

(2) 编程软件选用西门子 STEP 7-Micro。

(3) 在考点的实训设备上利用发光二极管进行模拟调试或利用考点现有的实训模块调试。

## 四、材料清单

| 序号 | 名　称 | 型　号 | 数　量 | 说　明 |
|------|---------|---------|---------|---------|
| 1 | 可编程控制器 | S7-200/FX2N | 1 | |
| 2 | 电脑 | | 1 台 | |
| 3 | 下载线 | | 1 根 | |
| 4 | PLC 挂件 | | 若干 | 配 24 V 电源 |
| 5 | 导线 | | 若干 | |
| 6 | 钮子开关 | | 若干 | |

五、I/O 分配表

六、I/O 接线图

七、控制程序

# 试题 H1-1-7  大小球分拣传送装置控制

场次：_____  工位号：_____

注意事项：

(1) 本试题依据 2017 年修订的《湖南省高等职业院校电气自动化技术专业技能抽查考核标准》制订。

(2) 考核时间为 80 分钟。请首先按要求在试卷的标封处填写考试场次和工位号。

(3) 请仔细阅读题目的答题要求，在规定位置填写答案。

(4) 考生在指定的考核场地内进行独立操作与调试，不得以任何方式与他人交流。

(5) 考试第一步为系统设计，在答题纸上完成，第二步到工位台上进行操作并调试，进行实物演示及功能验证。考试结束时，提交实物作品与答题纸。

## 一、任务描述

某企业需要新建一套大小球分拣传送装置。要求：见图 6-3 所示，左上位为原位，按下启动按钮 SB1，机械臂从原位开始按以下顺序自动运行：下降、吸球、上升、右移、下降、释放球、上升、左移。上下左右都安装有到位行程开关。机械臂下降时，用时 5 s，如遇大球，将无法到达 SQ2 处；如遇小球，则 SQ2 接通。左、右移分别由电动机正反转带动皮带实现，由 KM1、KM2 控制；上升、下降分别由电磁阀 YV1、YV2 控制；吸球由电磁铁 YA 控制。大球放入大框，小球放入小框。按下停止按钮 SB2，机械臂完成当前工作周期后停在原位。请用可编程控制器设计其控制系统并调试。

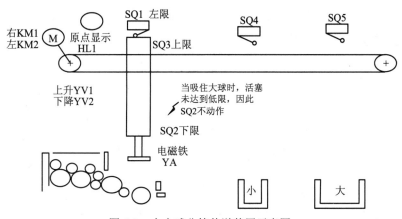

图 6-3  大小球分拣传送装置示意图

## 二、考核内容

(1) 按控制要求画出 PLC 的 I/O 地址分配表。

(2) 完成 PLC 控制 I/O 接线图。

(3) 根据要求写出控制程序。

(4) 将编译无误的控制程序下载至 PLC 中，并完成线路连接，通电调试。

## 三、说明

(1) 抽考选用的可编程控制器为西门子 S7-200 系列。

(2) 编程软件选用西门子 STEP 7-Micro。

(3) 在考点的实训设备上利用发光二极管进行模拟调试或利用考点现有的实训模块调试。

## 四、材料清单

| 序号 | 名　　称 | 型　　号 | 数　　量 | 说　　明 |
|:---:|:---:|:---:|:---:|:---:|
| 1 | 可编程控制器 | S7-200/FX2N | 1 | |
| 2 | 电脑 | | 1 台 | |
| 3 | 下载线 | | 1 根 | |
| 4 | PLC 挂件 | | 若干 | 配 24 V 电源 |
| 5 | 导线 | | 若干 | |
| 6 | 钮子开关 | | 若干 | |

## 五、I/O 分配表

## 六、I/O 接线图

## 七、控制程序

# 试题 H1-1-8　电镀生产线加工过程控制

场次：＿＿＿＿＿＿＿＿　　　　　　　　工位号：＿＿＿＿＿＿＿＿

注意事项：

(1) 本试题依据 2017 年修订的《湖南省高等职业院校电气自动化技术专业技能抽查考核标准》制订。

(2) 考核时间为 80 分钟。请首先按要求在试卷的标封处填写考试场次和工位号。

(3) 请仔细阅读题目的答题要求，在规定位置填写答案。

(4) 考生在指定的考核场地内进行独立操作与调试，不得以任何方式与他人交流。

(5) 考试第一步为系统设计，在答题纸上完成，第二步到工位台上进行操作并调试，进行实物演示及功能验证。考试结束时，提交实物作品与答题纸。

## 一、任务描述

某企业需要新建一条电镀生产线，其工艺流程如图 6-4 所示，该电镀生产线有三个工作槽，工件由行车上的吊钩通过升降进行取放，电镀工件需要经过电镀、镀液回收、清洗三道工序。工艺要求是：按启动按钮 SB1，行车上的吊钩从原位开始提起工件上升；上升到位后前进；前进到镀槽上方后，吊钩下降；下降到位后将工件放入电镀槽中进行电镀；电镀 60 s 后，吊钩提起工件上升；上升到位后，在电镀槽上方停留 2 s，让工件上的镀液流回电镀槽；接着行车后退至回收液槽上方，吊钩下降；下降到位，将工件放入回收液体槽中回收镀液；3 s 后吊钩上升；上升到位后，在回收液槽上方停留 2 s，行车后退；后退至清水槽上方，吊钩下降；下降到位后，将工件放入清水槽中清洗；3 s 后吊钩上升；上升到位后，在清水槽上方停留 2 s，行车后退；后退至左上方，吊钩下降到原位，一个电镀工作周期结束。请用 PLC 设计其控制系统并调试。

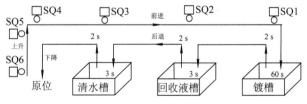

图 6-4　电镀生产线加工过程示意图

## 二、考核内容

(1) 按控制要求画出 PLC 的 I/O 地址分配表。

(2) 完成 PLC 控制 I/O 接线图。

(3) 根据要求写出控制程序。

(4) 将编译无误的控制程序下载至 PLC 中，并完成线路连接，通电调试。

## 三、说明

(1) 抽考选用的可编程控制器为西门子 S7-200 系列。

(2) 编程软件选用西门子 STEP 7-Micro。

(3) 在考点的实训设备上利用发光二极管进行模拟调试或利用考点现有的实训模块调试。

四、材料清单

| 序号 | 名　　称 | 型　　号 | 数　量 | 说　明 |
|---|---|---|---|---|
| 1 | 可编程控制器 | S7-200/FX2N | 1 | |
| 2 | 电脑 | | 1台 | |
| 3 | 下载线 | | 1根 | |
| 4 | PLC挂件 | | 若干 | 配24V电源 |
| 5 | 导线 | | 若干 | |
| 6 | 钮子开关 | | 若干 | |

五、I/O分配表

六、I/O接线图

七、控制程序

# 试题 H1-1-9　广告字牌闪烁控制

场次：_____　　　　　　　　工位号：_____

注意事项：

(1) 本试题依据 2017 年修订的《湖南省高等职业院校电气自动化技术专业技能抽查考核标准》制订。

(2) 考核时间为 80 分钟。请首先按要求在试卷的标封处填写考试场次和工位号。

(3) 请仔细阅读题目的答题要求，在规定位置填写答案。

(4) 考生在指定的考核场地内进行独立操作与调试，不得以任何方式与他人交流。

(5) 考试第一步为系统设计，在答题纸上完成，第二步到工位台上进行操作并调试，进行实物演示及功能验证。考试结束时，提交实物作品与答题纸。

## 一、任务描述

某店面名叫"彩云间"，要求：三个字的广告字牌实现闪烁，用 HL1～HL3 三个灯点亮"彩云间"三个字。按 SB1，首先"彩"亮 1 s，接着"云"亮 1 s，然后"间"亮 1 s；然后三个字一起闪烁 2 s；再过 2 s 后，接着"彩"亮 1 s，如此循环。按 SB2 停止。请根据控制要求用可编程控制器设计其控制系统并调试。

## 二、考核内容

(1) 按控制要求画出 PLC 的 I/O 地址分配表。

(2) 完成 PLC 控制 I/O 接线图。

(3) 根据要求写出控制程序。

(4) 将编译无误的控制程序下载至 PLC 中，并完成线路连接，通电调试。

## 三、说明

(1) 抽考选用的可编程控制器为西门子 S7-200 系列。

(2) 编程软件选用西门子 STEP 7-Micro。

(3) 在考点的实训设备上利用发光二极管进行模拟调试或利用考点现有的实训模块调试。

## 四、材料清单

| 序号 | 名　称 | 型　号 | 数　量 | 说　明 |
|------|--------|--------|--------|--------|
| 1 | 可编程控制器 | S7-200/FX2N | 1 | |
| 2 | 电脑 | | 1 台 | |
| 3 | 下载线 | | 1 根 | |
| 4 | PLC 挂件 | | 若干 | 配 24 V 电源 |
| 5 | 导线 | | 若干 | |
| 6 | 钮子开关 | | 若干 | |

五、I/O 分配表

六、I/O 接线图

七、控制程序

## 试题 H1-1-10　主轴电动机 Y-△ 启动控制

场次：_____　　　　　　　　工位号：_____

注意事项：

(1) 本试题依据 2017 年修订的《湖南省高等职业院校电气自动化技术专业技能抽查考核标准》制订。

(2) 考核时间为 80 分钟。请首先按要求在试卷的标封处填写考试场次和工位号。

(3) 请仔细阅读题目的答题要求，在规定位置填写答案。

(4) 考生在指定的考核场地内进行独立操作与调试，不得以任何方式与他人交流。

(5) 考试第一步为系统设计，在答题纸上完成，第二步到工位台上进行操作并调试，进行实物演示及功能验证。考试结束时，提交实物作品与答题纸。

### 一、任务描述

某企业的一台主轴电动机需要进行 Y-△ 降压启动。要求：按启动按钮 SB1，电源接触器 KM1 和 Y 形接触器 KM2 通电，电动机进行 Y 启动，5 s 后 Y 形接触器 KM2 断电，再过 0.5 s，△接触器 KM3 通电，自动切换至△运行；按停止按钮 SB2 时，电动机自由停车，电动机单向运行。请用可编程控制器设计其控制系统并调试。

### 二、考核内容

(1) 按控制要求画出 PLC 的 I/O 地址分配表。

(2) 完成 PLC 控制 I/O 接线图。

(3) 根据要求写出控制程序。

(4) 将编译无误的控制程序下载至 PLC 中，并完成线路连接，通电调试。

### 三、说明

(1) 抽考选用的可编程控制器为西门子 S7-200 系列。

(2) 编程软件选用西门子 STEP 7-Micro。

(3) 在考点的实训设备上利用发光二极管进行模拟调试或利用考点现有的实训模块调试。

### 四、材料清单

| 序号 | 名　称 | 型　号 | 数　量 | 说　明 |
|---|---|---|---|---|
| 1 | 可编程控制器 | S7-200/FX2N | 1 | |
| 2 | 电脑 | | 1 台 | |
| 3 | 下载线 | | 1 根 | |
| 4 | PLC 挂件 | | 若干 | 配 24 V 电源 |
| 5 | 导线 | | 若干 | |
| 6 | 钮子开关 | | 若干 | |

五、I/O 分配表

六、I/O 接线图

七、控制程序

# 试题 H1-1-11  四节传送带装置控制

场次: _____          工位号: _____

注意事项:

(1) 本试题依据 2017 年修订的《湖南省高等职业院校电气自动化技术专业技能抽查考核标准》制订。

(2) 考核时间为 80 分钟。请首先按要求在试卷的标封处填写考试场次和工位号。

(3) 请仔细阅读题目的答题要求,在规定位置填写答案。

(4) 考生在指定的考核场地内进行独立操作与调试,不得以任何方式与他人交流。

(5) 考试第一步为系统设计,在答题纸上完成,第二步到工位台上进行操作并调试,进行实物演示及功能验证。考试结束时,提交实物作品与答题纸。

## 一、任务描述

完成某企业的一个四节传送带装置的设计任务。如图 6-5 所示,系统由传动电机 M1、M2、M3、M4 组成,完成物料的运送功能。控制要求:

(1) 闭合"启动"开关,首先启动最末一条传送带(电机 M4),每经过 2 s 延时,依次启动一条传送带(电机 M3、M2、M1)。

(2) 断开"启动"开关,先停止最前一条传送带(电机 M1),每经过 2 s 延时,依次停止 M2、M3 及 M4 电机。

请根据控制要求用可编程控制器设计其控制系统并调试。

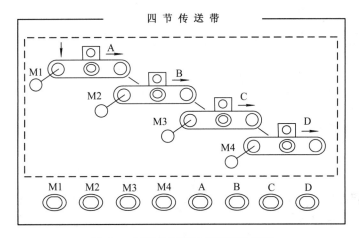

图 6-5  四节传送带装置控制示意图

## 二、考核内容

(1) 按控制要求画出 PLC 的 I/O 地址分配表。

(2) 完成 PLC 控制 I/O 接线图。

(3) 根据要求写出控制程序。

(4) 将编译无误的控制程序下载至 PLC 中,并完成线路连接,通电调试。

## 三、说明

(1) 抽考选用的可编程控制器为西门子 S7-200 系列。

(2) 编程软件选用西门子 STEP 7-Micro。

(3) 在考点的实训设备上利用发光二极管进行模拟调试或利用考点现有的实训模块调试。

## 四、材料清单

| 序号 | 名　称 | 型　号 | 数　量 | 说　明 |
|---|---|---|---|---|
| 1 | 可编程控制器 | S7-200/FX2N | 1 | |
| 2 | 电脑 | | 1 台 | |
| 3 | 下载线 | | 1 根 | |
| 4 | PLC 挂件 | | 若干 | 配 24 V 电源 |
| 5 | 导线 | | 若干 | |
| 6 | 钮子开关 | | 若干 | |

## 五、I/O 分配表

## 六、I/O 接线图

## 七、控制程序

# 试题 H1-1-12　工作台自动往返运行继电-接触器控制 PLC 改造

场次：＿＿＿＿＿＿＿＿＿　　　　工位号：＿＿＿＿＿＿＿＿＿

注意事项：

(1) 本试题依据 2017 年修订的《湖南省高等职业院校电气自动化技术专业技能抽查考核标准》制订。

(2) 考核时间为 80 分钟。请首先按要求在试卷的标封处填写考试场次和工位号。

(3) 请仔细阅读题目的答题要求，在规定位置填写答案。

(4) 考生在指定的考核场地内进行独立操作与调试，不得以任何方式与他人交流。

(5) 考试第一步为系统设计，在答题纸上完成，第二步到工位台上进行操作并调试，进行实物演示及功能验证。考试结束时，提交实物作品与答题纸。

## 一、任务描述

某机床工作台自动往返循环采用继电-接触器控制，其电气原理如图 6-6 所示。现需要采用 PLC 进行升级改造，要求：在两端碰到行程开关时，停止 5 s 后反向运行。请设计其控制系统并调试。

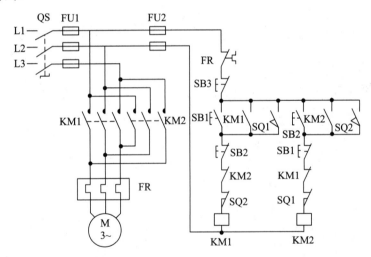

图 6-6　电动机自动往返控制电气原理图

## 二、考核内容

(1) 按控制要求画出 PLC 的 I/O 地址分配表。

(2) 完成 PLC 控制 I/O 接线图。

(3) 根据要求写出控制程序。

(4) 将编译无误的控制程序下载至 PLC 中，并完成线路连接，通电调试。

## 三、说明

(1) 抽考选用的可编程控制器为西门子 S7-200 系列。

(2) 编程软件选用西门子 STEP 7-Micro。

(3) 在考点的实训设备上利用发光二极管进行模拟调试或利用考点现有的实训模块调试。

## 四、材料清单

| 序号 | 名　称 | 型　号 | 数　量 | 说　明 |
|---|---|---|---|---|
| 1 | 可编程控制器 | S7-200/FX2N | 1 | |
| 2 | 电脑 | | 1 台 | |
| 3 | 下载线 | | 1 根 | |
| 4 | PLC 挂件 | | 若干 | 配 24 V 电源 |
| 5 | 导线 | | 若干 | |
| 6 | 钮子开关 | | 若干 | |

## 五、I/O 分配表

## 六、I/O 接线图

## 七、控制程序

# 试题 H1-1-13　小车 A、B、C 三点往返运行控制

场次：＿＿＿＿＿＿＿＿＿　　　　　　　　工位号：＿＿＿＿＿＿＿＿＿

注意事项：

(1) 本试题依据 2017 年修订的《湖南省高等职业院校电气自动化技术专业技能抽查考核标准》制订。

(2) 考核时间为 80 分钟。请首先按要求在试卷的标封处填写考试场次和工位号。

(3) 请仔细阅读题目的答题要求，在规定位置填写答案。

(4) 考生在指定的考核场地内进行独立操作与调试，不得以任何方式与他人交流。

(5) 考试第一步为系统设计，在答题纸上完成，第二步到工位台上进行操作并调试，进行实物演示及功能验证。考试结束时，提交实物作品与答题纸。

## 一、任务描述

某小车在 A、B、C 三点之间来回移动(A、B、C 三点在一条直线上)，小车三点自动往返示意图如图 6-7 所示，一个周期的工作过程为：

(1) 按下启动按钮 SB1，小车电动机 M 正转，小车前进，碰到限位开关 SQ1 后，小车停留 8 s 后，电动机反转，小车后退。

(2) 小车后退碰到限位开关 SQ2 后，小车电动机 M 停转，停 5 s。第 2 次前进，碰到限位开关 SQ3，小车停留 8 s 后，再次后退。

(3) 当小车后退再次碰到限位开关 SQ2 时，小车停止。延时 5 s 后重复上述动作。

(4) 按下停止按钮 SB2，小车在完成上述周期后停在 SQ2 处。

请根据控制要求用可编程控制器设计其控制系统并调试。

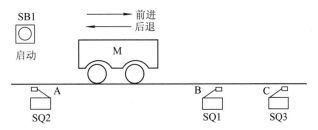

图 6-7　小车 A、B、C 三点往返运行示意图

## 二、考核内容

(1) 按控制要求画出 PLC 的 I/O 地址分配表。

(2) 完成 PLC 控制 I/O 接线图。

(3) 根据要求写出控制程序。

(4) 将编译无误的控制程序下载至 PLC 中，并完成线路连接，通电调试。

## 三、说明

(1) 抽考选用的可编程控制器为西门子 S7-200 系列。

(2) 编程软件选用西门子 STEP 7-Micro。

(3) 在考点的实训设备上利用发光二极管进行模拟调试或利用考点现有的实训模块调试。

## 四、材料清单

| 序号 | 名　称 | 型　号 | 数　量 | 说　明 |
|------|--------|--------|--------|--------|
| 1 | 可编程控制器 | S7-200/FX2N | 1 | |
| 2 | 电脑 | | 1 台 | |
| 3 | 下载线 | | 1 根 | |
| 4 | PLC 挂件 | | 若干 | 配 24 V 电源 |
| 5 | 导线 | | 若干 | |
| 6 | 钮子开关 | | 若干 | |

## 五、I/O 分配表

## 六、I/O 接线图

## 七、控制程序

# 试题 H1-1-14 三相异步电动机两地 Y-△ 启动控制

场次：_____ 工位号：_____

注意事项：

(1) 本试题依据 2017 年修订的《湖南省高等职业院校电气自动化技术专业技能抽查考核标准》制订。

(2) 考核时间为 80 分钟。请首先按要求在试卷的标封处填写考试场次和工位号。

(3) 请仔细阅读题目的答题要求，在规定位置填写答案。

(4) 考生在指定的考核场地内进行独立操作与调试，不得以任何方式与他人交流。

(5) 考试第一步为系统设计，在答题纸上完成，第二步到工位台上进行操作并调试，进行实物演示及功能验证。考试结束时，提交实物作品与答题纸。

## 一、任务描述

某企业电动机两地 Y-△ 继电-接触器控制系统电气原理图如图 6-8 所示，要求：采用 PLC 进行升级改造。请设计其控制系统并调试。

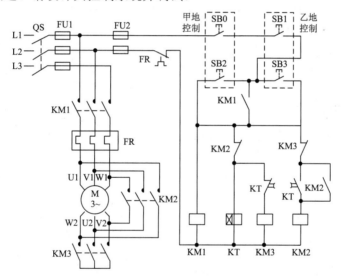

图 6-8 电动机两地 Y-△ 启动控制电气原理图

## 二、考核内容

(1) 按控制要求画出 PLC 的 I/O 地址分配表。

(2) 完成 PLC 控制 I/O 接线图。

(3) 根据要求写出控制程序。

(4) 将编译无误的控制程序下载至 PLC 中，并完成线路连接，通电调试。

## 三、说明

(1) 抽考选用的可编程控制器为西门子 S7-200 系列。

(2) 编程软件选用西门子 STEP 7-Micro。

(3) 在考点的实训设备上利用发光二极管进行模拟调试或利用考点现有的实训模块调试。

## 四、材料清单

| 序号 | 名　称 | 型　号 | 数　量 | 说　明 |
|---|---|---|---|---|
| 1 | 可编程控制器 | S7-200/FX2N | 1 | |
| 2 | 电脑 | | 1 台 | |
| 3 | 下载线 | | 1 根 | |
| 4 | PLC 挂件 | | 若干 | 配 24 V 电源 |
| 5 | 导线 | | 若干 | |
| 6 | 钮子开关 | | 若干 | |

## 五、I/O 分配表

## 六、I/O 接线图

## 七、控制程序

# 试题 H1-1-15　两台电动机协调运行控制

场次：_____　　　　　工位号：_____

注意事项：

(1) 本试题依据 2017 年修订的《湖南省高等职业院校电气自动化技术专业技能抽查考核标准》制订。

(2) 考核时间为 80 分钟。请首先按要求在试卷的标封处填写考试场次和工位号。

(3) 请仔细阅读题目的答题要求，在规定位置填写答案。

(4) 考生在指定的考核场地内进行独立操作与调试，不得以任何方式与他人交流。

(5) 考试第一步为系统设计，在答题纸上完成，第二步到工位台上进行操作并调试，进行实物演示及功能验证。考试结束时，提交实物作品与答题纸。

## 一、任务描述

某设备需要两台电动机相互协调运转。要求：按下启动按钮 SB1，电动机 M1 运转 10 s，停止 5 s，电动机 M2 与 M1 相反，M1 运行，M2 停止；M2 运行，M1 停止，如此反复动作 3 次，M1、M2 均停止。两台电动机运转的时序图如图 6-9 所示。

请根据控制要求用可编程控制器设计其控制系统并调试。

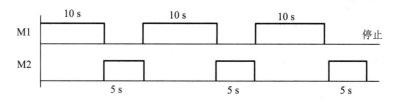

图 6-9　两台电动机协调运行控制时序图

## 二、考核内容

(1) 按控制要求画出 PLC 的 I/O 地址分配表。

(2) 完成 PLC 控制 I/O 接线图。

(3) 根据要求写出控制程序。

(4) 将编译无误的控制程序下载至 PLC 中，并完成线路连接，通电调试。

## 三、说明

(1) 抽考选用的可编程控制器为西门子 S7-200 系列。

(2) 编程软件选用西门子 STEP 7-Micro。

(3) 在考点的实训设备上利用发光二极管进行模拟调试或利用考点现有的实训模块调试。

## 四、材料清单

| 序号 | 名 称 | 型 号 | 数 量 | 说 明 |
|---|---|---|---|---|
| 1 | 可编程控制器 | S7-200/FX2N | 1 | |
| 2 | 电脑 | | 1 台 | |
| 3 | 下载线 | | 1 根 | |
| 4 | PLC 挂件 | | 若干 | 配 24 V 电源 |
| 5 | 导线 | | 若干 | |
| 6 | 钮子开关 | | 若干 | |

## 五、I/O 分配表

## 六、I/O 接线图

## 七、控制程序

# 试题 H1-1-16　两种液体自动混合装置控制

场次：＿＿＿＿＿＿＿＿＿＿　　　　　　工位号：＿＿＿＿＿＿＿＿＿＿

注意事项：

(1) 本试题依据 2017 年修订的《湖南省高等职业院校电气自动化技术专业技能抽查考核标准》制订。

(2) 考核时间为 80 分钟。请首先按要求在试卷的标封处填写考试场次和工位号。

(3) 请仔细阅读题目的答题要求，在规定位置填写答案。

(4) 考生在指定的考核场地内进行独立操作与调试，不得以任何方式与他人交流。

(5) 考试第一步为系统设计，在答题纸上完成，第二步到工位台上进行操作并调试，进行实物演示及功能验证。考试结束时，提交实物作品与答题纸。

## 一、任务描述

某企业承担了一个两种液体自动混合装置的 PLC 设计任务。要求：如图 6-10 所示，上、下和中液位传感器被液体淹没时为 ON。阀 A、阀 B 和阀 C 为电磁阀，线圈通电时打开，线圈断电时关闭。开始时，容器是空的，各阀门均关闭，各传感器均为 OFF。按下启动按钮 SB1 后，阀 A 打开，液体 A 流入容器，液面上升到中位，阀 A 关闭，阀 B 打开，液体 B 流入容器，液面到达上位时，阀 B 关闭，电动机 M 开始运行，搅动液体，6 s 后停止搅动，混合液配置成功，阀 C 打开，放出混合液，当液面降至下位时再过 2 s，容器放空，阀 C 关闭，阀 A 打开，又开始下一周期的操作。按下停止按钮 SB2，在当前工作周期的操作结束后才停止(停在初始状态)。

请设计其控制系统并调试。

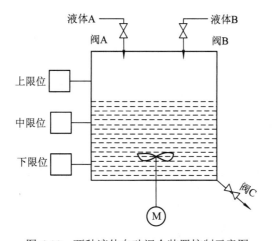

图 6-10　两种液体自动混合装置控制示意图

## 二、考核内容

(1) 按控制要求画出 PLC 的 I/O 地址分配表。

(2) 完成 PLC 控制 I/O 接线图。

(3) 根据要求写出控制程序。

(4) 将编译无误的控制程序下载至 PLC 中，并完成线路连接，通电调试。

三、说明

(1) 抽考选用的可编程控制器为西门子 S7-200 系列。

(2) 编程软件选用西门子 STEP 7-Micro。

(3) 在考点的实训设备上利用发光二极管进行模拟调试或利用考点现有的实训模块调试。

四、材料清单

| 序号 | 名　称 | 型　号 | 数　量 | 说　明 |
|------|--------|--------|--------|--------|
| 1 | 可编程控制器 | S7-200/FX2N | 1 | |
| 2 | 电脑 | | 1 台 | |
| 3 | 下载线 | | 1 根 | |
| 4 | PLC 挂件 | | 若干 | 配 24 V 电源 |
| 5 | 导线 | | 若干 | |
| 6 | 钮子开关 | | 若干 | |

五、I/O 分配表

六、I/O 接线图

七、控制程序

## 试题 H1-1-17　自动送料装车装置控制

场次：_____　　　　　　　工位号：_____

注意事项：

(1) 本试题依据 2017 年修订的《湖南省高等职业院校电气自动化技术专业技能抽查考核标准》制订。

(2) 考核时间为 80 分钟。请首先按要求在试卷的标封处填写考试场次和工位号。

(3) 请仔细阅读题目的答题要求，在规定位置填写答案。

(4) 考生在指定的考核场地内进行独立操作与调试，不得以任何方式与他人交流。

(5) 考试第一步为系统设计，在答题纸上完成，第二步到工位台上进行操作并调试，进行实物演示及功能验证。考试结束时，提交实物作品与答题纸。

### 一、任务描述

完成自动送料装车装置示意图如图 6-11 所示，系统工作原理及控制要求如下：

(1) 初始状态。红灯 HL1 灭，绿灯 HL2 亮(表示允许汽车进入车位装料)。进料阀和出料阀，以及电动机 M1、M2、M3 都是关闭的。

(2) 进料控制。料斗中的料不满时，检测开关 S 为 OFF，5 s 后进料阀打开，开始进料；当料满时，检测开关 S 为 ON，关闭进料阀，停止进料。

(3) 装车控制。

① 当汽车到达装车位置时，SQ1 为 ON，红灯 HL1 亮、绿灯 HL2 灭。启动传送带电动机 M3，2 s 后启动 M2，2 s 后启动 M1，再过 2 s 后打开料斗出料阀，开始装料。

② 当汽车装满料时，SQ2 为 ON，先关闭出料阀，2 s 后 M1 停转，又过 2 s 后 M2 停转，再过 2 s 后 M3 停转，红灯 HL1 灭，绿灯 HL2 亮。装车完毕，汽车可以开走。

(4) 起停控制。按下启动按钮 SB1，系统启动，开始装料，并按如上顺序运行；按下停止按钮 SB2，系统立即停止运行。

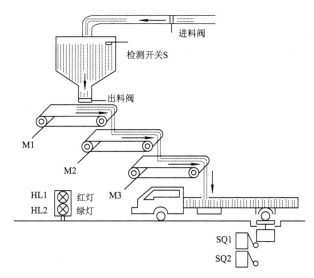

图 6-11　自动送料装车装置控制示意图

## 二、考核内容

(1) 按控制要求画出 PLC 的 I/O 地址分配表。

(2) 完成 PLC 控制 I/O 接线图。

(3) 根据要求写出控制程序。

(4) 将编译无误的控制程序下载至 PLC 中，并完成线路连接，通电调试。

## 三、说明

(1) 抽考选用的可编程控制器为西门子 S7-200 系列。

(2) 编程软件选用西门子 STEP 7-Micro。

(3) 在考点的实训设备上利用发光二极管进行模拟调试或利用考点现有的实训模块调试。

## 四、材料清单

| 序号 | 名　称 | 型　号 | 数　量 | 说　明 |
|---|---|---|---|---|
| 1 | 可编程控制器 | S7-200/FX2N | 1 | |
| 2 | 电脑 | | 1 台 | |
| 3 | 下载线 | | 1 根 | |
| 4 | PLC 挂件 | | 若干 | 配 24 V 电源 |
| 5 | 导线 | | 若干 | |
| 6 | 钮子开关 | | 若干 | |

## 五、I/O 分配表

## 六、I/O 接线图

## 七、控制程序

## 试题 H1-1-18　三种液体自动混合装置控制

场次：_____　　　　　　工位号：_____

注意事项：

(1) 本试题依据 2017 年修订的《湖南省高等职业院校电气自动化技术专业技能抽查考核标准》制订。

(2) 考核时间为 80 分钟。请首先按要求在试卷的标封处填写考试场次和工位号。

(3) 请仔细阅读题目的答题要求，在规定位置填写答案。

(4) 考生在指定的考核场地内进行独立操作与调试，不得以任何方式与他人交流。

(5) 考试第一步为系统设计，在答题纸上完成，第二步到工位台上进行操作并调试，进行实物演示及功能验证。考试结束时，提交实物作品与答题纸。

### 一、任务描述

某企业承担了一个三种液体自动混合装置设计任务。该系统由一个容器，一台搅拌机，三个液位传感器，四个电磁阀组成。初始状态时容器中没有液体，电磁阀 YV1、YV2、YV3 和 YV4 均失电关闭，搅拌机 M 停止，液位传感器 S1、S2 和 S3 均没有信号输出，如图 6-12 所示。控制要求：

按下启动按钮 SB1，开始下列操作：

(1) 电磁阀 YV1 得电打开，开始注入液体 A，液面上升到低位时，液位传感器 S3 输出信号，电磁阀 YV1 失电关闭，停止注入液体 A，同时电磁阀 YV2 得电打开，开始注入液体 B，液面上升到中位时，液位传感器 S2 输出信号，电磁阀 YV2 失电关闭，停止注入液体 B，同时电磁阀 YV3 得电打开，开始注入液体 C，液面上升到高位时，液位传感器 S1 输出信号，电磁阀 YV3 失电关闭，停止注入液体 C，所有液体添加完毕。

(2) 液体添加完毕后，搅拌机 M 开始动作，搅拌混合时间为 10 s。

(3) 当搅拌停止后，电磁阀 YV4 得电打开，开始放出混合液体，液面降至低位时再经 5 s，容器放空，电磁阀 YV4 失电关闭。

(4) 按下停止按钮 SB2 时，系统完成当前周期后才能停止。

请根据以上控制要求用可编程控制器设计其控制系统并调试。

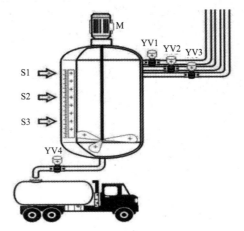

图 6-12　三种液体自动混合装置示意图

## 二、考核内容

(1) 按控制要求画出 PLC 的 I/O 地址分配表。

(2) 完成 PLC 控制 I/O 接线图。

(3) 根据要求写出控制程序。

(4) 将编译无误的控制程序下载至 PLC 中，并完成线路连接，通电调试。

## 三、说明

(1) 抽考选用的可编程控制器为西门子 S7-200 系列。

(2) 编程软件选用西门子 STEP 7-Micro。

(3) 在考点的实训设备上利用发光二极管进行模拟调试或利用考点现有的实训模块调试。

## 四、材料清单

| 序号 | 名　称 | 型　号 | 数　量 | 说　明 |
|---|---|---|---|---|
| 1 | 可编程控制器 | S7-200/FX2N | 1 | |
| 2 | 电脑 | | 1 台 | |
| 3 | 下载线 | | 1 根 | |
| 4 | PLC 挂件 | | 若干 | 配 24 V 电源 |
| 5 | 导线 | | 若干 | |
| 6 | 钮子开关 | | 若干 | |

## 五、I/O 分配表

## 六、I/O 接线图

## 七、控制程序

## 试题 H1-1-19　小车 A、B、C、D 四点往返运行控制

场次：_____　　　　　　　工位号：_____

注意事项：

(1) 本试题依据 2017 年修订的《湖南省高等职业院校电气自动化技术专业技能抽查考核标准》制订。

(2) 考核时间为 80 分钟。请首先按要求在试卷的标封处填写考试场次和工位号。

(3) 请仔细阅读题目的答题要求，在规定位置填写答案。

(4) 考生在指定的考核场地内进行独立操作与调试，不得以任何方式与他人交流。

(5) 考试第一步为系统设计，在答题纸上完成，第二步到工位台上进行操作并调试，进行实物演示及功能验证。考试结束时，提交实物作品与答题纸。

### 一、任务描述

要求某小车在 A、B、C、D 四点之间来回移动(A、B、C、D 四点在一条直线上)，四点自动往返示意图如图 6-13 所示，一个周期的工作过程为：

(1) 按下启动按钮 SB1，小车电动机 M 正转，小车前进，碰到限位开关 SQ1 后，小车停留 3 s 后，电动机反转，小车后退。

(2) 小车后退碰到限位开关 SQ2 后，小车电动机 M 停转，停 2 s。第 2 次前进，碰到限位开关 SQ3，小车停留 3 s 后，再次后退。

(3) 当小车后退再次碰到限位开关 SQ2 时，小车停止。延时 2 s 后第 3 次前进，碰到限位开关 SQ4，小车停留 3 s 后，第三次后退。

(4) 当小车后退到再次碰到限位开关 SQ2 时，停止 2 s 后完成一个工作周期，重复上述动作。

(5) 按下停止按钮 SB2，小车在完成上述周期后停在 SQ2 处。

请根据控制要求用可编程控制器设计其控制系统并调试。

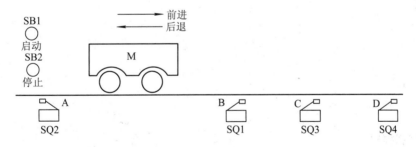

图 6-13　小车 A、B、C、D 四点往返运行示意图

### 二、考核内容

(1) 按控制要求画出 PLC 的 I/O 地址分配表。

(2) 完成 PLC 控制 I/O 接线图。

(3) 根据要求写出控制程序。

(4) 将编译无误的控制程序下载至 PLC 中，并完成线路连接，通电调试。

### 三、说明

(1) 抽考选用的可编程控制器为西门子 S7-200 系列。

(2) 编程软件选用西门子 STEP 7-Micro。

(3) 在考点的实训设备上利用发光二极管进行模拟调试或利用考点现有的实训模块调试。

### 四、材料清单

| 序号 | 名　称 | 型　号 | 数　量 | 说　明 |
|---|---|---|---|---|
| 1 | 可编程控制器 | S7-200/FX2N | 1 | |
| 2 | 电脑 | | 1 台 | |
| 3 | 下载线 | | 1 根 | |
| 4 | PLC 挂件 | | 若干 | 配 24 V 电源 |
| 5 | 导线 | | 若干 | |
| 6 | 钮子开关 | | 若干 | |

### 五、I/O 分配表

### 六、I/O 接线图

### 七、控制程序

## 试题 H1-1-20　三节传送带装置控制

场次：_____　　　　　工位号：_____

注意事项：

(1) 本试题依据 2017 年修订的《湖南省高等职业院校电气自动化技术专业技能抽查考核标准》制订。

(2) 考核时间为 80 分钟。请首先按要求在试卷的标封处填写考试场次和工位号。

(3) 请仔细阅读题目的答题要求，在规定位置填写答案。

(4) 考生在指定的考核场地内进行独立操作与调试，不得以任何方式与他人交流。

(5) 考试第一步为系统设计，在答题纸上完成，第二步到工位台上进行操作并调试，进行实物演示及功能验证。考试结束时，提交实物作品与答题纸。

### 一、任务描述

某企业承担了一个三节传送带装置的设计任务。如图 6-14 所示，系统由传动电机 M1、M2、M3 组成，完成物料的运送功能。

控制要求：

(1) 按下启动按钮 SB1，首先启动最末一条传送带(电机 M3)，每经过 2s 延时，依次启动一条传送带(电机 M2、M1)。

(2) 按下停止按钮 SB2，先停止最前一条传送带(电机 M1)，每经过 2s 延时，依次停止 M2 及 M3 电机。

请根据控制要求用可编程控制器设计其控制系统并调试。

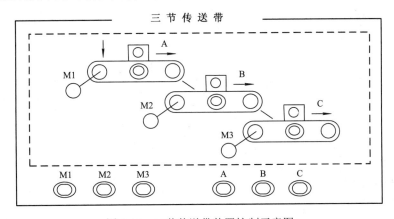

图 6-14　三节传送带装置控制示意图

### 二、考核内容

(1) 按控制要求画出 PLC 的 I/O 地址分配表。

(2) 完成 PLC 控制 I/O 接线图。

(3) 根据要求写出控制程序。

(4) 将编译无误的控制程序下载至 PLC 中，并完成线路连接，通电调试。

### 三、说明

(1) 抽考选用的可编程控制器为西门子 S7-200 系列。

(2) 编程软件选用西门子 STEP 7-Micro。

(3) 在考点的实训设备上利用发光二极管进行模拟调试或利用考点现有的实训模块调试。

### 四、材料清单

| 序号 | 名　称 | 型　号 | 数　量 | 说　明 |
|------|--------|--------|--------|--------|
| 1 | 可编程控制器 | S7-200/FX2N | 1 | |
| 2 | 电脑 | | 1 台 | |
| 3 | 下载线 | | 1 根 | |
| 4 | PLC 挂件 | | 若干 | 配 24 V 电源 |
| 5 | 导线 | | 若干 | |
| 6 | 钮子开关 | | 若干 | |

### 五、I/O 分配表

### 六、I/O 接线图

### 七、控制程序

# 试题 H1-1-21　十字路口交通灯控制

场次：_____　　　　　　　工位号：_____

注意事项：

(1) 本试题依据 2017 年修订的《湖南省高等职业院校电气自动化技术专业技能抽查考核标准》制订。

(2) 考核时间为 80 分钟。请首先按要求在试卷的标封处填写考试场次和工位号。

(3) 请仔细阅读题目的答题要求，在规定位置填写答案。

(4) 考生在指定的考核场地内进行独立操作与调试，不得以任何方式与他人交流。

(5) 考试第一步为系统设计，在答题纸上完成，第二步到工位台上进行操作并调试，进行实物演示及功能验证。考试结束时，提交实物作品与答题纸。

## 一、任务描述

某企业承担了一个十字路口交通灯控制系统设计任务。其控制要求如图 6-15 所示，启停采用开关控制，当开关 SD 合上时，系统开始工作，开关 SD 断开时，系统立即停止，绿灯闪烁 3 s(方式是通 0.2 s，断 0.2 s)，请根据控制要求用可编程控制器设计其控制系统并调试。

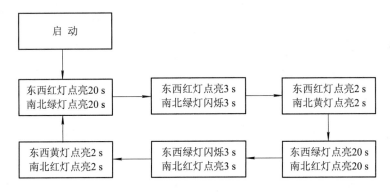

图 6-15　十字路口交通灯控制要求示意图

## 二、考核内容

(1) 按控制要求画出 PLC 的 I/O 地址分配表。

(2) 完成 PLC 控制 I/O 接线图。

(3) 根据要求写出控制程序。

(4) 将编译无误的控制程序下载至 PLC 中，并完成线路连接，通电调试。

## 三、说明

(1) 抽考选用的可编程控制器为西门子 S7-200 系列。

(2) 编程软件选用西门子 STEP 7-Micro。

(3) 在考点的实训设备上利用发光二极管进行模拟调试或利用考点现有的实训模块调试。

## 四、材料清单

| 序号 | 名 称 | 型 号 | 数 量 | 说 明 |
|---|---|---|---|---|
| 1 | 可编程控制器 | S7-200/FX2N | 1 | |
| 2 | 电脑 | | 1 台 | |
| 3 | 下载线 | | 1 根 | |
| 4 | PLC 挂件 | | 若干 | 配 24 V 电源 |
| 5 | 导线 | | 若干 | |
| 6 | 钮子开关 | | 若干 | |

## 五、I/O 分配表

## 六、I/O 接线图

## 七、控制程序

# 试题 H1-1-22 装料小车往返运行控制

场次：_____ 工位号：_____

注意事项：

(1) 本试题依据 2017 年修订的《湖南省高等职业院校电气自动化技术专业技能抽查考核标准》制订。

(2) 考核时间为 80 分钟。请首先按要求在试卷的标封处填写考试场次和工位号。

(3) 请仔细阅读题目的答题要求，在规定位置填写答案。

(4) 考生在指定的考核场地内进行独立操作与调试，不得以任何方式与他人交流。

(5) 考试第一步为系统设计，在答题纸上完成，第二步到工位台上进行操作并调试，进行实物演示及功能验证。考试结束时，提交实物作品与答题纸。

## 一、任务描述

某企业承担了一个运料小车控制系统设计任务，示意图如图 6-16 所示。

要求：原位为小车处于最左端(SQ3 接通)，按下启动按钮 SB1，装料电磁阀 YV1 得电打开，开始装料；延时 20 s，装料结束，接触器 KM1、KM3 得电，小车向右快行；碰到限位开关 SQ2 后，KM3 失电，小车慢行；碰到限位开关 SQ4 时，KM1 失电，小车停，电磁阀 YV2 得电打开，卸料开始；延时 15 s，卸料结束，KM2、KM3 得电，小车向左快行；碰到限位开关 SQ1，KM3 失电，小车慢行；碰到限位开关 SQ3，KM2 失电，小车停，又开始装料。如此周而复始。按下停止按钮 SB2，小车完成当前周期后回到最左端，系统停止工作。请用可编程控制器设计其控制系统并调试。

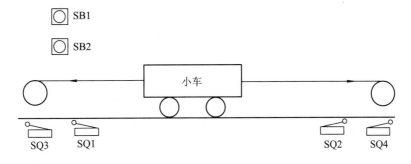

图 6-16 装料小车往返运行控制示意图

## 二、考核内容

(1) 按控制要求画出 PLC 的 I/O 地址分配表。

(2) 完成 PLC 控制 I/O 接线图。

(3) 根据要求写出控制程序。

(4) 将编译无误的控制程序下载至 PLC 中，并完成线路连接，通电调试。

## 三、说明

(1) 抽考选用的可编程控制器为西门子 S7-200 系列。

(2) 编程软件选用西门子 STEP 7-Micro。

(3) 在考点的实训设备上利用发光二极管进行模拟调试或利用考点现有的实训模块调试。

**四、材料清单**

| 序号 | 名　称 | 型　号 | 数　量 | 说　明 |
|:---:|:---:|:---:|:---:|:---:|
| 1 | 可编程控制器 | S7-200/FX2N | 1 | |
| 2 | 电脑 | | 1 台 | |
| 3 | 下载线 | | 1 根 | |
| 4 | PLC 挂件 | | 若干 | 配 24 V 电源 |
| 5 | 导线 | | 若干 | |
| 6 | 钮子开关 | | 若干 | |

**五、I/O 分配表**

**六、I/O 接线图**

**七、控制程序**

# 试题 H1-1-23　机械手运行控制

场次：_____　　　　　　工位号：_____

注意事项：

(1) 本试题依据 2017 年修订的《湖南省高等职业院校电气自动化技术专业技能抽查考核标准》制订。

(2) 考核时间为 80 分钟。请首先按要求在试卷的标封处填写考试场次和工位号。

(3) 请仔细阅读题目的答题要求，在规定位置填写答案。

(4) 考生在指定的考核场地内进行独立操作与调试，不得以任何方式与他人交流。

(5) 考试第一步为系统设计，在答题纸上完成，第二步到工位台上进行操作并调试，进行实物演示及功能验证。考试结束时，提交实物作品与答题纸。

## 一、任务描述

某企业承担一个机械手控制系统设计任务。要求机械手将工件从 A 处抓取并放到 B 处。系统示意图如图 6-17 所示。机械手停在初始状态时，SQ4 = SQ2 = 1，SQ3 = SQ1 = 0，原位指示灯 HL 点亮，SB1 启动开关合上，下降指示灯 YV1 点亮，机械手下降，(SQ2 = 0) 下降到 A 处时(SQ1 = 1)夹紧工件，夹紧放松指示灯 YV2 点亮；2 s 后，工件夹紧完成，机械手上升(SQ1 = 0)，上升指示灯 YV3 点亮，上升到位后(SQ2 = 1)，机械手右移(SQ4 = 0)，右移指示灯 YV4 点亮；机械手右移到位后(SQ3 = 1)，下降指示灯 YV1 点亮，机械手下降；机械手下降到位后(SQ1 = 1)，夹紧放松指示灯 YV2 熄灭，2 s 后机械手放松；机械手放下工件后，原路返回到原位停止。请设计其控制系统并调试。

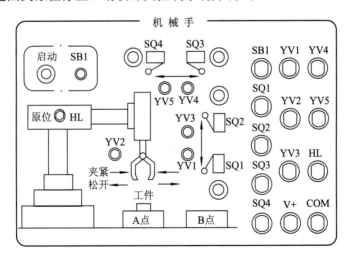

图 6-17　机械手运行控制示意图

## 二、考核内容

(1) 按控制要求画出 PLC 的 I/O 地址分配表。

(2) 完成 PLC 控制 I/O 接线图。

(3) 根据要求写出控制程序。

(4) 将编译无误的控制程序下载至 PLC 中，并完成线路连接，通电调试。

### 三、说明

(1) 抽考选用的可编程控制器为西门子 S7-200 系列。

(2) 编程软件选用西门子 STEP 7-Micro。

(3) 在考点的实训设备上利用发光二极管进行模拟调试或利用考点现有的实训模块调试。

### 四、材料清单

| 序号 | 名　称 | 型　号 | 数　量 | 说　明 |
|---|---|---|---|---|
| 1 | 可编程控制器 | S7-200/FX2N | 1 | |
| 2 | 电脑 | | 1 台 | |
| 3 | 下载线 | | 1 根 | |
| 4 | PLC 挂件 | | 若干 | 配 24 V 电源 |
| 5 | 导线 | | 若干 | |
| 6 | 钮子开关 | | 若干 | |

### 五、I/O 分配表

### 六、I/O 接线图

### 七、控制程序

# 试题 H1-1-24　抢答器控制

场次：_____　　　　　　　工位号：_____

注意事项：

(1) 本试题依据 2017 年修订的《湖南省高等职业院校电气自动化技术专业技能抽查考核标准》制订。

(2) 考核时间为 80 分钟。请首先按要求在试卷的标封处填写考试场次和工位号。

(3) 请仔细阅读题目的答题要求，在规定位置填写答案。

(4) 考生在指定的考核场地内进行独立操作与调试，不得以任何方式与他人交流。

(5) 考试第一步为系统设计，在答题纸上完成，第二步到工位台上进行操作并调试，进行实物演示及功能验证。考试结束时，提交实物作品与答题纸

## 一、任务描述

某单位要求设计一个抢答器，如图 6-18 所示，儿童 2 人，青年学生 1 人和教授 2 人组分别使用三组抢答器。要求：

(1) 参赛者若要回答主持人所提问题，需抢先按下桌上的按钮。

(2) 指示灯亮后，需等到主持人按下复位键 PB4 后才熄灭。为了给参赛儿童一些优待，PB11 和 PB12 中任一个被按下时，灯 L1 都亮。为了对教授组做一定的限制，L3 只有在 PB31 和 PB32 键都按下时才亮。

(3) 如果参赛者在主持人打开 SW 开关的 10 s 内压下按钮，说明抢答成功，电磁线圈将使彩球摇动，表示参赛者得到一次答题的机会。

请用可编程控制器设计其控制系统并调试。

图 6-18　抢答器示意图

## 二、考核内容

(1) 按控制要求画出 PLC 的 I/O 地址分配表。

(2) 完成 PLC 控制 I/O 接线图。

(3) 根据要求写出控制程序。

(4) 将编译无误的控制程序下载至 PLC 中，并完成线路连接，通电调试。

### 三、说明

(1) 抽考选用的可编程控制器为西门子 S7-200 系列。

(2) 编程软件选用西门子 STEP 7-Micro。

(3) 在考点的实训设备上利用发光二极管进行模拟调试或利用考点现有的实训模块调试。

### 四、材料清单

| 序号 | 名　称 | 型　号 | 数　量 | 说　明 |
|---|---|---|---|---|
| 1 | 可编程控制器 | S7-200/FX2N | 1 | |
| 2 | 电脑 | | 1 台 | |
| 3 | 下载线 | | 1 根 | |
| 4 | PLC 挂件 | | 若干 | 配 24 V 电源 |
| 5 | 导线 | | 若干 | |
| 6 | 钮子开关 | | 若干 | |

### 五、I/O 分配表

### 六、I/O 接线图

### 七、控制程序

# 试题 H1-1-25　煤矿通风机运转监视控制

场次：_____　　　　　　　　工位号：_____

注意事项：

(1) 本试题依据 2017 年修订的《湖南省高等职业院校电气自动化技术专业技能抽查考核标准》制订。

(2) 考核时间为 80 分钟。请首先按要求在试卷的标封处填写考试场次和工位号。

(3) 请仔细阅读题目的答题要求，在规定位置填写答案。

(4) 考生在指定的考核场地内进行独立操作与调试，不得以任何方式与他人交流。

(5) 考试第一步为系统设计，在答题纸上完成，第二步到工位台上进行操作并调试，进行实物演示及功能验证。考试结束时，提交实物作品与答题纸。

## 一、任务描述

设计某煤矿通风机运转的监视系统。要求：有 3 台通风机和一个信号灯，当某台通风机工作时，其相应开关为 ON 状态。如果 3 台通风机中有 2 台在工作，信号灯就持续发亮；如果只有 1 台通风机工作，信号灯就以 0.5 Hz 的频率闪烁；如果 3 台通风机都不工作，信号灯就以 0.25 Hz 频率闪烁；如果运转监视系统关断，信号灯就停止运行。

请用可编程控制器设计其控制系统并调试。

## 二、考核内容

(1) 按控制要求画出 PLC 的 I/O 地址分配表。

(2) 完成 PLC 控制 I/O 接线图。

(3) 根据要求写出控制程序。

(4) 将编译无误的控制程序下载至 PLC 中，并完成线路连接，通电调试。

## 三、说明

(1) 抽考选用的可编程控制器为西门子 S7-200 系列。

(2) 编程软件选用西门子 STEP 7-Micro。

(3) 在考点的实训设备上利用发光二极管进行模拟调试或利用考点现有的实训模块调试。

## 四、材料清单

| 序号 | 名　称 | 型　号 | 数　量 | 说　明 |
|------|--------|--------|--------|--------|
| 1 | 可编程控制器 | S7-200/FX2N | 1 | |
| 2 | 电脑 | | 1 台 | |
| 3 | 下载线 | | 1 根 | |
| 4 | PLC 挂件 | | 若干 | 配 24 V 电源 |
| 5 | 导线 | | 若干 | |
| 6 | 钮子开关 | | 若干 | |

五、I/O 分配表

六、I/O 接线图

七、控制程序

# 试题 H1-1-26　霓虹灯广告屏控制

场次：_____　　　　　　　　工位号：_____

注意事项：

(1) 本试题依据 2017 年修订的《湖南省高等职业院校电气自动化技术专业技能抽查考核标准》制订。

(2) 考核时间为 80 分钟。请首先按要求在试卷的标封处填写考试场次和工位号。

(3) 请仔细阅读题目的答题要求，在规定位置填写答案。

(4) 考生在指定的考核场地内进行独立操作与调试，不得以任何方式与他人交流。

(5) 考试第一步为系统设计，在答题纸上完成，第二步到工位台上进行操作并调试，进行实物演示及功能验证。考试结束时，提交实物作品与答题纸。

## 一、任务描述

某企业承担了一项运用可编程控制器控制霓虹灯广告屏的任务。该霓虹灯广告牌共有 8 根灯管，如图 6-19 所示。要求：按下启动按钮 SB1，第 1 根亮→第 2 根亮→第 3 根亮……第 8 根亮，即每隔 1 s 依次点亮，全亮后，全部灯管闪烁 3 s(灭 0.5 s 亮 0.5 s)，灯管再反过来按 8→7→6→5→4→3→2→1 反序熄灭，时间间隔仍为 1 s。灯管全灭后，停 1 s，再从第 1 根灯管点亮，开始循环。按停止按钮 SB2，系统立即停止运行。

用可编程控制器设计其控制系统并调试。

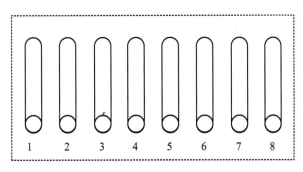

图 6-19　霓虹灯广告屏控制示意图

## 二、考核内容

(1) 按控制要求画出 PLC 的 I/O 地址分配表。

(2) 完成 PLC 控制 I/O 接线图。

(3) 根据要求写出控制程序。

(4) 将编译无误的控制程序下载至 PLC 中，并完成线路连接，通电调试。

## 三、说明

(1) 抽考选用的可编程控制器为西门子 S7-200 系列。

(2) 编程软件选用西门子 STEP 7-Micro。

(3) 在考点的实训设备上利用发光二极管进行模拟调试或利用考点现有的实训模块调试。

## 四、材料清单

| 序号 | 名　称 | 型　号 | 数　量 | 说　明 |
|------|--------|--------|--------|--------|
| 1 | 可编程控制器 | S7-200/FX2N | 1 | |
| 2 | 电脑 | | 1 台 | |
| 3 | 下载线 | | 1 根 | |
| 4 | PLC 挂件 | | 若干 | 配 24 V 电源 |
| 5 | 导线 | | 若干 | |
| 6 | 钮子开关 | | 若干 | |

## 五、I/O 分配表

## 六、I/O 接线图

## 七、控制程序

# 试题 H1-1-27　电动机 Y-△启动能耗制动控制

场次：_____　　　　　　工位号：_____

注意事项：

(1) 本试题依据 2017 年修订的《湖南省高等职业院校电气自动化技术专业技能抽查考核标准》制订。

(2) 考核时间为 80 分钟。请首先按要求在试卷的标封处填写考试场次和工位号。

(3) 请仔细阅读题目的答题要求，在规定位置填写答案。

(4) 考生在指定的考核场地内进行独立操作与调试，不得以任何方式与他人交流。

(5) 考试第一步为系统设计，在答题纸上完成，第二步到工位台上进行操作并调试，进行实物演示及功能验证。考试结束时，提交实物作品与答题纸。

## 一、任务描述

某台电动机启动时采用 Y-△降压启动，停车采用电动机 Y 接法能耗制动。Y-△降压启动和能耗制动都采用时间控制原则，即 Y 启动 5 s 后自动切换至△运行；按下停止按钮后，系统开始能耗制动，4 s 后自动切除制动电源。

图 6-20 为主电路图，请根据要求用可编程控制器设计其控制系统并调试。

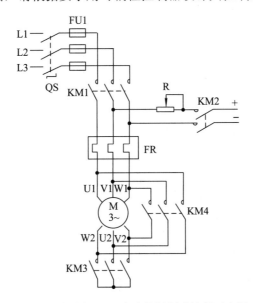

图 6-20　电动机 Y-△启动能耗制动控制示意图

## 二、考核内容

(1) 按控制要求画出 PLC 的 I/O 地址分配表。

(2) 完成 PLC 控制 I/O 接线图。

(3) 根据要求写出控制程序。

(4) 将编译无误的控制程序下载至 PLC 中，并完成线路连接，通电调试。

## 三、说明

(1) 抽考选用的可编程控制器为西门子 S7-200 系列。

(2) 编程软件选用西门子 STEP 7-Micro。

(3) 在考点的实训设备上利用发光二极管进行模拟调试或利用考点现有的实训模块调试。

## 四、材料清单

| 序号 | 名　称 | 型　号 | 数　量 | 说　明 |
|---|---|---|---|---|
| 1 | 可编程控制器 | S7-200/FX2N | 1 | |
| 2 | 电脑 | | 1 台 | |
| 3 | 下载线 | | 1 根 | |
| 4 | PLC 挂件 | | 若干 | 配 24 V 电源 |
| 5 | 导线 | | 若干 | |
| 6 | 钮子开关 | | 若干 | |

## 五、I/O 分配表

## 六、I/O 接线图

## 七、控制程序

# 试题 H1-1-28　天塔之光彩灯控制

场次：_____　　　　　　　　工位号：_____

注意事项：

(1) 本试题依据 2017 年修订的《湖南省高等职业院校电气自动化技术专业技能抽查考核标准》制订。

(2) 考核时间为 80 分钟。请首先按要求在试卷的标封处填写考试场次和工位号。

(3) 请仔细阅读题目的答题要求，在规定位置填写答案。

(4) 考生在指定的考核场地内进行独立操作与调试，不得以任何方式与他人交流。

(5) 考试第一步为系统设计，在答题纸上完成，第二步到工位台上进行操作并调试，进行实物演示及功能验证。考试结束时，提交实物作品与答题纸。

## 一、任务描述

某企业承担了一项运用可编程控制器对天塔之光运行进行控制的任务，如图 6-21 所示。要求：闭合启动开关，指示灯按以下规律循环显示：L1→L2→L3→L4→L5→L6→L7→L8→L1→L2、L3、L4→L5、L6、L7、L8→L1→…依此循环，每个状态的维持时间为 1 s。关闭启动开关，天塔之光控制系统停止运行。请根据要求用可编程控制器设计其控制系统并调试。

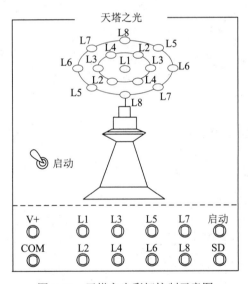

图 6-21　天塔之光彩灯控制示意图

## 二、考核内容

(1) 按控制要求画出 PLC 的 I/O 地址分配表。

(2) 完成 PLC 控制 I/O 接线图。

(3) 根据要求写出控制程序。

(4) 将编译无误的控制程序下载至 PLC 中，并完成线路连接，通电调试。

## 三、说明

(1) 抽考选用的可编程控制器为西门子 S7-200 系列。

(2) 编程软件选用西门子 STEP 7-Micro。

(3) 在考点的实训设备上利用发光二极管进行模拟调试或利用考点现有的实训模块调试。

## 四、材料清单

| 序号 | 名　　称 | 型　　号 | 数　　量 | 说　　明 |
|---|---|---|---|---|
| 1 | 可编程控制器 | S7-200/FX2N | 1 | |
| 2 | 电脑 | | 1 台 | |
| 3 | 下载线 | | 1 根 | |
| 4 | PLC 挂件 | | 若干 | 配 24 V 电源 |
| 5 | 导线 | | 若干 | |
| 6 | 钮子开关 | | 若干 | |

## 五、I/O 分配表

## 六、I/O 接线图

## 七、控制程序

# 试题 H1-1-29　三相异步电动机正反转运行控制

场次：_____　　　　　　工位号：_____

> 注意事项：
>
> (1) 本试题依据 2017 年修订的《湖南省高等职业院校电气自动化技术专业技能抽查考核标准》制订。
>
> (2) 考核时间为 80 分钟。请首先按要求在试卷的标封处填写考试场次和工位号。
>
> (3) 请仔细阅读题目的答题要求，在规定位置填写答案。
>
> (4) 考生在指定的考核场地内进行独立操作与调试，不得以任何方式与他人交流。
>
> (5) 考试第一步为系统设计，在答题纸上完成，第二步到工位台上进行操作并调试，进行实物演示及功能验证。考试结束时，提交实物作品与答题纸。

## 一、任务描述

某企业一台机床主轴电动机需要采用 PLC 进行控制。要求：用 PLC 实现该电动机正反转控制。请设计其控制系统并调试。

## 二、考核内容

(1) 按控制要求画出 PLC 的 I/O 地址分配表。

(2) 完成 PLC 控制 I/O 接线图。

(3) 根据要求写出控制程序。

(4) 将编译无误的控制程序下载至 PLC 中，并完成线路连接，通电调试。

## 三、说明

(1) 抽考选用的可编程控制器为西门子 S7-200 系列。

(2) 编程软件选用西门子 STEP 7-Micro。

(3) 在考点的实训设备上利用发光二极管进行模拟调试或利用考点现有的实训模块调试。

## 四、材料清单

| 序号 | 名　称 | 型　号 | 数　量 | 说　明 |
|------|--------|--------|--------|--------|
| 1 | 可编程控制器 | S7-200/FX2N | 1 | |
| 2 | 电脑 | | 1 台 | |
| 3 | 下载线 | | 1 根 | |
| 4 | PLC 挂件 | | 若干 | 配 24 V 电源 |
| 5 | 导线 | | 若干 | |
| 6 | 钮子开关 | | 若干 | |

五、I/O 分配表

六、I/O 接线图

七、控制程序

# 试题 H1-1-30　三台电动机循环运行控制

场次：_____　　　　　工位号：_____

> 注意事项：
> (1) 本试题依据 2017 年修订的《湖南省高等职业院校电气自动化技术专业技能抽查考核标准》制订。
> (2) 考核时间为 80 分钟。请首先按要求在试卷的标封处填写考试场次和工位号。
> (3) 请仔细阅读题目的答题要求，在规定位置填写答案。
> (4) 考生在指定的考核场地内进行独立操作与调试，不得以任何方式与他人交流。
> (5) 考试第一步为系统设计，在答题纸上完成，第二步到工位台上进行操作并调试，进行实物演示及功能验证。考试结束时，提交实物作品与答题纸。

## 一、任务描述

某企业承担了一个三台电动机 M1、M2、M3 循环运行控制的程序设计任务，如图 6-22 所示。要求：按下启动按钮 SB1，三台电动机相隔 5 s 依次启动，各运行 10 s 停止，之后重复这一过程，按下停止按钮 SB2，三台电动机 M1、M2、M3 都停止。请用可编程控制器设计其控制系统并调试。

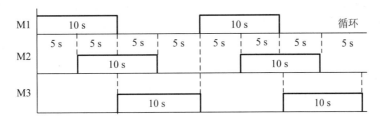

图 6-22　三台电动机循环运行控制示意图

## 二、考核内容

(1) 按控制要求画出 PLC 的 I/O 地址分配表。
(2) 完成 PLC 控制 I/O 接线图。
(3) 根据要求写出控制程序。
(4) 将编译无误的控制程序下载至 PLC 中，并完成线路连接，通电调试。

## 三、说明

(1) 抽考选用的可编程控制器为西门子 S7-200 系列。
(2) 编程软件选用西门子 STEP 7-Micro。
(3) 在考点的实训设备上利用发光二极管进行模拟调试或利用考点现有的实训模块调试。

**四、材料清单**

| 序号 | 名　称 | 型　号 | 数　量 | 说　明 |
|------|--------|--------|--------|--------|
| 1 | 可编程控制器 | S7-200/FX2N | 1 | |
| 2 | 电脑 | | 1 台 | |
| 3 | 下载线 | | 1 根 | |
| 4 | PLC 挂件 | | 若干 | 配 24 V 电源 |
| 5 | 导线 | | 若干 | |
| 6 | 钮子开关 | | 若干 | |

**五、I/O 分配表**

**六、I/O 接线图**

**七、控制程序**

# PLC 控制系统设计与安装调试试题答题纸

场次：＿＿＿＿＿＿＿＿　　　　工位号：＿＿＿＿＿＿＿＿

(一) 设计电气原理图(没有主电路的只需画 I/O 接线图)

(二) 列出 I/O 元件分配表

(三) 写出控制程序

(四) 简述运行调试步骤

## PLC 控制系统的设计安装与调试评价标准

| 评价内容 | | 配分 | 考 核 点 |
|---|---|---|---|
| 职业素养与操作规范(20分) | 工作前准备 | 10 | 清点器件、仪表、工具,并摆放整齐。穿戴好劳动防护用品 |
| | 6S 规范 | 10 | (1) 操作过程中无不文明行为,具有良好的职业操守,独立完成考核内容、合理解决突发事件。<br>(2) 作业完成后,保持工具、仪表、元器件、设备等摆放整齐。<br>(3) 具有安全用电意识,操作符合规范要求。<br>(4) 作业完成后清理、清扫工作现场 |
| 作品(80分) | 系统设计(答题纸) | 20 | (1) 正确设计主电路。<br>(2) 列出输入输出元件分配表,画出 I/O 接线图。<br>(3) 正确设计 PLC 程序。<br>(4) 正确写出运行调试步骤 |
| | 安装与接线 | 10 | (1) 安装时关闭电源。<br>(2) 线路布置整齐合理。<br>(3) 正确完成主电路的接线。<br>(4) 正确完成 I/O 接线图接线 |
| | 系统调试 | 10 | (1) 能熟练操作软件输入程序。<br>(2) 会进行程序删除、插入、修改等操作。<br>(3) 会联机下载调试程序 |
| | 功能实现 | 40 | 按照被控设备的动作要求进行模拟调试,达到控制要求,线路通电正常工作,各项功能完好 |
| 工 时 | | | 80 分钟 |

## PLC 控制系统的设计安装与调试评分细则

| 评价内容 | | 配分 | 考 核 点 |
|---|---|---|---|
| 职业素养与操作规范(20分) | 工作前准备 | 10 | (1) 未按要求穿戴好劳动防护用品,扣 3 分。<br>(2) 未清点工具、器件等,每项扣 3 分。<br>(3) 工具摆放不整齐,扣 3 分 |
| | 6S 规范 | 10 | (1) 操作过程中乱摆放工具、仪表,乱丢杂物等,扣 5 分。<br>(2) 完成任务后不清理工位,扣 5 分。<br>(3) 出现人员受伤、设备损坏事故,考试成绩记 0 分 |
| 作品(80分) | 系统设计(答题纸) | 20 | (1) 设计电气原理图(没有主电路的只需要画 I/O 接线图),每处错误扣 1 分。<br>(2) 列出 I/O 元件分配表,每处错误扣 1 分。<br>(3) 写出控制程序,每处错误扣 2 分。<br>(4) 简述运行调试步骤,每处错误扣 2 分 |
| | 安装与接线 | 10 | (1) 安装时未关闭电源开关,用手触摸电器线路或带电进行电路连接或改接,本项记 0 分。<br>(2) 线路布置不整齐、不合理,每处扣 2 分。 |

| 评价内容 | | 配分 | 考 核 点 |
|---|---|---|---|
| 作品<br>(80 分) | 安装与接线 | 10 | (3) 损坏元件扣 5 分。<br>(4) 不按主电路图接线，每处扣 2 分。<br>(5) 不按 I/O 接线图接线，每处扣 2 分 |
| | 系统调试 | 10 | (1) 不会熟练操作软件输入程序，扣 10 分。<br>(2) 不会进行程序删除、插入、修改等操作，每项扣 2 分。<br>(3) 不会联机下载程序扣 10 分 |
| | 功能实现 | 40 | 一次试车不成功，扣 10 分；二次试车不成功，扣 20 分；三次试车不成功，本项记 0 分 |
| 工　时 | | | 80 分钟 |

# 6.2　PLC、变频器和组态的综合应用

## 试题 Z1-1-1　工作台往返运行控制

场次：＿＿＿＿＿＿＿＿＿　　　　　　　工位号：＿＿＿＿＿＿＿＿＿

注意事项：

(1) 本试题依据 2017 年制订的《湖南省高等职业院校电气自动化技术专业技能抽查考核标准》命制。

(2) 考核时间为 120 分钟。请首先按要求在试卷的标封处填写考试场次和工位号。

(3) 请仔细阅读题目的答题要求，在规定位置填写答案。

(4) 考生在指定的考核场地内进行独立操作与调试，不得以任何方式与他人交流。

(5) 考试结束时，提交试题纸、答题纸、实物作品，并进行实物演示、功能验证。

### 一、任务描述

一台矩形磨床的工作台由三相异步电动机带动实现自动往返控制。具体要求如下：按下启动按钮 SB1，工作台前进到 SQ1，然后后退至 SQ2，又前进，如此循环。按下停止按钮 SB2，工作台立即停止。电动机型号为 Y-112M-4，4 kW、380 V、△接法、8.8 A、1440 r/min。

请按要求完成工作台 PLC 控制系统及组态监控系统的设计、安装、接线、调试与功能演示。要求组态界面能用按钮控制工作台的启动和停止，并能动态监控工作台的运动。

### 二、考核内容

(1) 按控制要求画出 PLC 控制系统的硬件接线图。

(2) 设计 PLC 程序。

(3) 根据考场提供的器件、设备完成元件布置，并安装、接线。

(4) 完成 PLC 控制系统的调试。

(5) 开发组态监控系统, 完成组态监控系统的调试与功能演示。

要求: 元器件布置整齐、合理, 安装牢固; 导线的进线槽美观; 连接点牢固, 连接点处裸露导线长度合理, 无毛刺; 组态界面美观, 控制正确, 动态监视合理。

### 三、说明

(1) 考生根据实际情况选择西门子 S7-200 系列或三菱 FX 系列可编程控制器。

(2) 编程软件选用西门子 STEP 7-Micro/WIN V4.0 或三菱编程软件 GX Developer。

(3) 组态软件选用 MCGS 或组态王等常用组态软件。

(4) 在考点的实训设备上进行模拟调试。

### 四、考点提供的设备清单

| 序号 | 名　称 | 规格/技术参数 | 型　号 | 数量 | 说　明 |
|------|--------|---------------|--------|------|--------|
| 1 | PLC(带下载线) | | S7-200/FX2N | 1 台 | 根据考生要求配备 |
| 2 | 计算机 | | | 1 台 | 安装编程软件与组态软件 |
| 3 | 实训台 | | | 1 台 | 配备对应电源、实训组件 |
| 4 | 电动机 | 4 kW、380 V、△接法 | Y-112M-4 | 1 台 | |

### 五、PLC 硬件接线图

### 六、PLC 控制程序

# 试题 Z1-1-2　主轴电动机两地启停控制

场次：＿＿＿＿＿＿＿＿＿＿　　　　　　　　工位号：＿＿＿＿＿＿＿＿＿＿

注意事项：

(1) 本试题依据 2017 年制订的《湖南省高等职业院校电气自动化技术专业技能抽查考核标准》命制。

(2) 考核时间为 120 分钟。请首先按要求在试卷的标封处填写考试场次和工位号。

(3) 请仔细阅读题目的答题要求，在规定位置填写答案。

(4) 考生在指定的考核场地内进行独立操作与调试，不得以任何方式与他人交流。

(5) 考试结束时，提交试题纸、答题纸、实物作品，并进行实物演示、功能验证。

## 一、任务描述

有一台机床设备的主轴电动机启停采用控制柜和操作台两处控制，主轴电动机型号为 Y-112M-4，4 kW、380 V、△接法、8.8 A、1440 r/min。

请按要求完成工作台 PLC 控制系统及组态监控系统的设计、安装、接线、调试与功能演示。要求组态界面能用按钮控制工作台的启动和停止，并能动态监控工作台的运动。

## 二、考核内容

(1) 按控制要求画出 PLC 控制系统的硬件接线图。

(2) 设计 PLC 程序。

(3) 根据考场提供的器件、设备完成元件布置，并安装、接线。

(4) 完成 PLC 控制系统的调试。

(5) 开发组态监控系统，完成组态监控系统的调试与功能演示。

要求：元器件布置整齐、合理，安装牢固；导线的进线槽美观；连接点牢固，连接点处裸露导线长度合理，无毛刺；组态界面美观，控制正确，动态监视合理。

## 三、说明

(1) 考生根据实际情况选择西门子 S7-200 系列或三菱 FX 系列可编程控制器。

(2) 编程软件选用西门子 STEP 7-Micro/WIN V4.0 或三菱编程软件 GX Developer。

(3) 组态软件选用 MCGS 或组态王等常用组态软件。

(4) 在考点的实训设备上进行模拟调试。

## 四、考点提供的设备清单

| 序号 | 名　称 | 规格/技术参数 | 型　号 | 数量 | 说　明 |
|---|---|---|---|---|---|
| 1 | PLC(带下载线) | | S7-200/FX2N | 1 台 | 根据考生要求配备 |
| 2 | 计算机 | | | 1 台 | 安装编程软件与组态软件 |
| 3 | 实训台 | | | 1 台 | 配备对应电源、实训组件 |
| 4 | 电动机 | 4 kW、380 V、△接法 | Y-112M-4 | 1 台 | |

五、PLC 硬件接线图

六、PLC 控制程序

## 试题 Z1-1-3　传输带电动机 Y-△ 降压启动控制

场次：＿＿＿＿＿＿＿＿＿　　　　　　　工位号：＿＿＿＿＿＿＿＿＿

注意事项：

(1) 本试题依据 2017 年制订的《湖南省高等职业院校电气自动化技术专业技能抽查考核标准》命制。

(2) 考核时间为 120 分钟。请首先按要求在试卷的标封处填写考试场次和工位号。

(3) 请仔细阅读题目的答题要求，在规定位置填写答案。

(4) 考生在指定的考核场地内进行独立操作与调试，不得以任何方式与他人交流。

(5) 考试结束时，提交试题纸、答题纸、实物作品，并进行实物演示、功能验证。

### 一、任务描述

某传输带采用电动机拖动，电动机采用时间原则控制的 Y-△ 降压启动(按下启动按钮后，电动机先 Y 形启动，5 s 后自动切换至△形运行)。电动机型号为 Y-112M-4，4 kW、380 V、△接法、8.8 A、1440 r/min。

请按要求完成传输带启动 PLC 控制系统及组态监控系统的设计、安装、接线、调试与功能演示。组态界面要求能用按钮控制工作台的启动和停止，并能动态监控传输带的工作状态。

### 二、考核内容

(1) 按控制要求画出 PLC 控制系统的硬件接线图。

(2) 设计 PLC 程序。

(3) 根据考场提供的器件、设备完成元件布置，并安装、接线。

(4) 完成 PLC 控制系统的调试。

(5) 开发组态监控系统，完成组态监控系统的调试与功能演示。

要求：元器件布置整齐、合理，安装牢固；导线的进线槽美观；连接点牢固，连接点处裸露导线长度合理，无毛刺；组态界面美观，控制正确，动态监视合理。

### 三、说明

(1) 考生根据实际情况选择西门子 S7-200 系列或三菱 FX 系列可编程控制器。

(2) 编程软件选用西门子 STEP 7-Micro/WIN V4.0 或三菱编程软件 GX Developer。

(3) 组态软件选用 MCGS 或组态王等常用组态软件。

(4) 在考点的实训设备上进行模拟调试。

### 四、考点提供的设备清单

| 序号 | 名　称 | 规格/技术参数 | 型　号 | 数量 | 说　明 |
|---|---|---|---|---|---|
| 1 | PLC(带下载线) | | S7-200/FX2N | 1 台 | 根据考生要求配备 |
| 2 | 计算机 | | | 1 台 | 安装编程软件与组态软件 |
| 3 | 实训台 | | | 1 台 | 配备对应电源、实训组件 |
| 4 | 电动机 | 4 kW、380 V、△接法 | Y-112M-4 | 1 台 | |

五、PLC 硬件接线图

六、PLC 控制程序

# 试题 Z1-1-4 传输带启停控制

场次: _____      工位号: _____

注意事项:

(1) 本试题依据 2017 年制订的《湖南省高等职业院校电气自动化技术专业技能抽查考核标准》命制。

(2) 考核时间为 120 分钟。请首先按要求在试卷的标封处填写考试场次和工位号。

(3) 请仔细阅读题目的答题要求,在规定位置填写答案。

(4) 考生在指定的考核场地内进行独立操作与调试,不得以任何方式与他人交流。

(5) 考试结束时,提交试题纸、答题纸、实物作品,并进行实物演示、功能验证。

## 一、任务描述

某传输带采用双速电动机控制,要求低速启动,5 s 自动切换至高速运行。双速电机型号为 YD802-4-2;极数为 2/4;额定功率为 0.55/0.75 kW;额定电压为 380 V;额定转速为 1420/2860 r/min。

请按要求完成传输带启动 PLC 控制系统及组态监控系统设计、安装、接线、调试与功能演示。组态界面要求能用按钮控制工作台的启动和停止,并能动态监控传输带的工作状态。

## 二、考核内容

(1) 按控制要求画出 PLC 控制系统的硬件接线图。

(2) 设计 PLC 程序。

(3) 根据考场提供的器件、设备完成元件布置,并安装、接线。

(4) 完成 PLC 控制系统的调试。

(5) 开发组态监控系统,完成组态监控系统的调试与功能演示。

要求:元器件布置整齐、合理,安装牢固;导线的进线槽美观;连接点牢固,连接点处裸露导线长度合理,无毛刺;组态界面美观,控制正确,动态监视合理。

## 三、说明

(1) 考生根据实际情况选择西门子 S7-200 系列或三菱 FX 系列可编程控制器。

(2) 编程软件选用西门子 STEP 7-Micro/WIN V4.0 或三菱编程软件 GX Developer。

(3) 组态软件选用 MCGS 或组态王等常用组态软件。

(4) 在考点的实训设备上进行模拟调试。

## 四、考点提供的设备清单

| 序号 | 名 称 | 规格/技术参数 | 型 号 | 数量 | 说 明 |
|------|--------|----------------|--------|------|--------|
| 1 | PLC(带下载线) | | S7-200/FX2N | 1 台 | 根据考生要求配备 |
| 2 | 计算机 | | | 1 台 | 安装编程软件与组态软件 |
| 3 | 实训台 | | | 1 台 | 配备对应电源、实训组件 |
| 4 | 电动机 | 4 kW、380 V、△接法 | Y-112M-4 | 1 台 | |

五、PLC 硬件接线图

六、PLC 控制程序

# 试题 Z1-1-5　运料小车控制

场次：＿＿＿＿＿＿＿＿＿　　　　　工位号：＿＿＿＿＿＿＿＿＿

注意事项：

(1) 本试题依据 2017 年制订的《湖南省高等职业院校电气自动化技术专业技能抽查考核标准》命制。

(2) 考核时间为 120 分钟。请首先按要求在试卷的标封处填写考试场次和工位号。

(3) 请仔细阅读题目的答题要求，在规定位置填写答案。

(4) 考生在指定的考核场地内进行独立操作与调试，不得以任何方式与他人交流。

(5) 考试结束时，提交试题纸、答题纸、实物作品，并进行实物演示、功能验证。

## 一、任务描述

某运料小车控制系统如图 6-23 所示，要求：循环开始时，小车处于最左端，按下启动按钮 SB1，装料电磁阀 YV1 得电，延时 10 s；YV1 失电，装料结束，接触器 KM1 得电，小车右行；碰到限位开关 SQ2 后，KM1 失电，小车停止，电磁阀 YV2 得电，卸料开始，延时 10 s；卸料结束后，电磁阀 YV2 失电，KM2 得电，小车左行；碰到限位开关 SQ1，KM2 失电，小车停止；装料开始。如此周而复始。按下停止按钮 SB2 时，PLC 完成当前周期后，小车回到最左端，系统停止工作。SQ3 和 SQ4 为极限位置保护开关。

请按要求完成该系统 PLC 控制及组态监控系统的设计、安装、接线、调试与功能演示。要求组态界面能用按钮控制系统的启动和停止，并能动态监控运料系统的工作状态。

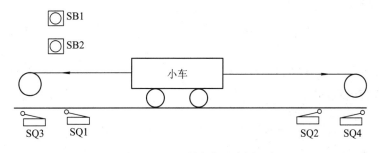

图 6-23　运料小车示意图

## 二、考核内容

(1) 按控制要求画出 PLC 控制系统的硬件接线图。

(2) 设计 PLC 程序。

(3) 根据考场提供的器件、设备完成元件布置，并安装、接线。

(4) 完成 PLC 控制系统的调试。

(5) 开发组态监控系统，完成组态监控系统的调试与功能演示。

要求：元器件布置整齐、合理，安装牢固；导线的进线槽美观；连接点牢固，连接点处裸露导线长度合理，无毛刺；组态界面美观，控制正确，动态监视合理。

## 三、说明

(1) 考生根据实际情况选择西门子 S7-200 系列或三菱 FX 系列可编程控制器。

(2) 编程软件选用西门子 STEP 7-Micro/WIN V4.0 或三菱编程软件 GX Developer。

(3) 组态软件选用 MCGS 或组态王等常用组态软件。

(4) 在考点的实训设备上进行模拟调试。

## 四、考点提供的设备清单

| 序号 | 名　称 | 规格/技术参数 | 型　号 | 数量 | 说　明 |
|---|---|---|---|---|---|
| 1 | PLC(带下载线) | | S7-200/FX2N | 1 台 | 根据考生要求配备 |
| 2 | 计算机 | | | 1 台 | 安装编程软件与组态软件 |
| 3 | 实训台 | | | 1 台 | 配备对应电源、实训组件 |
| 4 | 电动机 | 4 kW、380 V、△接法 | Y-112M-4 | 1 台 | |

## 五、PLC 硬件接线图

## 六、PLC 控制程序

# 试题 Z1-1-6　两节传送带控制

场次：＿＿＿＿＿＿＿＿＿　　　　　　工位号：＿＿＿＿＿＿＿＿＿

注意事项：

(1) 本试题依据 2017 年制订的《湖南省高等职业院校电气自动化技术专业技能抽查考核标准》命制。

(2) 考核时间为 120 分钟。请首先按要求在试卷的标封处填写考试场次和工位号。

(3) 请仔细阅读题目的答题要求，在规定位置填写答案。

(4) 考生在指定的考核场地内进行独立操作与调试，不得以任何方式与他人交流。

(5) 考试结束时，提交试题纸、答题纸、实物作品，并进行实物演示、功能验证。

## 一、任务描述

某两节传送带运输系统如图 6-24 所示，要求：按下启动按钮 SB1，传送带 2 开始运行，运行 5 s 后传送带 1 开始运行。按下停止按钮 SB2，传送带 1 停止，传送带 1 停止 5 s 后传送带 2 停止运行。重新启动后仍按此过程工作。

请按要求完成该 PLC 控制系统及组态监控系统的设计、安装、接线、调试与功能演示。组态界面要求能用按钮控制工作台的启动和停止，并能动态监控两节传送带的工作状态。

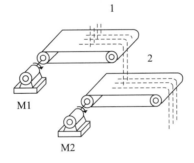

图 6-24　传送带示意图

## 二、考核内容

(1) 按控制要求，画出 PLC 控制系统的硬件接线图。

(2) 设计 PLC 程序。

(3) 根据考场提供的器件、设备完成元件布置，并安装、接线。

(4) 完成 PLC 控制系统的调试。

(5) 开发组态监控系统，完成组态监控系统的调试与功能演示。

要求：元器件布置整齐、合理，安装牢固；导线的进线槽美观；连接点牢固，连接点处裸露导线长度合理，无毛刺；组态界面美观，控制正确，动态监视合理。

## 三、说明

(1) 考生根据实际情况选择西门子 S7-200 系列或三菱 FX 系列可编程控制器。

(2) 编程软件选用西门子 STEP 7-Micro/WIN V4.0 或三菱编程软件 GX Developer。

(3) 组态软件选用 MCGS 或组态王等常用组态软件。

(4) 在考点的实训设备上进行模拟调试。

## 四、考点提供的设备清单

| 序号 | 名　称 | 规格/技术参数 | 型　号 | 数量 | 说　明 |
|---|---|---|---|---|---|
| 1 | PLC(带下载线) | | S7-200/FX2N | 1台 | 根据考生要求配备 |
| 2 | 计算机 | | | 1台 | 安装编程软件与组态软件 |
| 3 | 实训台 | | | 1台 | 配备对应电源、实训组件 |
| 4 | 电动机 | 4 kW、380 V、△接法 | Y-112M-4 | 1台 | |

## 五、PLC 硬件接线图

## 六、PLC 控制程序

# 试题 Z1-1-7　十字路口交通灯控制

场次：＿＿＿＿＿＿＿＿　　　　　　　　工位号：＿＿＿＿＿＿＿＿

> 注意事项：
>
> (1) 本试题依据 2017 年制订的《湖南省高等职业院校电气自动化技术专业技能抽查考核标准》命制。
>
> (2) 考核时间为 120 分钟。请首先按要求在试卷的标封处填写考试场次和工位号。
>
> (3) 请仔细阅读题目的答题要求，在规定位置填写答案。
>
> (4) 考生在指定的考核场地内进行独立操作与调试，不得以任何方式与他人交流。
>
> (5) 考试结束时，提交试题纸、答题纸、实物作品，并进行实物演示、功能验证。

## 一、任务描述

某十字路口交通灯控制系统任务如图 6-25 所示。要求：启停采用开关控制，当开关 SD 合上时，系统开始工作；当开关 SD 断开时，系统立即停止。

请按要求完成该系统 PLC 控制系统及组态监控系统的设计、安装、接线、调试与功能演示。组态界面要求能用按钮控制工作台的启动和停止，并能动态监控十字路口交通灯控制系统的工作状态。

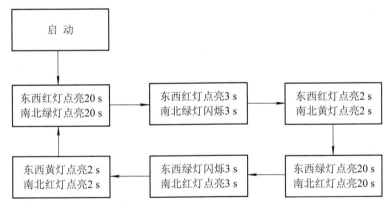

图 6-25　十字路口交通灯控制系统任务

## 二、考核内容

(1) 按控制要求画出 PLC 控制系统的硬件接线图。

(2) 设计 PLC 程序。

(3) 根据考场提供的器件、设备完成元件布置，并安装、接线。

(4) 完成 PLC 控制系统的调试。

(5) 开发组态监控系统，完成组态监控系统的调试与功能演示。

要求：元器件布置整齐、合理，安装牢固；导线的进线槽美观；连接点牢固，连接点处裸露导线长度合理，无毛刺；组态界面美观，控制正确，动态监视合理。

## 三、说明

(1) 考生根据实际情况选择西门子 S7-200 系列或三菱 FX 系列可编程控制器。

(2) 编程软件选用西门子 STEP 7-Micro/WIN V4.0 或三菱编程软件 GX Developer。

(3) 组态软件选用 MCGS 或组态王等常用组态软件。

(4) 在考点的实训设备上进行模拟调试。

**四、考点提供的设备清单**

| 序号 | 名　称 | 规格/技术参数 | 型　号 | 数量 | 说　明 |
|---|---|---|---|---|---|
| 1 | PLC(带下载线) | | S7-200/FX2N | 1台 | 根据考生要求配备 |
| 2 | 计算机 | | | 1台 | 安装编程软件与组态软件 |
| 3 | 实训台 | | | 1台 | 配备对应电源、实训组件 |
| 4 | 电动机 | 4 kW、380 V、△接法 | Y-112M-4 | 1台 | |

**五、PLC 硬件接线图**

**六、PLC 控制程序**

## 试题 Z1-1-8　水塔水位控制

场次：＿＿＿＿＿＿＿＿　　　　　　工位号：＿＿＿＿＿＿＿＿

注意事项：

(1) 本试题依据 2017 年制订的《湖南省高等职业院校电气自动化技术专业技能抽查考核标准》命制。

(2) 考核时间为 120 分钟。请首先按要求在试卷的标封处填写考试场次和工位号。

(3) 请仔细阅读题目的答题要求，在规定位置填写答案。

(4) 考生在指定的考核场地内进行独立操作与调试，不得以任何方式与他人交流。

(5) 考试结束时，提交试题纸、答题纸、实物作品，并进行实物演示、功能验证。

### 一、任务描述

某水塔水位控制系统如图 6-26 所示。控制要求如下：

(1) 各限位开关定义如下：S1 定义为水塔水位上部传感器(ON 表示液面已到水塔上限位，OFF 表示液面未到水塔上限位)；S2 定义为水塔水位下部传感器(ON 表示液面已到水塔下限位，OFF 表示液面未到水塔下限位)；S3 定义为水池水位上部传感器(ON 表示液面已到水池上限位，OFF 表示液面未到水池上限位)；S4 定义为水池水位下部传感器(ON 表示液面已到水池下限位，OFF 表示液面未到水池下限位)。

(2) 当水位低于 S4 时，阀 Y 开启，系统开始向水池中注水，5 s 后如果水池中的水位还未到达 S4，则 Y 指示灯闪亮，系统报警。

(3) 当水池中的水位高于 S4、水塔中的水位低于 S2 时，电机 M 开始运转，水泵开始由水池向水塔中抽水。

(4) 当水塔中的水位高于 S1 时，电机 M 停止运转，水泵停止抽水。

请按要求完成该 PLC 控制系统及组态监控系统的设计、安装、接线、调试与功能演示。组态界面要求能动态监控水塔及水池的控制过程。

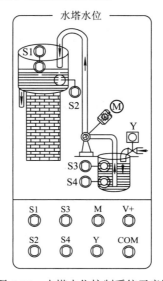

图 6-26　水塔水位控制系统示意图

## 二、考核内容

(1) 按控制要求，画出 PLC 控制系统的硬件接线图。

(2) 设计 PLC 程序。

(3) 根据考场提供的器件、设备完成元件布置，并安装、接线。

(4) 完成 PLC 控制系统的调试。

(5) 开发组态监控系统，完成组态监控系统的调试与功能演示。

要求：元器件布置整齐、合理，安装牢固；导线的进线槽美观；连接点牢固，连接点处裸露导线长度合理，无毛刺；组态界面美观，控制正确，动态监视合理。

## 三、说明

(1) 考生根据实际情况选择西门子 S7-200 系列或三菱 FX 系列可编程控制器。

(2) 编程软件选用西门子 STEP 7-Micro/WIN V4.0 或三菱编程软件 GX Developer。

(3) 组态软件选用 MCGS 或组态王等常用组态软件。

(4) 在考点的实训设备上进行模拟调试。

## 四、考点提供的设备清单

| 序号 | 名　称 | 规格/技术参数 | 型　号 | 数量 | 说　明 |
|------|--------|--------------|--------|------|--------|
| 1 | PLC(带下载线) | | S7-200/FX2N | 1 台 | 根据考生要求配备 |
| 2 | 计算机 | | | 1 台 | 安装编程软件与组态软件 |
| 3 | 实训台 | | | 1 台 | 配备对应电源、实训组件 |
| 4 | 电动机 | 4 kW、380 V、△接法 | Y-112M-4 | 1 台 | |

## 五、PLC 硬件接线图

## 六、PLC 控制程序

## 试题 Z1-1-9　三种液体自动混合装置控制

场次：_____　　　　　　　　工位号：_____

注意事项：

(1) 本试题依据 2017 年制订的《湖南省高等职业院校电气自动化技术专业技能抽查考核标准》命制。

(2) 考核时间为 120 分钟。请首先按要求在试卷的标封处填写考试场次和工位号。

(3) 请仔细阅读题目的答题要求，在规定位置填写答案。

(4) 考生在指定的考核场地内进行独立操作与调试，不得以任何方式与他人交流。

(5) 考试结束时，提交试题纸、答题纸、实物作品，并进行实物演示、功能验证。

### 一、任务描述

三种液体自动混合装置示意图如图 6-27 所示。本装置为三种液体混合模拟装置，由液面传感器 SL1、SL2、SL3，液体阀门 A、B、C，混合液阀门 YV1、YV2、YV3、YV4，搅拌电机 M，加热器 H，温度传感器 T 组成。要求：实现三种液体的混合、搅匀、加热等功能，初始状态液体阀门 A、B、C 关闭。

(1) 打开"启动"开关，装置投入运行，液体阀门 A 打开，液体流入容器；当液面高度到达 SL3 时，SL3 接通，关闭液体阀门 A，打开液体阀门 B；当液面到达 SL2 时，关闭液体阀门 B，打开液体阀门 C；液面到达 SL1 时，关闭液体阀门 C。

(2) 搅匀电动机开始搅匀，混合液体，搅匀电机工作 6 s 后停止搅动，排液阀门打开，开始放出混合液体。当液面下降到 SL3 时，SL3 由接通变为断开，再过 2 s 后，容器放空，混合液阀门关闭，开始下一个周期。

(3) 按下停止按钮时，在当前的混合液处理完毕后，即运行完一周后，停止操作。

请根据控制要求完成系统 PLC 控制及组态监控系统的设计、安装、接线、调试与功能演示。

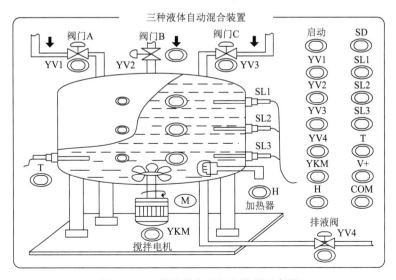

图 6-27　三种液体自动混合装置示意图

## 二、考核内容

(1) 按控制要求，画出 PLC 控制系统的硬件接线图。

(2) 设计 PLC 程序。

(3) 根据考场提供的器件、设备完成元件布置，并安装、接线。

(4) 完成 PLC 控制系统的调试。

(5) 开发组态监控系统，完成组态监控系统的调试与功能演示。

要求：元器件布置整齐、合理，安装牢固；导线的进线槽美观；连接点牢固，连接点处裸露导线长度合理，无毛刺；组态界面美观，控制正确，动态监视合理。

## 三、说明

(1) 考生根据实际情况选择西门子 S7-200 系列或三菱 FX 系列可编程控制器。

(2) 编程软件选用西门子 STEP 7-Micro/WIN V4.0 或三菱编程软件 GX Developer。

(3) 组态软件选用 MCGS 或组态王等常用组态软件。

(4) 在考点的实训设备上进行模拟调试。

## 四、考点提供的设备清单

| 序号 | 名　称 | 规格/技术参数 | 型号 | 数量 | 说　明 |
|------|--------|---------------|------|------|--------|
| 1 | PLC(带下载线) | | S7-200/FX2N | 1 台 | 根据考生要求配备 |
| 2 | 计算机 | | | 1 台 | 安装编程软件与组态软件 |
| 3 | 实训台 | | | 1 台 | 配备对应电源、实训组件 |
| 4 | 电动机 | 4 kW、380 V、△接法 | Y-112M-4 | 1 台 | |

## 五、PLC 硬件接线图

## 六、PLC 控制程序

## 试题 Z1-1-10  车床主轴电动机正反转点动-连续运行控制

场次：_____       工位号：_____

注意事项：

(1) 本试题依据 2017 年制订的《湖南省高等职业院校电气自动化技术专业技能抽查考核标准》命制。

(2) 考核时间为 120 分钟。请首先按要求在试卷的标封处填写考试场次和工位号。

(3) 请仔细阅读题目的答题要求，在规定位置填写答案。

(4) 考生在指定的考核场地内进行独立操作与调试，不得以任何方式与他人交流。

(5) 考试结束时，提交试题纸、答题纸、实物作品，并进行实物演示、功能验证。

### 一、任务描述

要求某车床的主轴电动机能实现正转加工和反转退刀，为方便加工调整，主电动机还需要有点动控制功能(正反转都需要点动-连续控制)。

请按要求完成该系统 PLC 控制系统及组态监控系统的设计、安装、接线、调试与功能演示。要求组态界面能用按钮实现电动机的启动和停止，并能动态监控电动机的工作状态。

### 二、考核内容

(1) 按控制要求画出 PLC 控制系统的硬件接线图。

(2) 设计 PLC 程序。

(3) 根据考场提供的器件、设备完成元件布置，并安装、接线。

(4) 完成 PLC 控制系统的调试。

(5) 开发组态监控系统，完成组态监控系统的调试与功能演示。

要求：元器件布置整齐、合理，安装牢固；导线的进线槽美观；连接点牢固，连接点处裸露导线长度合理，无毛刺；组态界面美观，控制正确，动态监视合理。

### 三、说明

(1) 考生根据实际情况选择西门子 S7-200 系列或三菱 FX 系列可编程控制器。

(2) 编程软件选用西门子 STEP 7-Micro/WIN V4.0 或三菱编程软件 GX Developer。

(3) 组态软件选用 MCGS 或组态王等常用组态软件。

(4) 在考点的实训设备上进行模拟调试。

### 四、考点提供的设备清单

| 序号 | 名　称 | 规格/技术参数 | 型　号 | 数量 | 说　明 |
|---|---|---|---|---|---|
| 1 | PLC(带下载线) | | S7-200/FX2N | 1 台 | 根据考生要求配备 |
| 2 | 计算机 | | | 1 台 | 安装编程软件与组态软件 |
| 3 | 实训台 | | | 1 台 | 配备对应电源、实训组件 |
| 4 | 电动机 | 4 kW、380 V、△接法 | Y-112M-4 | 1 台 | |

五、PLC 硬件接线图

六、PLC 控制程序

# 试题 Z1-1-11　三相异步电动机三段调速控制

场次：_____　　　　　　　　工位号：_____

注意事项：

(1) 本试题依据 2017 年制订的《湖南省高等职业院校电气自动化技术专业技能抽查考核标准》命制。

(2) 考核时间为 120 分钟。请首先按要求在试卷的标封处填写考试场次和工位号。

(3) 请仔细阅读题目的答题要求，在规定位置填写答案。

(4) 考生在指定的考核场地内进行独立操作与调试，不得以任何方式与他人交流。

(5) 考试一开始为系统设计，在答题纸上完成，然后到台位上进行操作调试并进行实物演示、功能验证。考试结束时，提交实物作品与答题纸。

## 一、任务描述

某企业承接了一项电动机调速系统设计任务，要求用 PLC 配合变频器控制三相异步电动机进行调速控制，电动机型号为 Y-112M-4，4 kW、380 V、△接法、8.8 A、1440 r/min。要求：按下启动按钮 SB1，变频器按图 6-28 所示的时序图运行，变频器启动后按 1 速 (20 Hz)运行 6 s，然后按 2 速(40 Hz)运行 10 s，接着按 3 速(50 Hz)运行 12 s，最后电机用 2 s 减速停止。请用可编程控制器配合变频器设计其控制系统并调试。

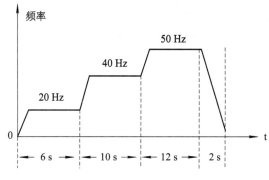

图 6-28　变频器运行频率时序图

## 二、考核内容

(1) 完成 PLC 和变频器控制系统的接线图。

(2) 根据要求写出 PLC 控制程序。

(3) 根据要求正确设置变频器的有关参数。

(4) 正确地进行系统调试。

## 三、说明

(1) 考生根据实际情况选择西门子 S7-200 系列或三菱 FX 系列可编程控制器，选择西门子 MM420 或三菱 FR D700 变频器。考点在考试之前应确保变频器的参数为出厂值并提供变频器的参数设置手册。

(2) 编程软件选用西门子 STEP 7-Micro/WIN V4.0 或三菱编程软件 GX Developer。

(3) 在考点的实训设备上进行模拟调试。

**四、考点提供的设备清单**

| 序号 | 名　称 | 规格/技术参数 | 型　号 | 数量 | 说　明 |
|---|---|---|---|---|---|
| 1 | PLC(带下载线) | | S7-200/FX2N | 1台 | 根据考生要求配备 |
| 2 | 计算机 | | | 1台 | 安装编程软件与组态软件 |
| 3 | 实训台 | | | 1台 | 配备对应电源、实训组件 |
| 4 | 电动机 | 4 kW、380 V、△接法 | Y-112M-4 | 1台 | |

**五、PLC 硬件接线图**

**六、PLC 控制程序**

# 试题 Z1-1-12　三相异步电动机四段调速循环控制

场次：_____　　　　　　　　　　工位号：_____

注意事项：

(1) 本试题依据 2017 年制订的《湖南省高等职业院校电气自动化技术专业技能抽查考核标准》命制。

(2) 考核时间为 120 分钟。请首先按要求在试卷的标封处填写考试场次和工位号。

(3) 请仔细阅读题目的答题要求，在规定位置填写答案。

(4) 考生在指定的考核场地内进行独立操作与调试，不得以任何方式与他人交流。

(5) 考试一开始为系统设计，在答题纸上完成，然后到台位上进行操作调试并进行实物演示、功能验证。考试结束时，提交实物作品与答题纸。

## 一、任务描述

某企业承接了一项电动机调速系统设计任务，要求用 PLC 配合变频器控制三相异步电动机进行调速控制，电动机型号为 Y-112M-4，4 kW、380 V、△接法、8.8 A、1440 r/min。要求：按下启动按钮 SB1，变频器按图 6-29 所示的时序图运行，变频器首先正转，按 1 速(15 Hz)运行 6 s，然后按 2 速(25 Hz)运行 10 s，接着按 3 速(40 Hz)运行 12 s，之后按 1 速 (15 Hz)运行 6 s，如此循环，直到按下停止按钮 SB2，电动机用 2 s 减速停止。试用可编程控制器配合变频器设计其控制系统并调试。

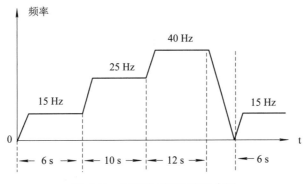

图 6-29　变频器运行频率时序图

## 二、考核内容

(1) 完成 PLC 和变频器控制系统的接线图。

(2) 根据要求写出 PLC 控制程序。

(3) 根据要求正确设置变频器的有关参数。

(4) 正确进行系统调试。

## 三、说明

(1) 考生根据实际情况选择西门子 S7-200 系列或三菱 FX 系列可编程控制器，选择西门子 MM420 或三菱 FR D700 变频器。考点在考试之前应确保变频器的参数为出厂值并提供变频器的参数设置手册。

(2) 编程软件选用西门子 STEP 7-Micro/WIN V4.0 或三菱编程软件 GX Developer。

(3) 在考点的实训设备上进行模拟调试。

### 四、考点提供的设备清单

| 序号 | 名　称 | 规格/技术参数 | 型　号 | 数量 | 说　明 |
|---|---|---|---|---|---|
| 1 | PLC(带下载线) | | S7-200/FX2N | 1 台 | 根据考生要求配备 |
| 2 | 计算机 | | | 1 台 | 安装编程软件与组态软件 |
| 3 | 实训台 | | | 1 台 | 配备对应电源、实训组件 |
| 4 | 电动机 | 4 kW、380 V、△接法 | Y-112M-4 | 1 台 | |

### 五、PLC 硬件接线图

### 六、PLC 控制程序

## 试题 Z1-1-13 精密机床主轴电动机 7 段调速控制

场次：_____ 工位号：_____

注意事项：

(1) 本试题依据 2017 年制订的《湖南省高等职业院校电气自动化技术专业技能抽查考核标准》命制。

(2) 考核时间为 120 分钟。请首先按要求在试卷的标封处填写考试场次和工位号。

(3) 请仔细阅读题目的答题要求，在规定位置填写答案。

(4) 考生在指定的考核场地内进行独立操作与调试，不得以任何方式与他人交流。

(5) 考试一开始为系统设计，在答题纸上完成，然后到台位上进行操作调试并进行实物演示、功能验证。考试结束时，提交实物作品与答题纸。

### 一、任务描述

企业承接了一项电动机调速系统设计任务,用 PLC 和变频器联机实现某精密机床主轴的 7 段调速控制，要求：按下启动按钮，电动机启动并运行在 10 Hz 所对应的 280 r/min 转速上，延时 10s 后，电动机升速，运行在 20 Hz 所对应的 560 r/min 转速上，再延时 10s 后，电动机继续升速，运行在 50 Hz 所对应的 1400 r/min 转速上，再延时 10s 后，电动机降速到 30 Hz 所对应的 840 r/min 转速上，再延时 10s 后，电动机降速到 0 并反向加速运行在 −10 Hz 所对应的−280 r/min 转速上，再延时 10s,电动机继续反向加速运行在 −20 Hz 所对应的 −560 r/min 转速上，再延时 10s 后，电动机继续反向加速运行在 −50 Hz 所对应的−1400 r/min 转速上，10s 后，如此循环，如图 6-30 所示。电动机型号为 Y-112M-4, 4 kW、380 V、△接法、8.8 A、1440 r/min。

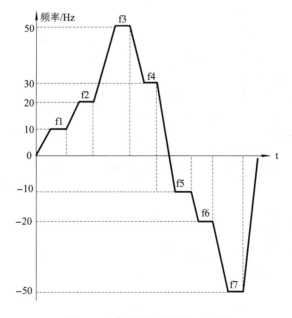

图 6-30 变频器运行频率时序图

请用可编程控制器配合变频器设计其控制系统并调试。

## 二、考核内容

(1) 完成 PLC 和变频器控制系统的接线图。

(2) 根据要求写出 PLC 控制程序。

(3) 根据要求正确设置变频器的有关参数。

(4) 正确进行系统调试。

## 三、说明

(1) 考生根据实际情况选择西门子 S7-200 系列或三菱 FX 系列可编程控制器，选择西门子 MM420 或三菱 FR D700 变频器。考点在考试之前应确保变频器的参数为出厂值并提供变频器的参数设置手册。

(2) 编程软件选用西门子 STEP 7-Micro/WIN V4.0 或三菱编程软件 GX Developer。

(3) 在考点的实训设备上进行模拟调试。

## 四、考点提供的设备清单

| 序号 | 名　称 | 规格/技术参数 | 型　号 | 数量 | 说　明 |
|---|---|---|---|---|---|
| 1 | PLC(带下载线) | | S7-200/FX2N | 1 台 | 根据考生要求配备 |
| 2 | 计算机 | | | 1 台 | 安装编程软件与组态软件 |
| 3 | 实训台 | | | 1 台 | 配备对应电源、实训组件 |
| 4 | 电动机 | 4 kW、380 V、△接法 | Y-112M-4 | 1 台 | |

## 五、PLC 硬件接线图

## 六、PLC 控制程序

# 试题 Z1-1-14　两站自动送料系统控制

场次：_____　　　　　工位号：_____

注意事项：

(1) 本试题依据 2017 年制订的《湖南省高等职业院校电气自动化技术专业技能抽查考核标准》命制。

(2) 考核时间为 120 分钟。请首先按要求在试卷的标封处填写考试场次和工位号。

(3) 请仔细阅读题目的答题要求，在规定位置填写答案。

(4) 考生在指定的考核场地内进行独立操作与调试，不得以任何方式与他人交流。

(5) 考试一开始为系统设计，在答题纸上完成，然后到台位上进行操作调试并进行实物演示、功能验证。考试结束时，提交实物作品与答题纸。

## 一、任务描述

某企业承接了一项 PLC 和变频器综合控制两站自动送料系统的装调任务，如图 6-31 所示。具体要求如下：按下启动按钮 SB1，小车以 45 Hz 向左运行，碰撞行程开关 SQ1 后，停下进行装料，20 分钟后，装料结束，小车开始以 40 Hz 向右运行，碰撞行程开关 SQ2 后，停止右行，开始卸料，10 分钟后，卸料结束，以 45 Hz 向左运行，如此循环，直到按下停止按钮 SB2 结束。电动机型号为 Y-112M-4，4 kW、380 V、△接法、8.8 A、1440 r/min。请用可编程控制器配合变频器设计其控制系统并调试。

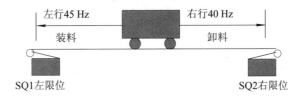

图 6-31　两站自动送料系统控制示意图

## 二、考核内容

(1) 完成 PLC 和变频器控制系统的接线图。

(2) 根据要求写出 PLC 控制程序。

(3) 根据要求正确设置变频器的有关参数。

(4) 正确进行系统调试。

## 三、说明

(1) 考生根据实际情况选择西门子 S7-200 系列或三菱 FX 系列可编程控制器，选择西门子 MM420 或三菱 FR D700 变频器。考点在考试之前应确保变频器的参数为出厂值并提供变频器的参数设置手册。

(2) 编程软件选用西门子 STEP 7-Micro/WIN V4.0 或三菱编程软件 GX Developer。

(3) 在考点的实训设备上进行模拟调试。

## 四、考点提供的设备清单

| 序号 | 名 称 | 规格/技术参数 | 型 号 | 数量 | 说 明 |
|---|---|---|---|---|---|
| 1 | PLC(带下载线) | | S7-200/FX2N | 1台 | 根据考生要求配备 |
| 2 | 计算机 | | | 1台 | 安装编程软件与组态软件 |
| 3 | 实训台 | | | 1台 | 配备对应电源、实训组件 |
| 4 | 电动机 | 4 kW、380 V、△接法 | Y-112M-4 | 1台 | |

## 五、PLC 硬件接线图

## 六、PLC 控制程序

## 试题 Z1-1-15　电动机变频调速控制

场次：＿＿＿＿＿＿＿＿＿＿　　　　　　工位号：＿＿＿＿＿＿＿＿＿＿

注意事项：

(1) 本试题依据 2017 年制订的《湖南省高等职业院校电气自动化技术专业技能抽查考核标准》命制。

(2) 考核时间为 120 分钟。请首先按要求在试卷的标封处填写考试场次和工位号。

(3) 请仔细阅读题目的答题要求，在规定位置填写答案。

(4) 考生在指定的考核场地内进行独立操作与调试，不得以任何方式与他人交流。

(5) 考试一开始为系统设计，在答题纸上完成，然后到台位上进行操作调试并进行实物演示、功能验证。考试结束时，提交实物作品与答题纸。

### 一、任务描述

某企业承接了一项电动机调速系统设计任务,用 PLC 和变频器联机实现模拟量方式变频开环调速控制,要求：通过外部端子控制电动机启动/停止，打开 K1 则电动机正转启动，断开 K1 则电动机停止，调节 PLC 模拟量模块输入电压，电动机转速随电压增加而增大。电动机型号为 Y-112M-4，4 kW、380 V、△接法、8.8 A、1440 r/min。请用可编程控制器配合变频器设计其控制系统并调试。

### 二、考核内容

(1) 完成 PLC 和变频器控制系统的接线图。

(2) 根据要求写出 PLC 控制程序。

(3) 根据要求正确设置变频器的有关参数。

(4) 正确进行系统调试。

### 三、说明

(1) 考生根据实际情况选择西门子 S7-200 系列或三菱 FX 系列可编程控制器，选择西门子 MM420 或三菱 FR D700 变频器。考点在考试之前应确保变频器的参数为出厂值并提供变频器的参数设置手册。

(2) 编程软件选用西门子 STEP 7-Micro/WIN V4.0 或三菱编程软件 GX Developer。

(3) 在考点的实训设备上进行模拟调试。

### 四、考点提供的设备清单

| 序号 | 名　称 | 规格/技术参数 | 型　号 | 数量 | 说　明 |
|---|---|---|---|---|---|
| 1 | PLC(带下载线) | | S7-200/FX2N | 1 台 | 根据考生要求配备 |
| 2 | 计算机 | | | 1 台 | 安装编程软件与组态软件 |
| 3 | 实训台 | | | 1 台 | 配备对应电源、实训组件 |
| 4 | 电动机 | 4 kW、380 V、△接法 | Y-112M-4 | 1 台 | |

五、PLC 硬件接线图

六、PLC 控制程序

## 试题 Z1-1-16　锅炉风机转速变频控制

场次：_____　　　　　　　　工位号：_____

注意事项：

(1) 本试题依据 2017 年制订的《湖南省高等职业院校电气自动化技术专业技能抽查考核标准》命制。

(2) 考核时间为 120 分钟。请首先按要求在试卷的标封处填写考试场次和工位号。

(3) 请仔细阅读题目的答题要求，在规定位置填写答案。

(4) 考生在指定的考核场地内进行独立操作与调试，不得以任何方式与他人交流。

(5) 考试一开始为系统设计，在答题纸上完成，然后到台位上进行操作调试并进行实物演示、功能验证。考试结束时，提交实物作品与答题纸。

### 一、任务描述

某锅炉风机控制系统需要通过变频器调节风机转速，从而调节风量，控制炉膛负压。要求：标准控制电压(0～5 V)通过 PLC 模拟量输入通道，经 PLC 处理后，输出模拟量电压(0～10 V)，控制变频器输出频率(0～50 Hz)。风机功率为 10 kW、380 V、△接法。请用可编程控制器配合变频器设计其控制系统并调试。

### 二、考核内容

(1) 完成 PLC 和变频器控制系统的接线图。

(2) 根据要求写出 PLC 控制程序。

(3) 根据要求正确设置变频器的有关参数。

(4) 正确进行系统调试。

### 三、说明

(1) 考生根据实际情况选择西门子 S7-200 系列或三菱 FX 系列可编程控制器，选择西门子 MM420 或三菱 FR D700 变频器。考点在考试之前应确保变频器的参数为出厂值并提供变频器的参数设置手册。

(2) 编程软件选用西门子 STEP 7-Micro/WIN V4.0 或三菱编程软件 GX Developer。

(3) 在考点的实训设备上进行模拟调试。

### 四、考点提供的设备清单

| 序号 | 名　称 | 规格/技术参数 | 型　号 | 数量 | 说　明 |
|---|---|---|---|---|---|
| 1 | PLC(带下载线) | | S7-200/FX2N | 1 台 | 根据考生要求配备 |
| 2 | 计算机 | | | 1 台 | 安装编程软件与组态软件 |
| 3 | 实训台 | | | 1 台 | 配备对应电源、实训组件 |
| 4 | 电动机 | 4 kW、380 V、△接法 | Y-112M-4 | 1 台 | |

五、PLC 硬件接线图

六、PLC 控制程序

# 试题 Z1-1-17　变频器 PLC 控制

场次：_____　　　　　　　工位号：_____

注意事项：

(1) 本试题依据 2017 年制订的《湖南省高等职业院校电气自动化技术专业技能抽查考核标准》命制。

(2) 考核时间为 120 分钟。请首先按要求在试卷的标封处填写考试场次和工位号。

(3) 请仔细阅读题目的答题要求，在规定位置填写答案。

(4) 考生在指定的考核场地内进行独立操作与调试，不得以任何方式与他人交流。

(5) 考试一开始为系统设计，在答题纸上完成，然后到台位上进行操作调试并进行实物演示、功能验证。考试结束时，提交实物作品与答题纸。

## 一、任务描述

某控制系统电动机由变频器控制，而变频器的启动、加速、反转等由 PLC 控制，PLC 根据输入端的控制信号，经过程序运算后由通信端口控制变频器运行，具体控制要求为：

打开启动开关，变频器开始运行。

打开加速开关，变频器加速运行。

打开减速开关，变频器减速运行。

打开反转开关，变频器反转运行。

打开停止开关，变频器停止运行。

打开急停开关，变频器紧急停止。

打开全速开关，变频器全速运行。

打开归零开关，变频器频率归零。

请用可编程控制器配合变频器设计其控制系统并调试。

## 二、考核内容

(1) 完成 PLC 和变频器控制系统的接线图。

(2) 根据要求写出 PLC 控制程序。

(3) 根据要求正确设置变频器的有关参数。

(4) 正确进行系统调试。

## 三、说明

(1) 考生根据实际情况选择西门子 S7-200 系列或三菱 FX 系列可编程控制器，选择西门子 MM420 或三菱 FR D700 变频器。考点在考试之前应确保变频器的参数为出厂值并提供变频器的参数设置手册。

(2) 编程软件选用西门子 STEP 7-Micro/WIN V4.0 或三菱编程软件 GX Developer。

(3) 在考点的实训设备上进行模拟调试。

## 四、考点提供的设备清单

| 序号 | 名　称 | 规格/技术参数 | 型　号 | 数量 | 说　明 |
|---|---|---|---|---|---|
| 1 | PLC(带下载线) | | S7-200/FX2N | 1台 | 根据考生要求配备 |
| 2 | 计算机 | | | 1台 | 安装编程软件与组态软件 |
| 3 | 实训台 | | | 1台 | 配备对应电源、实训组件 |
| 4 | 电动机 | 4 kW、380 V、△接法 | Y-112M-4 | 1台 | |

## 五、PLC 硬件接线图

## 六、PLC 控制程序

# 试题 Z1-1-18　PLC 组网控制电动机正反转启停

场次：_____　　　　　　工位号：_____

注意事项：

(1) 本试题依据 2017 年制订的《湖南省高等职业院校电气自动化技术专业技能抽查考核标准》命制。

(2) 考核时间为 120 分钟。请首先按要求在试卷的标封处填写考试场次和工位号。

(3) 请仔细阅读题目的答题要求，在规定位置填写答案。

(4) 考生在指定的考核场地内进行独立操作与调试，不得以任何方式与他人交流。

(5) 考试一开始为系统设计，在答题纸上完成，然后到台位上进行操作调试并进行实物演示、功能验证。考试结束时，提交实物作品与答题纸。

## 一、任务描述

某控制系统中的电动机要求能实现正反转控制、运行和停止。系统由两台 PLC 组成网络。第一站为主站，第二站为从站，电动机接在从站。要求：在主站侧实现电动机的正反转启动、停止控制。请用可编程控制器设计其控制系统并调试。

## 二、考核内容

(1) 完成 PLC 控制的系统接线图。

(2) 根据要求写出 PLC 控制程序。

(3) 正确进行系统调试。

## 三、说明

(1) 考生根据实际情况选择西门子 S7-200 系列或三菱 FX 系列可编程控制器，选择西门子 MM420 或三菱 FR D700 变频器。考点在考试之前应确保变频器的参数为出厂值并提供变频器的参数设置手册。

(2) 编程软件选用西门子 STEP 7-Micro/WIN V4.0 或三菱编程软件 GX Developer。

(3) 在考点的实训设备上进行模拟调试。

## 四、考点提供的设备清单

| 序号 | 名　称 | 规格/技术参数 | 型　号 | 数量 | 说　明 |
|------|--------|---------------|--------|------|--------|
| 1 | PLC(带下载线) | | S7-200/FX2N | 1 台 | 根据考生要求配备 |
| 2 | 计算机 | | | 1 台 | 安装编程软件与组态软件 |
| 3 | 实训台 | | | 1 台 | 配备对应电源、实训组件 |
| 4 | 电动机 | 4 kW、380 V、△接法 | Y-112M-4 | 1 台 | |

五、PLC 硬件接线图

六、PLC 控制程序

## 试题 Z1-1-19　三台电动机循环运行控制

场次：_____　　　　　　　　　工位号：_____

注意事项：

(1) 本试题依据 2017 年制订的《湖南省高等职业院校电气自动化技术专业技能抽查考核标准》命制。

(2) 考核时间为 120 分钟。请首先按要求在试卷的标封处填写考试场次和工位号。

(3) 请仔细阅读题目的答题要求，在规定位置填写答案。

(4) 考生在指定的考核场地内进行独立操作与调试，不得以任何方式与他人交流。

(5) 考试一开始为系统设计，在答题纸上完成，然后到台位上进行操作调试并进行实物演示、功能验证。考试结束时，提交实物作品与答题纸。

### 一、任务描述

现有一个水位自动综合控制系统，要求：通过 PLC 处理的输入信号启动、停止按钮及电压调速信号(0～10 V 控制变频器输出频率 0～50 Hz)来控制变频器，从而控制水泵电动机，同时在上位机中通过组态软件实现电动机的启动、停止和调速。电动机型号为 Y-112M-4，4 kW、380 V、△接法、8.8 A、1440 r/min。请完成该组态软件、PLC、变频器综合控制系统设计并安装调试。

### 二、考核内容

(1) 完成组态软件、PLC 和变频器的控制系统接线图。

(2) 根据要求写出 PLC 控制程序。

(3) 根据要求正确设置变频器的有关参数。

(4) 根据考场提供器件、设备完成元件布置并安装、接线。

(5) 完成 PLC 控制系统的调试。

(6) 开发组态监控系统，完成组态监控系统的调试与功能演示。

### 三、说明

(1) 考生根据实际情况选择西门子 S7-200 系列或三菱 FX 系列可编程控制器，选择西门子 MM420 或三菱 FR D700 变频器。考点在考试之前应确保变频器的参数为出厂值并提供变频器的参数设置手册。

(2) 编程软件选用西门子 STEP 7-Micro/WIN V4.0 或三菱编程软件 GX Developer。

(3) 组态软件选用 MCGS 或组态王等常用组态软件。

(4) 在考点的实训设备上进行模拟调试。

### 四、考点提供的设备清单

| 序号 | 名　称 | 规格/技术参数 | 型　号 | 数量 | 说　明 |
|---|---|---|---|---|---|
| 1 | PLC(带下载线) | | S7-200/FX2N | 1 台 | 根据考生要求配备 |
| 2 | 计算机 | | | 1 台 | 安装编程软件与组态软件 |
| 3 | 实训台 | | | 1 台 | 配备对应电源、实训组件 |
| 4 | 电动机 | 4 kW、380 V、△接法 | Y-112M-4 | 1 台 | |

五、PLC 硬件接线图

六、PLC 控制程序

## 试题 Z1-1-20　水泵电动机变频器控制

场次：＿＿＿＿＿＿＿＿＿＿　　　　　　工位号：＿＿＿＿＿＿＿＿＿＿

注意事项：

(1) 本试题依据 2017 年制订的《湖南省高等职业院校电气自动化技术专业技能抽查考核标准》命制。

(2) 考核时间为 120 分钟。请首先按要求在试卷的标封处填写考试场次和工位号。

(3) 请仔细阅读题目的答题要求，在规定位置填写答案。

(4) 考生在指定的考核场地内进行独立操作与调试，不得以任何方式与他人交流。

(5) 考试一开始为系统设计，在答题纸上完成，然后到台位上进行操作调试并进行实物演示、功能验证。考试结束时，提交实物作品与答题纸。

### 一、任务描述

某水泵电动机需要通过变频器调速控制抽水量。水泵电动机功率为 10 kW、380 V、△接法。要求：通过 PLC 处理的输入信号启动、停止按钮及电流调速信号(0～20 mA 控制变频器输出频率 0～50 Hz)来控制变频器，同时能在上位机中通过组态软件实现电动机的启动、停止和调速。请完成该组态软件、PLC、变频器综合控制系统设计并安装调试。

### 二、考核内容

(1) 完成组态软件、PLC 和变频器的控制系统接线图。

(2) 根据要求写出 PLC 控制程序。

(3) 根据要求正确设置变频器的有关参数。

(4) 根据考场提供器件、设备完成元件布置并安装、接线。

(5) 完成 PLC 控制系统调试。

(6) 开发组态监控系统，完成组态监控系统的调试与功能演示。

### 三、说明

(1) 考生根据实际情况选择西门子 S7-200 系列或三菱 FX 系列可编程控制器，选择西门子 MM420 或三菱 FR D700 变频器。考点在考试之前应确保变频器的参数为出厂值并提供变频器的参数设置手册。

(2) 编程软件选用西门子 STEP 7-Micro/WIN V4.0 或三菱编程软件 GX Developer。

(3) 组态软件选用 MCGS 或组态王等常用组态软件。

(4) 在考点的实训设备上进行模拟调试。

### 四、考点提供的设备清单

| 序号 | 名　称 | 规格/技术参数 | 型　号 | 数量 | 说　明 |
|---|---|---|---|---|---|
| 1 | PLC(带下载线) | | S7-200/FX2N | 1 台 | 根据考生要求配备 |
| 2 | 计算机 | | | 1 台 | 安装编程软件与组态软件 |
| 3 | 实训台 | | | 1 台 | 配备对应电源、实训组件 |
| 4 | 电动机 | 4 kW、380 V、△接法 | Y-112M-4 | 1 台 | |

五、PLC 硬件接线图

六、PLC 控制程序

# PLC、变频器和组态的综合应用试题答题纸

场次: _____　　工位号: _____

(一) 画出系统电气原理图(主电路和控制电路)

(二) 写出 PLC 控制程序及变频器参数设置

## PLC、变频器和组态综合应用评价标准

| 评价内容 | | 配分 | 考 核 点 |
|---|---|---|---|
| 职业素养与操作规范 (20分) | 工作前准备 | 10 | 清点器件、仪表、电工工具、电动机，并摆放整齐。穿戴好劳动防护用品 |
| | 6S 规范 | 10 | (1) 操作过程中及作业完成后，保持工具、仪表、元器件、设备等摆放整齐。<br>(2) 操作过程中无不文明行为，具有良好的职业操守，独立完成考核内容，合理解决突发事件。<br>(3) 具有安全用电意识，操作符合规范要求。<br>(4) 作业完成后清理、清扫工作现场 |
| 作品 (80分) | 系统设计(答题纸、电脑界面) | 20 | (1) 正确设计主电路。<br>(2) 列出输入输出元件分配表，画出 PLC、变频器控制系统接线图。<br>(3) 正确设计 PLC 程序。<br>(4) 正确设置变频器参数。<br>(5) 正确完成组态各部分的开发 |
| | 安装与接线 | 10 | (1) 安装时关闭电源开关。<br>(2) 线路布置整齐、合理。<br>(3) 正确完成主电路的接线。<br>(4) 正确完成控制电路的接线 |
| | 系统调试 | 10 | (1) 熟练操作编程软件输入程序并完成程序调试。<br>(2) 熟练进行组态软件与 PLC 的通信参数设置，及与 PLC 的联机与调试。<br>(3) 熟练完成 PLC 与变频器的联调 |
| | 功能实现 | 40 | (1) 按照被控设备的动作要求进行模拟调试，达到控制要求。<br>(2) 外部操作控制正确，组态操作控制正确。<br>(3) 组态监控合理、美观 |
| 工　时 | | | 120 分钟 |

## PLC、变频器和组态综合应用评分细则

| 评价内容 | | 配分 | 考 核 点 |
|---|---|---|---|
| 职业素养与操作规范 (20分) | 工作前准备 | 10 | 清点器件、仪表、电工工具、电动机，并摆放整齐。穿戴好劳动防护用品 |
| | 6S 规范 | 10 | (1) 未按要求穿戴好劳动防护用品，扣 3 分。<br>(2) 未清点工具、器件等，每项扣 1 分。<br>(3) 工具摆放不整齐，扣 3 分 |
| 作品 (80分) | 系统设计(答题纸、电脑界面) | 20 | (1) 设计主电路，每处错误扣 1 分。<br>(2) I/O 元件分配表每处错误扣 1 分，接线图每处错误扣 1 分。<br>(3) 写出控制程序，每处错误扣 2 分。 |

续表

| | 评价内容 | 配分 | 考核点 |
|---|---|---|---|
| 作品<br>(80分) | 系统设计(答题纸、电脑界面) | 20 | (4) 变频器参数设置每处错误扣2分。<br>(5) 组态设计不合理每处扣2分 |
| | 安装与接线 | 10 | (1) 安装时关闭电源开关,用手触摸电器线路或带电进行电路连接或改接,本项扣10分。<br>(2) 线路布置不整齐、不合理,每处扣1分。<br>(3) 损坏元件扣5分。<br>(4) 不按主电路图接线,每处扣1分,主电路未接扣5分。<br>(5) 不按控制电路接线图接线,每处扣1分。控制电路未接扣5分 |
| | 系统调试 | 10 | (1) 熟练操作编程软件输入程序并完成程序调试。<br>(2) 熟练进行组态软件与PLC的通信参数设置,及与PLC的联机与调试。<br>(3) 熟练完成PLC与变频器的联调 |
| | 功能实现 | 40 | (1) 按照被控设备的动作要求进行模拟调试,达到控制要求,外部操作控制不正确,每项功能扣10分。<br>(2) 组态操作控制不正确,每项功能扣10分。<br>(3) 组态监控合理、美观。不正确、不合理之处每处扣5分。<br>(4) 一次试车不成功,扣10分,二次试车不成功,扣20分,三次试车不成功,本项记0分。本项共计40分,扣完为止 |
| 工　时 | | | 120分钟 |

## 项目 1　PLC、变频器和组态综合应用评分表

场次：＿＿＿＿＿＿＿＿　　　　　　工位号：＿＿＿＿＿＿＿＿

| | 评价内容 | 配分 | 评分记录 | 得分 |
|---|---|---|---|---|
| 职业素养与操作规范(20分) | 工作前准备 | 10 | | |
| | 6S 规范 | 10 | | |
| 作品<br>(80分) | 系统设计(答题纸、电脑界面) | 20 | | |
| | 安装与接线 | 10 | | |
| | 系统调试 | 10 | | |
| | 功能实现 | 40 | | |
| 总　分 | | | | |

考评员：　　　　　　　　　　　　　　日期：

# 第7章 湖南省机电一体化技术专业技能抽查题库(可编程控制器)

## 7.1 可编程控制系统技术改造

### 试题 H3-1-1 Y-△降压启动控制线路改造

#### 一、任务描述

某企业现采用继电-接触器控制系统实现对一台大功率电机的 Y-△降压启动。Y-△降压启动控制线路如图 7-1 所示。

请分析该控制线路图的控制功能,并用可编程控制器对其进行技术改造,完成系统功能演示。

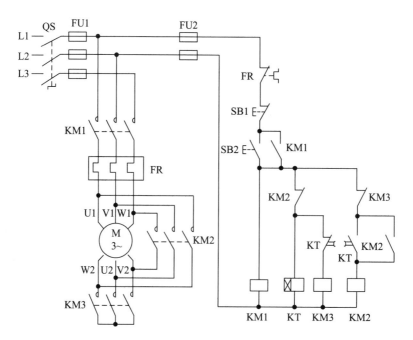

图 7-1 Y-△降压启动控制线路

考核内容：

(1) 根据现场提供的继电器控制线路图，分析该线路的控制功能。

(2) 按控制要求完成 I/O 口地址分配表的编写。

(3) 完成技术改造的电气部分控制线路的原理图绘制。

(4) 根据绘制的电气线路原理图，正确安装及调试线路，安装工艺要符合国家和行业标准。

(5) 按控制要求编写，输入并调试控制程序。

(6) 从安全角度出发，通电调试(采用发光二极管代替交流接触器进行模拟调试)。

(7) 考核过程中注意"6S 管理"要求。

## 二、实施条件

可编程控制系统技术改造项目实施条件见表 7-1。

**表 7-1  可编程控制系统技术改造项目实施条件**

| 项　　目 | 基本实施条件 | 备　注 |
|---|---|---|
| 场地 | 可编程控制系统技术改造工位 30 个，每个装接工位配有 220 V 电源插座，照明通风良好 | 必备 |
| 设备 | PLC 实训台(配有西门子 S7-200 系列主机，安装有编程软件 STEP 7-Micro/Win V4 SP3 的电脑)，连接线若干 | 根据需求选备 |
| 工具 | 万用表 30 只；常用电工工具(剥线钳、十字起等)30 套 | 必备 |
| 测评专家 | 　每 6 名考生配备一名测评专家，且不少于 3 名测评专家。辅助人员与考生配比为 1：20，且不少于 2 名辅助人员。测评专家要求具备至少一年以上可编程控制系统技术改造工作经验 | 必备 |

## 三、考核时量

考核时间：60 分钟。

## 四、评分标准

可编程控制系统技术改造项目评分标准见表 7-2。

### 表 7-2　可编程控制系统技术改造项目评分标准

| 评价内容 | 序号 | 主要内容 | 考核要求 | 评分细则 | 配分 | 扣分 | 得分 | 备注 |
|---|---|---|---|---|---|---|---|---|
| 职业素养与操作规范（20 分） | 1 | 工作前准备 | 清点工具仪表、电工工具，并摆放整齐。穿戴好劳动防护用品 | (1) 未按要求穿戴好防护用品，扣 10 分。<br>(2) 工作前，未清点工具、仪表、耗材等，每处扣 2 分 | 10 | | | 出现明显失误造成安全事故；严重违反纪律，造成恶劣影响，本次测试记 0 分 |
| | 2 | "6S"规范 | 操作过程中及作业完成后，保持工具、仪表、元器件、设备摆放整齐。<br>操作过程中无不文明行为、具有良好的职业操守，独立完成考核内容，合理解决突发事件。<br>具有安全用电意识，操作符合规范要求。作业完成后清理、清扫现场 | (1) 未关闭电源开关，用手触摸电器线路或带电进行线路连接或改接，立即终止考试，考试成绩为"不合格"。<br>(2) 损坏考场设施或设备，考试成绩为"不合格"。<br>(3) 乱摆放工具，乱丢杂物等，扣 5 分。<br>(4) 完成任务后不清理工位，扣 5 分 | 10 | | | |
| 作品（80 分） | 3 | 功能分析 | 能正确分析控制线路的功能 | 能用文字正确描述控制线路功能，功能分析不正确，每处扣 2 分 | 10 | | | |
| | 4 | I/O 分配表 | 正确完成 I/O 地址分配表 | 输入/输出地址遗漏或错误，每处扣 2 分；用 I/O 分配表描述输入/输出元件对应功能，每错一处扣 2 分 | 10 | | | |
| | 5 | 电气原理图 | 能正确绘制技术改造后控制系统控制部分的电气原理图 | 原理图绘制错误，每处扣 2 分；原理图绘制不规范，每处扣 1 分 | 10 | | | |
| | 6 | 系统安装与接线 | 按控制系统的电气线路原理图在模拟区正确安装，操作规范 | (1) 损坏元件，每个扣 5 分；损坏主要元件，本项记 0 分。<br>(2) 导线绝缘不好、有损伤、颜色不合理等安装工艺规范不符合国家标准，每处扣 1 分。<br>(3) 不按 I/O 接线图接线，每处扣 2 分。<br>(4) 少接线，多接线，接线错，每处扣 5 分 | 15 | | | |
| | 7 | 系统程序设计 | 根据系统要求，完成控制程序设计；程序编写正确、规范；正确使用软件，下载 PLC 程序 | (1) 不能根据系统要求完成控制程序，扣 5 分。<br>(2) 不能正确使用软件编写、调试、监控程序，扣 5 分。<br>(3) 不能下载程序，扣 20 分 | 20 | | | |
| | 8 | 功能实现 | 功能调试及演示 | (1) 演示功能错误或缺失，按比例扣分。<br>(2) 无法通电，无任何正确的功能现象，本项为 0 分 | 15 | | | |

## 五、线路控制功能

## 六、I/O 地址分配表

## 七、PLC 硬件接线图

## 八、梯形图程序

## 试题 H3-1-2 电动机自动往返循环控制线路改造

### 一、任务描述

某企业现采用继电-接触器控制系统控制电动机自动往返循环。自动往返循环控制线路如图 7-2 所示。

请分析该控制线路的控制功能，采用可编程控制器对其进行技术改造，完成系统功能演示。

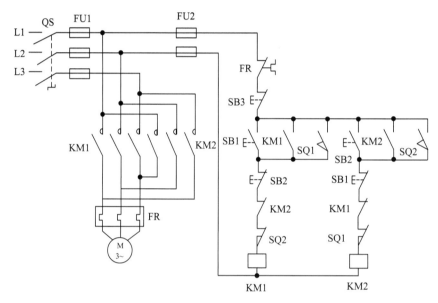

图 7-2　电动机自动往返循环控制线路

考核内容：

(1) 根据现场提供的继电器控制线路图，分析该线路的控制功能。

(2) 按控制要求完成 I/O 口地址分配表的编写。

(3) 完成技术改造的电气部分控制线路的原理图绘制。

(4) 根据绘制的电气线路原理图，正确安装及调试线路，安装工艺要符合国家和行业标准。

(5) 按控制要求编写、输入并调试控制程序。

(6) 从安全角度出发，通电调试(采用发光二极管代替交流接触器进行模拟调试)。

(7) 考核过程中注意"6S 管理"要求。

### 二、实施条件

可编程控制系统技术改造项目实施条件见表 7-1。

### 三、考核时量

考核时间：60 分钟。

### 四、评分标准

可编程控制系统技术改造项目评分标准见表 7-2。

五、线路控制功能

六、I/O 地址分配表

七、PLC 硬件接线图

八、梯形图程序

# 试题 H3-1-3　速度换接回路电气控制线路改造

## 一、任务描述

某企业现采用 PLC 对某液压系统中的速度换接回路的电气控制线路进行改造。速度换接回路及其电气控制线路如图 7-3 所示。

请分析该控制线路的控制功能，并用可编程控制器对其进行技术改造，完成系统功能演示。

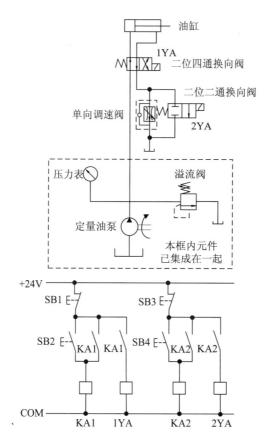

图 7-3　速度换接回路及其电气控制线路

考核内容：

(1) 根据现场提供的继电器控制线路图，分析该线路的控制功能。

(2) 按控制要求完成 I/O 口地址分配表的编写。

(3) 完成技术改造的电气部分控制线路的原理图绘制。

(4) 根据绘制的电气线路原理图，正确安装及调试线路，安装工艺要符合国家和行业标准。

(5) 按控制要求编写、输入并调试控制程序。

(6) 从安全角度出发，通电调试(采用发光二极管代替交流接触器进行模拟调试)。

(7) 考核过程中注意"6S 管理"要求。

## 二、实施条件

可编程控制系统技术改造项目实施条件见表 7-1。

## 三、考核时量

考核时间：60 分钟。

## 四、评分标准

可编程控制系统技术改造项目评分标准见表 7-2。

## 五、线路控制功能

## 六、I/O 地址分配表

## 七、PLC 硬件接线图

## 八、梯形图程序

## 试题 H3-1-4　C620 车床电气控制线路改造

### 一、任务描述

某企业现采用 PLC 对 C620 车床电气控制线路进行改造。C620 车床电气控制线路如图 7-4 所示。

请分析该控制线路的控制功能，并用可编程控制器对其进行技术改造，完成系统功能演示。

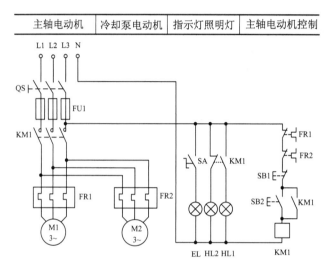

图 7-4　C620 车床电气控制线路

考核内容：

(1) 根据现场提供的继电器控制线路图，分析该线路的控制功能。

(2) 按控制要求完成 I/O 口地址分配表的编写。

(3) 完成技术改造的电气部分控制线路的原理图绘制。

(4) 根据绘制的电气线路原理图，正确安装及调试线路，安装工艺要符合国家和行业标准。

(5) 按控制要求编写、输入并调试控制程序。

(6) 从安全角度出发，通电调试(采用发光二极管代替交流接触器进行模拟调试)。

(7) 考核过程中注意"6S 管理"要求。

### 二、实施条件

可编程控制系统技术改造项目实施条件见表 7-1。

### 三、考核时量

考核时间：60 分钟。

### 四、评分标准

可编程控制系统技术改造项目评分标准见表 7-2。

**五、线路控制功能**

**六、I/O 地址分配表**

**七、PLC 硬件接线图**

**八、梯形图程序**

# 试题 H3-1-5  C6140 车床电气控制线路改造

## 一、任务描述

某企业需要对 C6140 车床电气控制线路进行改造。C6140 车床电气控制线路如图 7-5 所示。

请分析该控制线路的控制功能，并用可编程控制器对其进行技术改造，完成系统功能演示。

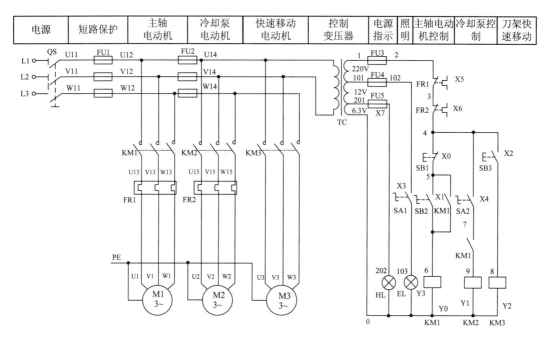

图 7-5  C6140 车床电气控制线路

考核内容：

(1) 根据现场提供的继电器控制线路图，分析该线路的控制功能。

(2) 按控制要求完成 I/O 口地址分配表的编写。

(3) 完成技术改造的电气部分控制线路的原理图绘制。

(4) 根据绘制的电气线路原理图，正确安装及调试线路，安装工艺要符合国家和行业标准。

(5) 按控制要求编写、输入并调试控制程序。

(6) 从安全角度出发，通电调试(采用发光二极管代替交流接触器进行模拟调试)。

(7) 考核过程中注意"6S 管理"要求。

## 二、实施条件

可编程控制系统技术改造项目实施条件见表 7-1。

## 三、考核时量

考核时间：60 分钟。

## 四、评分标准

可编程控制系统技术改造项目评分标准见表 7-2。

## 五、线路控制功能

## 六、I/O 地址分配表

## 七、PLC 硬件接线图

## 八、梯形图程序

## 试题 H3-1-6 单缸连续自动往返回路电气控制线路改造

### 一、任务描述

某企业现采用 PLC 对某气压系统中单缸连续自动往返回路的电气控制线路进行技术改造。单缸连续自动往返回路原理图及电气控制线路如图 7-6 所示。

请分析该控制线路的控制功能，并用可编程控制器对其进行技术改造，完成系统功能演示。

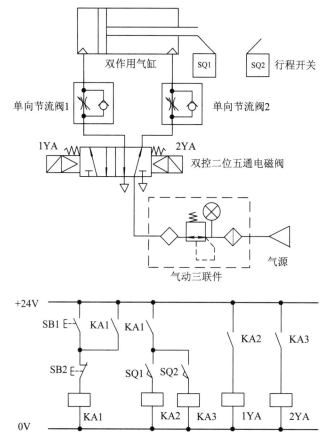

图 7-6 单缸连续自动往返回路原理图及电气控制线路

考核内容：

(1) 根据现场提供的继电器控制线路图，分析该线路的控制功能。

(2) 按控制要求完成 I/O 口地址分配表的编写。

(3) 完成技术改造的电气部分控制线路的原理图绘制。

(4) 根据绘制的电气线路原理图，正确安装及调试线路，安装工艺要符合国家和行业标准。

(5) 按控制要求编写、输入并调试控制程序。

(6) 从安全角度出发，通电调试(采用发光二极管代替交流接触器进行模拟调试)。

(7) 考核过程中注意"6S 管理"要求。

## 二、实施条件

可编程控制系统技术改造项目实施条件见表 7-1。

## 三、考核时量

考核时间：60 分钟。

## 四、评分标准

可编程控制系统技术改造项目评分标准见表 7-2。

## 五、线路控制功能

## 六、I/O 地址分配表

## 七、PLC 硬件接线图

## 八、梯形图程序

## 试题 H3-1-7　双气缸顺序动作回路电气控制线路改造

### 一、任务描述

某企业采用 PLC 对某设备中双气缸顺序动作控制回路的电气控制线路进行技术改造。回路原理图及电气控制线路如图 7-7 所示。

请分析该控制线路的控制功能，并用可编程控制器对其进行技术改造，完成系统功能演示。

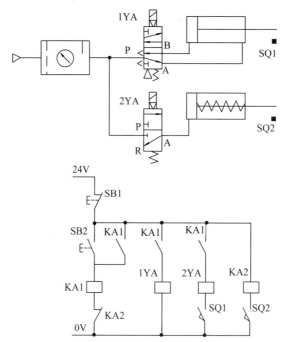

图 7-7　双气缸顺序动作控制回路的原理图及电气控制线路

考核内容：

(1) 根据现场提供的继电器控制线路图，分析该线路的控制功能。

(2) 按控制要求完成 I/O 口地址分配表的编写。

(3) 完成技术改造的电气部分控制线路的原理图绘制。

(4) 根据绘制的电气线路原理图，正确安装及调试线路，安装工艺要符合国家和行业标准。

(5) 按控制要求编写、输入并调试控制程序。

(6) 从安全角度出发，通电调试(采用发光二极管代替交流接触器进行模拟调试)。

(7) 考核过程中注意"6S 管理"要求。

### 二、实施条件

可编程控制系统技术改造项目实施条件见表 7-1。

### 三、考核时量

考核时间：60 分钟。

**四、评分标准**

可编程控制系统技术改造项目评分标准见表 7-2。

**五、线路控制功能**

**六、I/O 地址分配表**

**七、PLC 硬件接线图**

**八、梯形图程序**

## 试题 H3-1-8　电动机定子绕组串电阻降压自动启动控制线路改造

### 一、任务描述

某企业采用继电-接触器控制系统实现对一台大功率电动机的定子绕组串电阻降压自动启动控制线路改造。串电阻降压自动启动控制线路如图 7-8 所示。

请分析该控制线路的控制功能，并用可编程控制器对其进行技术改造，完成系统功能演示。

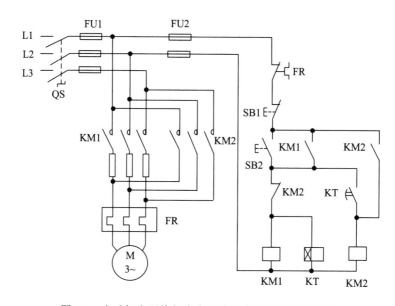

图 7-8　电动机定子绕组串电阻降压自动启动控制线路

考核内容：

(1) 根据现场提供的继电器控制线路图，分析该线路的控制功能。

(2) 按控制要求完成 I/O 口地址分配表的编写。

(3) 完成技术改造的电气部分控制线路的原理图绘制。

(4) 根据绘制的电气线路原理图，正确安装及调试线路，安装工艺要符合国家和行业标准。

(5) 按控制要求编写、输入并调试控制程序。

(6) 从安全角度出发，通电调试(采用发光二极管代替交流接触器进行模拟调试)。

(7) 考核过程中注意"6S 管理"要求。

### 二、实施条件

可编程控制系统技术改造项目实施条件见表 7-1。

### 三、考核时量

考核时间：60 分钟。

### 四、评分标准

可编程控制系统技术改造项目评分标准见表 7-2。

五、线路控制功能

六、I/O 地址分配表

七、PLC 硬件接线图

八、梯形图程序

## 试题 H3-1-9　两地控制的电动机 Y-△降压启动控制线路改造

### 一、任务描述

某企业采用继电-接触器控制系统实现两地控制的电动机 Y-△降压启动控制线路改造，控制线路如图7-9所示。

请分析该控制线路的控制功能，并用可编程控制器对其进行技术改造，完成系统功能演示。

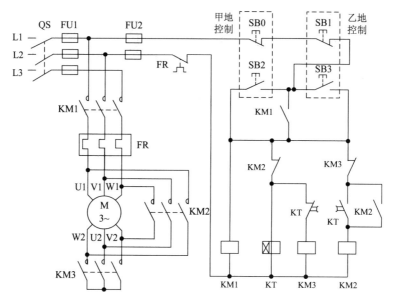

图 7-9　两地控制的电动机 Y-△降压启动控制线路

考核内容：

(1) 根据现场提供的继电器控制线路图，分析该线路的控制功能。

(2) 按控制要求完成 I/O 口地址分配表的编写。

(3) 完成技术改造的电气部分控制线路的原理图绘制。

(4) 根据绘制的电气线路原理图，正确安装及调试线路，安装工艺要符合国家和行业标准。

(5) 按控制要求编写、输入并调试控制程序。

(6) 从安全角度出发，通电调试(采用发光二极管代替交流接触器进行模拟调试)。

(7) 考核过程中注意"6S 管理"要求。

### 二、实施条件

可编程控制系统技术改造项目实施条件见表7-1。

### 三、考核时量

考核时间：60 分钟。

### 四、评分标准

可编程控制系统技术改造项目评分标准见表7-2。

## 五、线路控制功能

## 六、I/O 地址分配表

## 七、PLC 硬件接线图

## 八、梯形图程序

# 试题 H3-1-10　气缸缓冲回路电气控制线路改造

## 一、任务描述

某企业拟对某系统气缸缓冲回路电气控制线路进行改造。气缸缓冲回路及其电气控制线路如图 7-10 所示。

请分析该控制线路的控制功能，并用可编程控制器对其控制线路进行技术改造，完成系统功能演示。

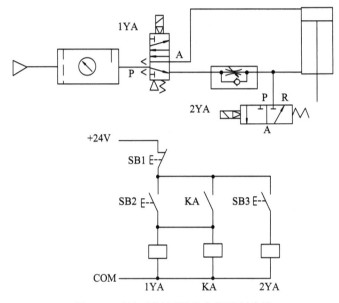

图 7-10　气缸缓冲回路及电气控制线路

考核内容：

(1) 根据现场提供的继电器控制线路图，分析该线路的控制功能。

(2) 按控制要求完成 I/O 口地址分配表的编写。

(3) 完成技术改造的电气部分控制线路的原理图绘制。

(4) 根据绘制的电气线路原理图，正确安装及调试线路，安装工艺要符合国家和行业标准。

(5) 按控制要求编写、输入并调试控制程序。

(6) 从安全角度出发，通电调试(采用发光二极管代替交流接触器进行模拟调试)。

(7) 考核过程中注意"6S 管理"要求。

## 二、实施条件

可编程控制系统技术改造项目实施条件见表 7-1。

## 三、考核时量

考核时间：60 分钟。

## 四、评分标准

可编程控制系统技术改造项目评分标准见表 7-2。

五、线路控制功能

六、I/O 地址分配表

七、PLC 硬件接线图

八、梯形图程序

# 试题 H3-1-11　节流调速回路电气控制线路改造

## 一、任务描述

某企业拟对某系统节流调速回路电气控制线路进行改造。节流调速回路及电气控制线路如图 7-11 所示。

请分析该控制线路的控制功能，并用可编程控制器对其进行技术改造，完成系统功能演示。

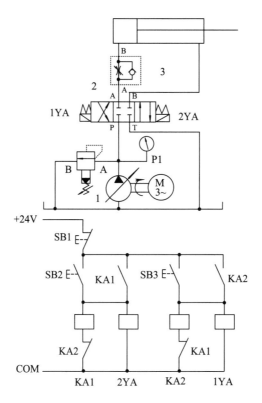

图 7-11　节流调速回路及电气控制线路

考核内容：

(1) 根据现场提供的继电器控制线路图，分析该线路的控制功能。

(2) 按控制要求完成 I/O 口地址分配表的编写。

(3) 完成技术改造的电气部分控制线路的原理图绘制。

(4) 根据绘制的电气线路原理图，正确安装及调试线路，安装工艺要符合国家和行业标准。

(5) 按控制要求编写、输入并调试控制程序。

(6) 从安全角度出发，通电调试(采用发光二极管代替交流接触器进行模拟调试)。

(7) 考核过程中注意"6S 管理"要求。

## 二、实施条件

可编程控制系统技术改造项目实施条件见表 7-1。

## 三、考核时量

考核时间：60 分钟。

## 四、评分标准

可编程控制系统技术改造项目评分标准见表 7-2。

## 五、线路控制功能

## 六、I/O 地址分配表

## 七、PLC 硬件接线图

## 八、梯形图程序

## 试题 H3-1-12　进给快速回路电气控制线路改造

### 一、任务描述

某企业拟对某系统差动连接工作进给快速回路电气控制线路进行改造。差动连接工作进给快速回路及电气控制线路如图7-12所示。

请分析该控制线路的控制功能，并用可编程控制器对其控制线路进行技术改造，完成系统功能演示。

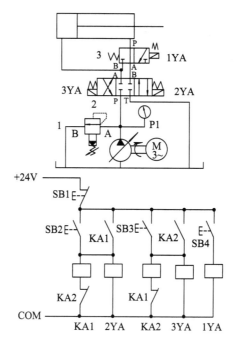

图7-12　差动连接工作进给快速回路及电气控制线路

考核内容：

(1) 根据现场提供的继电器控制线路图，分析该线路的控制功能。

(2) 按控制要求完成I/O口地址分配表的编写。

(3) 完成技术改造的电气部分控制线路的原理图绘制。

(4) 根据绘制的电气线路原理图，正确安装及调试线路，安装工艺要符合国家和行业标准。

(5) 按控制要求编写、输入并调试控制程序。

(6) 从安全角度出发，通电调试(采用发光二极管代替交流接触器进行模拟调试)。

(7) 考核过程中注意"6S管理"要求。

### 二、实施条件

可编程控制系统技术改造项目实施条件见表7-1。

### 三、考核时量

考核时间：60分钟。

## 四、评分标准

可编程控制系统技术改造项目评分标准见表 7-2。

## 五、线路控制功能

## 六、I/O 地址分配表

## 七、PLC 硬件接线图

## 八、梯形图程序

## 试题 H3-1-13 双缸顺序动作回路电气控制线路改造

### 一、任务描述

某企业拟对某系统用压力继电器和行程开关发出信息的双缸顺序动作回路及电气控制线路进行改造。双缸顺序动作回路及电气控制线路如图 7-13 所示。

请分析该控制线路的控制功能，并用可编程控制器对其进行技术改造，完成系统功能演示。

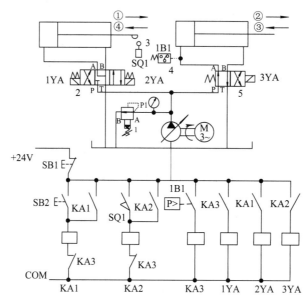

图 7-13 双缸顺序动作回路及电气控制线路图

考核内容:

(1) 根据现场提供的继电器控制线路图，分析该线路的控制功能。

(2) 按控制要求完成 I/O 口地址分配表的编写。

(3) 完成技术改造的电气部分控制线路的原理图绘制。

(4) 根据绘制的电气线路原理图，正确安装及调试线路，安装工艺要符合国家和行业标准。

(5) 按控制要求编写、输入并调试控制程序。

(6) 从安全角度出发，通电调试(采用发光二极管代替交流接触器进行模拟调试)。

(7) 考核过程中注意"6S 管理"要求。

### 二、实施条件

可编程控制系统技术改造项目实施条件见表 7-1。

### 三、考核时量

考核时间: 60 分钟。

### 四、评分标准

可编程控制系统技术改造项目评分标准见表 7-2。

## 五、线路控制功能

## 六、I/O 地址分配表

## 七、PLC 硬件接线图

## 八、梯形图程序

## 试题 H3-1-14 出油节流双程同步回路电气控制线路改造

### 一、任务描述

某企业拟对某系统出油节流双程同步回路及电气控制线路进行改造。出油节流双程同步回路及电气控制线路如图 7-14 所示。

请分析该控制线路的控制功能，并用可编程控制器对其进行技术改造，完成系统功能演示。

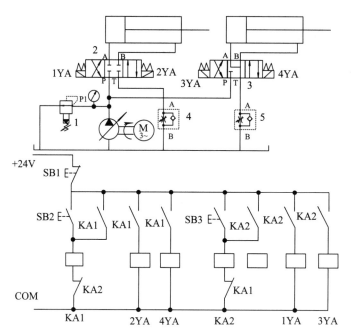

图 7-14 出油节流双程同步回路及电气控制线路

考核内容：

(1) 根据现场提供的继电器控制线路图，分析该线路的控制功能。

(2) 按控制要求完成 I/O 口地址分配表的编写。

(3) 完成技术改造的电气部分控制线路的原理图绘制。

(4) 根据绘制的电气线路原理图，正确安装及调试线路，安装工艺要符合国家和行业标准。

(5) 按控制要求编写、输入并调试控制程序。

(6) 从安全角度出发，通电调试(采用发光二极管代替交流接触器进行模拟调试)。

(7) 考核过程中注意"6S 管理"要求。

### 二、实施条件

可编程控制系统技术改造项目实施条件见表 7-1。

### 三、考核时量

考核时间：60 分钟。

**四、评分标准**

可编程控制系统技术改造项目评分标准见表 7-2。

**五、线路控制功能**

**六、I/O 地址分配表**

**七、PLC 硬件接线图**

**八、梯形图程序**

## 试题 H3-1-15    电动机正反转连续控制和点动控制线路改造

### 一、任务描述

某企业拟采用继电-接触器控制系统实现电动机正反转连续控制和点动控制。控制线路如图 7-15 所示。

请分析该控制线路的控制功能，并用可编程控制器对其进行技术改造，完成系统功能演示。

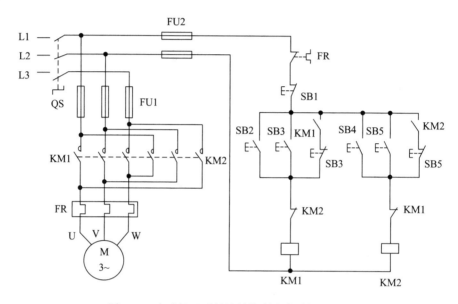

图 7-15   电动机正反转连续控制和点动控制线路

考核内容：

(1) 根据现场提供的继电器控制线路图，分析该线路的控制功能。

(2) 按控制要求完成 I/O 口地址分配表的编写。

(3) 完成技术改造的电气部分控制线路的原理图绘制。

(4) 根据绘制的电气线路原理图，正确安装及调试线路，安装工艺要符合国家和行业标准。

(5) 按控制要求编写、输入并调试控制程序。

(6) 从安全角度出发，通电调试(采用发光二极管代替交流接触器进行模拟调试)。

(7) 考核过程中注意"6S 管理"要求。

### 二、实施条件

可编程控制系统技术改造项目实施条件见表 7-1。

### 三、考核时量

考核时间：60 分钟。

### 四、评分标准

可编程控制系统技术改造项目评分标准见表 7-2。

五、线路控制功能

六、I/O 地址分配表

七、PLC 硬件接线图

八、梯形图程序

# 7.2　可编程控制系统设计

## 试题 H3-2-1　LED 音乐喷泉控制系统设计 1

### 一、任务描述

某企业现承担了一个 LED 音乐喷泉的控制系统设计任务，其示意图如图 7-16 所示。音乐喷泉由 8 个 LED 灯组成。

要求：喷泉的 LED 灯按照 1、2→3、4→5、6→7、8→1、2、3、4→5、6、7、8 的顺序点亮，每个状态停留 1 s。请用可编程控制器设计其控制系统并调试。

考核内容：

(1) 按控制要求完成 I/O 地址分配表的编写。

(2) 完成 PLC 控制系统硬件接线图的绘制。

(3) 完成 PLC 的 I/O 连线。

(4) 按控制要求编写程序并调试程序。

(5) 利用发光二极管进行模拟调试或利用考点现有的实训设备调试。

(6) 考核过程中注意"6S 管理"要求。

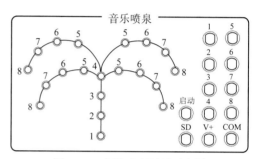

图 7-16　音乐喷泉面板示意图

### 二、实施条件

可编程控制系统设计项目实施条件见表 7-3。

表 7-3　可编程控制系统设计项目实施条件

| 项目 | 基本实施条件 | 备注 |
|---|---|---|
| 场地 | 可编程控制系统设计工位 30 个，每个装接工位配有 220 V 电源插座，照明通风良好 | 必备 |
| 设备 | PLC 实训台(配有西门子 S7-200 系列主机,安装有编程软件 STEP 7-Micro/WIN V4 SP3 的电脑)，连接线若干 | 根据需求选备 |
| 工具 | 万用表 30 只，常用电工工具(剥线钳、十字起等)30 套 | 必备 |
| 测评专家 | 每 5 名考生配备一名测评专家，且不少于 3 名测评专家。辅助人员与考生配比为 1：20，且不少于 2 名辅助人员。测评专家要求具备至少一年以上可编程控制系统设计工作经验 | 必备 |

### 三、考核时量

考核时间：60 分钟。

### 四、评分标准

可编程控制系统设计项目评分标准见表 7-4。

## 表 7-4　可编程控制系统设计项目评分标准

| 评价内容 | 序号 | 主要内容 | 考核要求 | 评分细则 | 配分 | 扣分 | 得分 | 备注 |
|---|---|---|---|---|---|---|---|---|
| 职业素养与操作规范(20分) | 1 | 工作前准备 | 清点工具、仪表、耗材,并摆放整齐。穿戴好劳动防护用品 | (1) 未按要求穿戴好防护用品,扣10分。<br>(2) 工作前,未清点工具、仪表、耗材等每处扣2分 | 10 | | | 出现明显失误造成安全事故;严重违反纪律,造成恶劣影响的,本次测试记0分 |
| | 2 | 6S | 操作过程中及作业完成后,保持工具、仪表、元器件、设备摆放整齐。<br>操作过程中无不文明行为,具有良好的职业操守,能独立完成考核内容,能合理解决突发事件。<br>具有安全用电意识,操作符合规范要求。作业完成后清理、清扫现场 | (1) 未关闭电源开关,用手触摸电器线路或带电进行线路连接或改接,立即终止考试,考试成绩为"不合格"。<br>(2) 损坏考场设施或设备,考试成绩为"不合格"。<br>(3) 乱摆放工具,乱丢杂物等扣5分。<br>(4) 完成任务后不清理工位扣5分 | 10 | | | |
| 作品(80分) | 3 | I/O 地址分配表 | 正确完成 I/O 地址分配表 | (1) 输入输出地址遗漏或错误,每处扣2分。<br>(2) 编写不规范及错误,每错一处扣1分 | 10 | | | |
| | 4 | I/O 接线图 | 正确绘制 I/O 接线图 | (1) 接线图绘制错误,每处扣2分。<br>(2) 接线图不规范,每错一处扣1分 | 10 | | | |
| | 5 | 安装与接线 | 按 I/O 接线图在模拟配线板上正确安装,操作规范 | (1) 未关闭电源开关,用手触摸电器线路或带电进行线路连接或改接,本项记0分。<br>(2) 损坏元件,总成绩记0分。<br>(3) 接线不规范造成导线损坏,每损坏一根扣5分。<br>(4) 不按 I/O 接线图接线,每处扣2分。<br>(5) 少接线、多接线、接线错误,每处扣5分 | 15 | | | |
| | 6 | 系统程序设计 | 根据系统要求,完成控制程序设计;程序编写正确、规范;正确使用软件,下载 PLC 程序 | (1) 不能根据系统要求编写程序,在不影响主体功能的情况下每处扣3分,主体功能不能实现的扣20分。<br>(2) 不能正确使用软件编写、调试、下载监控程序,扣5分。<br>(3) 程序功能不正确,每处扣3分 | 25 | | | |
| | 7 | 功能实现 | 功能调试及演示 | (1) 调试时熔断器熔断,每次扣总成绩10分。<br>(2) 功能缺失或错误,按比例扣分 | 20 | | | |

五、I/O 地址分配表

六、I/O 接线图

七、梯形图程序

## 试题 H3-2-2　专用加工装置控制系统设计

### 一、任务描述

某企业承担了一个某专用加工装置的控制系统设计任务。

要求：按启动按钮 SB1，接触器 KM1 得电，电机 M1 正转，刀具快进。压下行程开关 SQ1，接触器 KM1 失电，KM2 得电，电机 M2 正转工进。压下行程开关 SQ2，KM2 失电，停留 5 s，接触器 KM3 得电，电机 M1 反转，刀具快退。压下行程开关 SQ0，接触器 KM3 失电，停车(原位)。请用可编程控制器设计其控制系统并调试。

考核内容：

(1) 按控制要求完成 I/O 地址分配表的编写。

(2) 完成 PLC 控制系统硬件接线图的绘制。

(3) 完成 PLC 的 I/O 连线。

(4) 按控制要求编写程序并调试程序。

(5) 利用发光二极管进行模拟调试或利用考点现有的实训设备调试。

(6) 考核过程中注意"6S 管理"要求。

### 二、实施条件

可编程控制系统设计项目实施条件见表 7-3。

### 三、考核时量

考核时间：60 分钟。

### 四、评分标准

可编程控制系统设计项目评分标准见表 7-4。

### 五、I/O 地址分配表

六、I/O 接线图

七、梯形图程序

## 试题 H3-2-3　液体自动混合控制系统设计

### 一、任务描述

某企业承担了一个两种液体自动混合的控制系统设计任务,其模拟示意图如图 7-17 所示。该系统由一台储水器,一台搅拌机,三个液位传感器,两个进水电磁阀 Y1、Y2 和一个出水电磁阀 Y4 组成。初始状态储水器中没有液体,电磁阀 Y1、Y2、Y4 没有工作,搅拌机 M 停止动作,液面传感器 S1、S2、S3 均没有信号输出。

要求:按下启动按钮,电磁阀 Y1 工作,开始注入液体 A,至液面高度为 H1 时,液位传感器 S3 输出信号,停止注入液体 A,电磁阀 Y1 断开;同时电磁阀 Y2 工作,开始注入液体 B,当液面高度为 H2 时,液位传感器 S2 输出信号,电磁阀 Y2 断开,停止注入液体 B;延时 2 s 后搅拌机 M 开始动作,搅拌时间为 10 s;搅拌停止后,开始放出混合液体,此时电磁阀 Y4 工作,液体开始流出;液体高度为 H1 时,S3 输出信号,再经 5 s 停止流出,电磁阀 Y4 停止动作。请用可编程控制器设计其控制系统并调试。

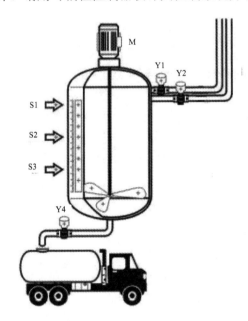

图 7-17　两种液体自动混合模拟示意图

考核内容:

(1) 按控制要求完成 I/O 地址分配表的编写。

(2) 完成 PLC 控制系统硬件接线图的绘制。

(3) 完成 PLC 的 I/O 连线。

(4) 按控制要求编写程序并调试程序。

(5) 利用发光二极管进行模拟调试或利用考点现有的实训设备调试。

(6) 考核过程中注意"6S 管理"要求。

### 二、实施条件

可编程控制系统设计项目实施条件见表 7-3。

## 三、考核时量

考核时间：60 分钟。

## 四、评分标准

可编程控制系统设计项目评分标准见表 7-4。

## 五、I/O 地址分配表

## 六、I/O 接线图

## 七、梯形图程序

# 试题 H3-2-4　四节传送带控制系统设计

## 一、任务描述

某企业承担了一个四节传送带装置的控制系统设计任务，其模拟示意图如图 7-18 所示，由电机 M1、M2、M3、M4 完成物料的运送功能。

要求：开启"启动"开关，首先启动最末一条传送带(电机 M4)，每经过 2 s 延时，依次启动下一条传送带(电机 M3、M2、M1)；关闭"启动"开关，先停止最前一条传送带(电机 M1)，每经过 2 s 延时，依次停止 M2、M3 及 M4 电机。请根据以上控制要求用可编程控制器设计其控制系统并调试。

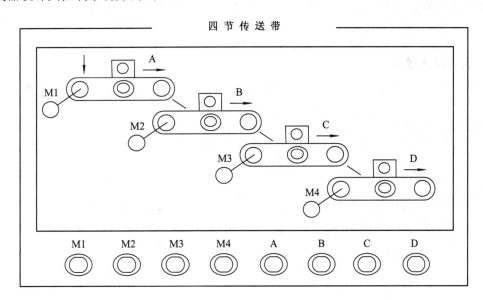

图 7-18　四节传送带装置模拟示意图

考核内容：

(1) 按控制要求完成 I/O 地址分配表的编写。

(2) 完成 PLC 控制系统硬件接线图的绘制。

(3) 完成 PLC 的 I/O 连线。

(4) 按控制要求编写程序并调试程序。

(5) 利用发光二极管进行模拟调试或利用考点现有的实训设备调试。

(6) 考核过程中注意"6S 管理"要求。

## 二、实施条件

可编程控制系统设计项目实施条件见表 7-3。

## 三、考核时量

考核时间：60 分钟。

## 四、评分标准

可编程控制系统设计项目评分标准见表 7-4。

五、I/O 地址分配表

六、I/O 接线图

七、梯形图程序

## 试题 H3-2-5 十字路口交通灯控制系统设计

### 一、任务描述

某企业承担了一个十字路口交通灯的控制系统设计任务,其控制要求如图 7-19 所示。请根据图 7-19 的要求用可编程控制器设计其控制系统并调试。

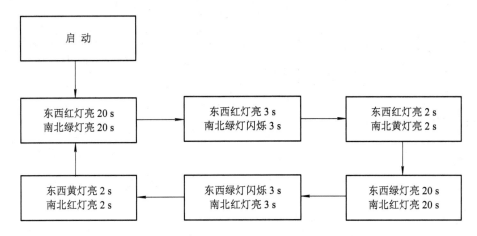

图 7-19 十字路口交通灯控制要求

考核内容:

(1) 按控制要求完成 I/O 地址分配表的编写。

(2) 完成 PLC 控制系统硬件接线图的绘制。

(3) 完成 PLC 的 I/O 连线。

(4) 按控制要求编写程序并调试程序。

(5) 利用发光二极管进行模拟调试或利用考点现有的实训设备调试。

(6) 考核过程中注意"6S 管理"要求。

### 二、实施条件

可编程控制系统设计项目实施条件见表 7-3。

### 三、考核时量

考核时间:60 分钟。

### 四、评分标准

可编程控制系统设计项目评分标准见表 7-4。

五、I/O 地址分配表

六、I/O 接线图

七、梯形图程序

## 试题 H3-2-6   运料小车控制系统设计

### 一、任务描述

某企业承担了一个运料小车的控制系统设计任务，其示意图如图 7-20 所示。

要求：循环过程开始时，小车处于最左端，此时，按下启动按钮 SB1，装料电磁阀 YA1 得电，延时 20 s；装料结束，接触器 KM3、KM5 得电，小车向右快行；碰到限位开关 SQ2 后，KM5 失电，小车慢行；碰到限位开关 SQ4 后，KM3 失电，小车停，电磁阀 YA2 得电，卸料开始，延时 15 s；卸料结束后，KM4、KM5 得电，小车向左快行；碰到限位开关 SQ1 后，KM5 失电，小车慢行；碰到限位开关 SQ3 后，KM4 失电，小车停，装料开始。如此周而复始。请根据控制要求用可编程控制器设计其控制系统并调试。

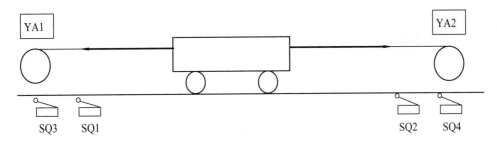

图 7-20　小车送料示意图

考核内容：

(1) 按控制要求完成 I/O 地址分配表的编写。

(2) 完成 PLC 控制系统硬件接线图的绘制。

(3) 完成 PLC 的 I/O 连线。

(4) 按控制要求编写程序并调试程序。

(5) 利用发光二极管进行模拟调试或利用考点现有的实训设备调试。

(6) 考核过程中注意"6S 管理"要求。

### 二、实施条件

可编程控制系统设计项目实施条件见表 7-3。

### 三、考核时量

考核时间：60 分钟。

### 四、评分标准

可编程控制系统设计项目评分标准见表 7-4。

五、I/O 地址分配表

六、I/O 接线图

七、梯形图程序

## 试题 H3-2-7　机械手控制系统设计

### 一、任务描述

某企业承担了一个机械手的控制系统设计任务。机械手将工件从 A 处抓取并放到 B 处，系统示意图如图 7-21 所示。

要求：机械手停在初始状态时，SQ4 = SQ2 = 1，SQ3 = SQ1 = 0，原位指示灯 HL 亮，按下 SB1 启动开关，下降指示灯 YV1 亮，机械手下降(SQ2 = 0)，下降到 A 处(SQ1 = 1)时夹紧工件，夹紧指示灯 YV2 亮；夹紧工件 2 s 完成，2 s 后，机械手上升(SQ1 = 0)，上升指示灯 YV3 亮，上升到位(SQ2 = 1)后，机械手右移(SQ4 = 0)，右移指示灯 YV4 亮；机械手右移到位(SQ3 = 1)后，下降指示灯 YV1 亮，机械手下降；机械手下降到位(SQ1 = 1)后，夹紧指示灯 YV2 灭，机械手放松，放松时间 2 s，机械手放下工件后，原路返回到原位停止。请用可编程控制器设计其控制系统并调试。

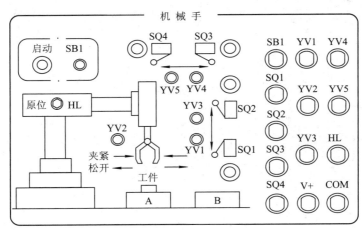

图 7-21　机械手控制示意图

考核内容：

(1) 按控制要求完成 I/O 地址分配表的编写。

(2) 完成 PLC 控制系统硬件接线图的绘制。

(3) 完成 PLC 的 I/O 连线。

(4) 按控制要求编写程序并调试程序。

(5) 利用发光二极管进行模拟调试或利用考点现有的实训设备调试。

(6) 考核过程中注意"6S 管理"要求。

### 二、实施条件

可编程控制系统设计项目实施条件见表 7-3。

### 三、考核时量

考核时间：60 分钟。

### 四、评分标准

可编程控制系统设计项目评分标准见表 7-4。

五、I/O 地址分配表

六、I/O 接线图

七、梯形图程序

## 试题 H3-2-8　LED 数码显示控制系统设计 1

### 一、任务描述

某企业承担了一个 LED 数码显示的控制系统设计任务，其示意图如图 7-22 所示。数码管内部自带转换线路。系统输入与输出的逻辑关系如表 7-5 所示。

要求：LED 数码管按 1→2→3→4→5 的顺序依次循环显示，每个状态停留 1 s。请根据以上控制要求用可编程控制器设计其控制系统并调试。

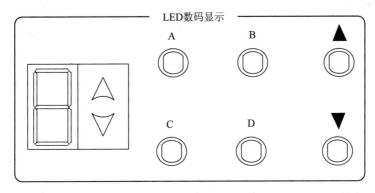

图 7-22　LED 数码显示示意图

表 7-5　系统输入与输出的逻辑关系

| A、B、C、D 输入 | 数码管输出 |
| --- | --- |
| 0000 | 0 |
| 0001 | 1 |
| 0010 | 2 |
| 0011 | 3 |
| 0100 | 4 |
| 0101 | 5 |
| 0110 | 6 |
| 0111 | 7 |
| 1000 | 8 |
| 1001 | 9 |

考核内容：

(1) 按控制要求完成 I/O 地址分配表的编写。

(2) 完成 PLC 控制系统硬件接线图的绘制。

(3) 完成 PLC 的 I/O 连线。

(4) 按控制要求编写程序并调试程序。

(5) 利用发光二极管进行模拟调试或利用考点现有的实训设备调试。

(6) 考核过程中注意"6S 管理"要求。

## 二、实施条件

可编程控制系统设计项目实施条件见表 7-3。

## 三、考核时量

考核时间：60 分钟。

## 四、评分标准

可编程控制系统设计项目评分标准见表 7-4。

## 五、I/O 地址分配表

## 六、I/O 接线图

## 七、梯形图程序

## 试题 H3-2-9　抢答器控制系统设计

### 一、任务描述

某企业承担了某电视台抢答器的控制系统设计任务，抢答器示意图如图 7-23 所示。

要求：系统初始通电后，主持人在总控制台上按下"开始"按键，允许各队人员抢答后，各队抢答键才有效。抢答过程中，1～4 队中的任何一队抢先按下自己的抢答键(S1、S2、S3、S4)后，该队指示灯(L1、L2、L3、L4)就变亮，LED 数码显示系统也显示该队的队号，此时其他队的人员继续抢答无效。主持人对抢答状态确认后，点击"复位"按键，系统允许各队人员继续抢答，直至又有一队抢先按下自己的抢答键。系统输入与输出的逻辑关系如表 7-6 所示。请根据控制要求用可编程控制器设计其控制系统并调试。

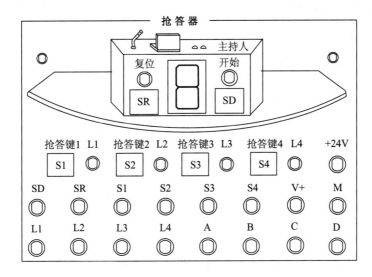

图 7-23　抢答器示意图

表 7-6　系统输入与输出的逻辑关系

| A、B、C、D 输入 | 数码管输出 |
| --- | --- |
| 0000 | 0 |
| 0001 | 1 |
| 0010 | 2 |
| 0011 | 3 |
| 0100 | 4 |
| 0101 | 5 |
| 0110 | 6 |
| 0111 | 7 |
| 1000 | 8 |
| 1001 | 9 |

考核内容:

(1) 按控制要求完成 I/O 地址分配表的编写。

(2) 完成 PLC 控制系统硬件接线图的绘制。

(3) 完成 PLC 的 I/O 连线。

(4) 按控制要求编写程序并调试程序。

(5) 利用发光二极管进行模拟调试或利用考点现有的实训设备调试。

(6) 考核过程中注意"6S 管理"要求。

## 二、实施条件

可编程控制系统设计项目实施条件见表 7-3。

## 三、考核时量

考核时间: 60 分钟。

## 四、评分标准

可编程控制系统设计项目评分标准见表 7-4。

## 五、I/O 地址分配表

## 六、I/O 接线图

## 七、梯形图程序

## 试题 H3-2-10　小车三点自动往返运行控制系统设计

### 一、任务描述

某企业承担了小车三点自动往返运行的控制系统设计任务，其示意图如图 7-24 所示。

要求：小车在 A、B、C 三点之间来回移动(A、B、C 三点在一条路线上)。原位在 A 点，按下启动按钮 SB1 后，小车从 A 点前进至 B 点，碰到行程开关 SQ1 后返回至 A 点，碰到行程开关 SQ2 后又前进，经过 B 点不停，直接运行到 C 点，碰到行程开关 SQ3 后又返回到 A 点，完成一个周期后循环。按下停止按钮 SB2 后，小车在完成当前运行周期后，回到 A 点停止。用可编程控制器设计其控制系统并调试。

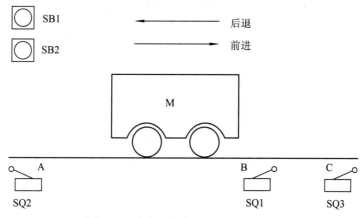

图 7-24　小车三点自动往返运行示意图

考核内容：

(1) 按控制要求完成 I/O 地址分配表的编写。

(2) 完成 PLC 控制系统硬件接线图的绘制。

(3) 完成 PLC 的 I/O 连线。

(4) 按控制要求编写程序并调试程序。

(5) 利用发光二极管进行模拟调试或利用考点现有的实训设备调试。

(6) 考核过程中注意"6S 管理"要求。

### 二、实施条件

可编程控制系统设计项目实施条件见表 7-3。

### 三、考核时量

考核时间：60 分钟。

### 四、评分标准

可编程控制系统设计项目评分标准见表 7-4。

### 五、I/O 地址分配表

### 六、I/O 接线图

### 七、梯形图程序

## 试题 H3-2-11　十字路口交通灯控制系统设计

### 一、任务描述

某企业承担了一项十字路口交通灯的控制系统设计任务。

要求：信号灯受启动开关 SD 控制，当启动开关 SD 接通时，信号灯系统开始工作，且先南北红灯亮，东西绿灯亮。

南北红灯亮并维持 30 s。东西绿灯亮并维持 25 s，到 25 s 时，东西绿灯闪烁，闪烁 3 s 后熄灭。在东西绿灯灭时，东西黄灯亮并维持 2 s，到 2 s 时，东西黄灯灭，东西红灯亮。同时，南北红灯灭，绿灯亮。

东西红灯亮并维持 45 s。南北绿灯亮并维持 37 s，然后闪烁 3 s 后熄灭。同时南北黄灯亮，维持 5 s 后熄灭。这时南北红灯亮，东西绿灯亮，周而复始。

当启动开关 SD 断开时，所有信号灯灭。请用可编程控制器设计其控制系统并调试。

考核内容：

(1) 按控制要求完成 I/O 地址分配表的编写。

(2) 完成 PLC 控制系统硬件接线图的绘制。

(3) 完成 PLC 的 I/O 连线。

(4) 按控制要求编写程序并调试程序。

(5) 利用发光二极管进行模拟调试或利用考点现有的实训设备调试。

(6) 考核过程中注意"6S 管理"要求。

### 二、实施条件

可编程控制系统设计项目实施条件见表 7-3。

### 三、考核时量

考核时间：60 分钟。

### 四、评分标准

可编程控制系统设计项目评分标准见表 7-4。

### 五、I/O 地址分配表

六、I/O 接线图

七、梯形图程序

## 试题 H3-2-12　LED 数码显示控制系统设计 2

### 一、任务描述

某企业承担了一个 LED 数码显示的控制系统设计任务，其示意图如图 7-25 所示。数码管内部自带转换线路。系统输入与输出的逻辑关系如表 7-7 所示。

要求：LED 数码显示管依次循环显示 9→8→7→6→5，每个状态停留 1 s。请用可编程控制器设计其控制系统并调试。

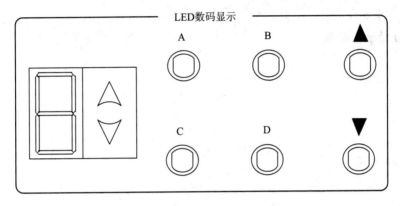

图 7-25　LED 数码显示示意图

**表 7-7　系统输入与输出的逻辑关系**

| A、B、C、D 输入 | 数码管输出 |
| --- | --- |
| 0000 | 0 |
| 0001 | 1 |
| 0010 | 2 |
| 0011 | 3 |
| 0100 | 4 |
| 0101 | 5 |
| 0110 | 6 |
| 0111 | 7 |
| 1000 | 8 |
| 1001 | 9 |

考核内容：

(1) 按控制要求完成 I/O 地址分配表的编写。

(2) 完成 PLC 控制系统硬件接线图的绘制。

(3) 完成 PLC 的 I/O 连线。

(4) 按控制要求编写程序并调试程序。

(5) 利用发光二极管进行模拟调试或利用考点现有的实训设备调试。

(6) 考核过程中注意"6S 管理"要求。

## 二、实施条件

可编程控制系统设计项目实施条件见表 7-3。

## 三、考核时量

考核时间：60 分钟。

## 四、评分标准

可编程控制系统设计项目评分标准见表 7-4。

## 五、I/O 地址分配表

## 六、I/O 接线图

## 七、梯形图程序

## 试题 H3-2-13　LED 音乐喷泉控制系统设计 2

### 一、任务描述

某企业现承担了一个 LED 音乐喷泉的控制系统设计任务，其示意图如图 7-26 所示。音乐喷泉由 8 个 LED 灯组成。

要求：喷泉的 LED 灯按照 1、3→2、4→3、5→4、6→5、7→6、8 的顺序亮，每个状态停留 0.5 s。请用可编程控制器设计其控制系统并调试。

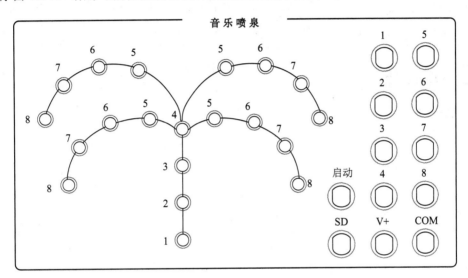

图 7-26　音乐喷泉面板示意图

考核内容：

(1) 按控制要求完成 I/O 地址分配表的编写。

(2) 完成 PLC 控制系统硬件接线图的绘制。

(3) 完成 PLC 的 I/O 连线。

(4) 按控制要求编写程序并调试程序。

(5) 利用发光二极管进行模拟调试或利用考点现有的实训设备调试。

(6) 考核过程中注意"6S 管理"要求。

### 二、实施条件

可编程控制系统设计项目实施条件见表 7-3。

### 三、考核时量

考核时间：60 分钟。

### 四、评分标准

可编程控制系统设计项目评分标准见表 7-4。

五、I/O 地址分配表

六、I/O 接线图

七、梯形图程序

# 试题 H3-2-14　小车三点自动往返停留控制系统设计

## 一、任务描述

某企业承担了小车三点往返停留的控制系统设计任务，其示意图如图 7-27 所示。

要求：小车在 A、B、C 三点之间来回移动(A、B、C 三点在一条路线上)，原位在 A 点，按下启动按钮 SB1 后，小车从 A 点前进至 B 点，碰到行程开关 SQ1 后，停留 3 s 继续前行，碰到行程开关 SQ3 后，停留 5 s 后开始后退，经过 B 点不停，直接返回 A 点，到达 A 点后停留 5 s，开始下一个工作周期。按下停止按钮后，小车在完成当前运行周期后，回到 A 点停止。用可编程控制器设计其控制系统并调试。

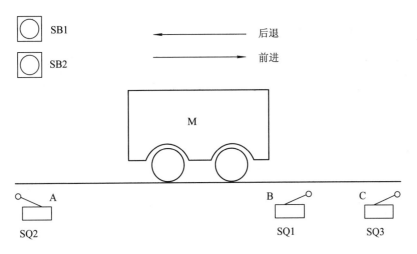

图 7-27　小车三点自动往返停留示意图

考核内容：

(1) 按控制要求完成 I/O 地址分配表的编写。

(2) 完成 PLC 控制系统硬件接线图的绘制。

(3) 完成 PLC 的 I/O 连线。

(4) 按控制要求编写程序并调试程序。

(5) 利用发光二极管进行模拟调试或利用考点现有的实训设备调试。

(6) 考核过程中注意"6S 管理"要求。

## 二、实施条件

可编程控制系统设计项目实施条件见表 7-3。

## 三、考核时量

考核时间：60 分钟。

## 四、评分标准

可编程控制系统设计项目评分标准见表 7-4。

五、I/O 地址分配表

六、I/O 接线图

七、梯形图程序

## 试题 H3-2-15　直线运动控制系统设计

### 一、任务描述

某企业承担了一个直线运动的控制系统设计任务。要求用直流电机带动滑块在 S1、S2、S3、S4 位置之间运动。直线运动控制示意图如图 7-28 所示,图中,P1~P3 为指示灯。

控制要求:滑块开始运动前停在 S1 位置处,按下启动开关后,滑块沿导轨开始向右运行,当滑块经过光电开关时,光电开关给 PLC 发送一个位置信号,PLC 控制滑块向另一个位置移动。其运行一周的规律为 S1→S3→S1→S2→S4→S1。请用可编程控制器设计其控制系统并调试。

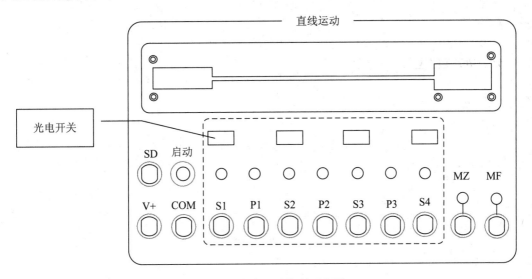

图 7-28　直线运动控制示意图

考核内容:

(1) 按控制要求完成 I/O 地址分配表的编写。

(2) 完成 PLC 控制系统硬件接线图的绘制。

(3) 完成 PLC 的 I/O 连线。

(4) 按控制要求编写程序并调试程序。

(5) 利用发光二极管进行模拟调试或利用考点现有的实训设备调试。

(6) 考核过程中注意"6S 管理"要求。

### 二、实施条件

可编程控制系统设计项目实施条件见表 7-3。

### 三、考核时量

考核时间:60 分钟。

### 四、评分标准

可编程控制系统设计项目评分标准见表 7-4。

五、I/O 地址分配表

六、I/O 接线图

七、梯形图程序